教育部国家示范性高等职业院校指定教材

高等学校应用型人才规划教材

无机化学与化学分析

沈 萍 主 编

黄 红 覃 宇 副主编

郭 群 主 审

U0304482

 中国地质大学出版社有限责任公司

ZHONGGUO DIZHI DAXUE CHUBANSHE YOUXIAN ZEREN GONGSI

图书在版编目(CIP)数据

无机化学与化学分析/沈萍主编;黄红,覃宇副主编.—武汉:中国地质大学出版社有限责任公司,2011.8
ISBN 978-7-5625-2598-1

(高等学校应用型人才规划教材)
Ⅰ.无…
Ⅱ.①沈…②黄…③覃…
Ⅲ.①无机化学-职业教育-教材②化学分析-职业教育-教材
Ⅳ.①O6

中国版本图书馆 CIP 数据核字(2011)第 165899 号

无机化学与化学分析

沈　萍　主　编
黄　红　覃　宇　副主编

责任编辑:王文生	策划组稿:方　菊　张晓红	责任校对:张咏梅

出版发行:中国地质大学出版社有限责任公司(武汉市洪山区鲁磨路388号)　　邮政编码:430074
　　电话:(027)67883511　　　　传真:(027)67883580　　E-mail:cbb@cug.edu.cn
经　销:全国新华书店　　　　　　　　　　　　　　　　　　http://www.cugp.cug.edu.cn
开本:787毫米×1 092毫米 1/16　　　　　　　　　字数:400千字　印张:14.75
版次:2011年8月第1版　　　　　　　　　　　　　印次:2011年12月第1次印刷
印刷:武汉市教文印刷厂　　　　　　　　　　　　　印数:1—2 000册
ISBN 978-7-5625-2598-1　　　　　　　　　　　　　　　　　　　定价:33.80元
如有印装质量问题请与印刷厂联系调换

前　言

　　"十五"期间我国高职高专教育经历了跨越式发展，专业建设、改革和发展的思路日益清晰，但是课程改革与教材建设相对滞后，导致高职高专教育人才培养效果与市场需求之间存在一定偏差，现行同类教材过分强调知识的系统性，仅仅注重内容上的增减变化，没有真正反映高职高专教育的特征与要求。"十一五"期间教育部首次成立了专门针对高职高专教学改革与教材建设的指导委员会，并且组织编写了一批国家规划教材，但其中并没针对生物、医学、制药、食品类专业基础课程的无机化学及化学分析的教材，此次该教材编委以2009年武汉职业技术学院国家高职高专示范专业——生物制药技术的建设为平台（国家高职高专示范专业建设成果2010年已经验收合格），融合了国家高职高专示范建设的最新的教学理念，采用具有职业培养特点的项目引领式教学法，针对生物、医学、制药、食品类专业的学生就业岗位的需求和职业特点，兼顾了岗位需求与继续学习的需要编写该教材。本书的主要特色如下。

　　1. 融合了国家高职高专示范建设的最新的教学理念

　　以应用型职业岗位需求为中心，以素质教育、创新教育为基础，以学生能力培养为本位，以"实用、够用"为原则，有效减少了高职人才培养效果与市场需求之间存在的偏差。

　　2. 采用项目引领式教学法

　　本教材打破了传统教材内容系统化的原则，精选了专业应用领域的实际项目，采用项目引领式教学法，以项目——知识链接——应用实例的模式，让学生在学中做、做中学，实现了学做一体化。

　　3. 突出实用性和专业性

　　本教材针对生物、医学、制药、食品类专业的学生就业岗位的需求和职业特点，突出对学生职业技能的培养。例如：通用技能通过设置单独章节进行单项训练，如电子天平的使用、溶液的配制等；关键技能通过在具体任务中进行专项训练，如高锰酸钾标准溶液的配制和标定等。

　　4. 兼顾了岗位需求与继续学习的需要

　　本教材由武汉职业技术学院沈萍副教授担任主编，黄红、覃宇担任副主编，其他参编人员有：段怡萍、吴蔚、周如意。由武汉职业技术学院郭群教授担任主审。

　　因为时间仓促，水平有限，书中定有疏漏和不当之处，敬请广大读者予以批评指正。

编　者
2011.12

目　录

第一章　元素与人体

第一节　项目：生命元素的检验[①]

一、项目目的

1. 了解动植物体内常见的生命元素
2. 了解植物或动物体内某些重要元素的定性检测方法
3. 进一步练习溶液的配制操作

二、仪器与试剂

仪器：试管、漏斗、石棉网、坩埚、泥三角、燃烧勺。

材料和试剂：红磷、石灰石、树叶、$FeCl_3$ 试液、骨头（小块）、鸡蛋黄、HNO_3（0.1mol/L，6mol/L，浓）、$(NH_4)_2MnO_4$ 溶液、$K_4[Fe(CN)_6]$ 溶液、$KSCN$ 溶液、$(NH_4)_2C_2O_4$ 溶液、浓氨水。

三、项目内容

1. 配液

按以下方法配制钼酸铵、亚铁氰化钾、硫氰化钾、草酸铵溶液各 50mL。

钼酸铵溶液：1g 钼酸铵固体加 10mL 水

亚铁氰化钾溶液：1g 亚铁氰化钾固体加 1mL 水

硫氰化钾溶液：1g 硫氰化钾固体加 10mL 水

草酸铵溶液：0.4g 草酸铵固体加 10mL 水

2. 原材料的灰化

准备几枚树叶（枯叶、青叶都可），春夏取青叶 1.2g，秋冬取枯叶 0.5g。用镊子夹取树叶直接在酒精灯上加热，待炭化后，将已炭化的叶子放在石棉网上或坩埚中，继续加热至完全灰化。

3. 硝化和分解

将灰分移入试管中，加入浓硝酸 0.2mL。灰分中磷变成磷酸根，铁变成三价铁离子，钙变成二价钙离子。再加入 5mL 水，过滤，用 1mL 水洗涤滤纸。

4. 测定

将滤液分成四等分，分别加入钼酸铵（A 管）、亚铁氰化钾（B 管）、硫氰化钾（C 管）、

----

① 该实验方法还可用来检测以下原材料：

肉类（磷、钙），筋头（磷、铁），贝壳（磷、钙），鸟类（磷、钙、铁），DNA（脱氧核糖核酸），RNA（核糖核酸，含有磷），植物种子（钙、铁、磷），红萝卜（钙、铁、磷），牛奶（钙、磷），藻类（钙、铁、磷）。

草酸铵（D管）试剂。观察现象。判断四个试管中各检出何物，写出反应方程式。

5. 对照实验

用燃烧勺取少量红磷，加热使其燃烧，单质磷变成五氧化二磷。加 2mL 水，再加入几滴 6mol/L 硝酸和钼酸铵试剂观察颜色。并与 A 管颜色比较。

取两份 FeCl₃ 试液，一份中加入亚铁氰化钾，另一份中加入硫氰化钾，分别与 B 管、C 管颜色比较。

取一小块石灰石，加 0.1mol/L 硝酸溶解，加入 2mL 水，再加氨水呈碱性后，加入草酸铵与 D 管比较。

另取一小块动物骨头，一个鸡蛋黄（放在坩埚中）灰化，硝酸处理，然后按上述方法分别进行钙、铁、磷元素的鉴定。

练习题

原材料在灰化时若燃烧不完全，对实验结果有何影响？

第二节　知识链接：生命元素

生命元素（life element）是指构成生物的组成部分，维持生物正常功能（生长、发育、繁殖）所必需的化学元素。地壳表层存在的九十多种元素几乎全部能在人体内找到。科学工作者通过研究环境元素和生命元素的关系，了解到生物体在适应生存和进化中，逐渐形成一套摄入、排泄和适应这些元素的保护机制。

一、生命元素的分类

1. 按其含量的不同分

（1）宏量元素。占人体总重量万分之一以上的，称为宏量元素，共 11 种，即 C、H、N、O、P、S、Na、K、Mg、Ca、Cl。其中 C、H、N、O、P、S 六种称为大量元素，在生物体中起着非常关键的作用。它们是糖类、脂类、蛋白质和核酸的组成成分，是生命的基础。而 Na、K、Mg、Ca、Cl 是有机体进行生命活动、维持生理功能的基础。

（2）微量元素。占人体总重量万分之一以下的元素称为微量元素。微量元素的主要生理功能是：①协助宏量及大量元素的输送，如含氧血红蛋白（Fe 有输送氧的功能）；②作体内各种酶的组成部分和激活剂。已知人体内有 1 000 多种酶，每种酶大都含有 1 个或多个金属原子，如钼、铁均存在于黄质脱氢酸中，锌能激活肠磷酸酶等；③可参与激素作用，调节重要生理功能，如甲状腺激素中碘抑制了甲状腺亢进；④可影响核酸代谢，核酸含有多种微量元素（如 Cr、Co、Cu 等），它们对核酸的结构、功能均有重大作用。

目前，人体内检出的微量元素达七十多种，几乎包括元素周期表中自然存在的除宏量元素以外的大部分元素。这些微量元素总重量还占不到人体重量的千分之二，有的在体内含量甚至少于百万分之一克。

2. 按其生物效应的不同分

（1）必需元素。它们是正常生命活动所不可缺少的，具有如下特征：①存在于一切生物体的健康组织之中；②在各种生物体中的浓度相当恒定；③缺乏时在不同种属实验动物中均可产生同样生理功能和结构的异常现象；补充该元素，可以恢复或预防这些异常；④缺乏症的异常变化常伴有特异生化改变；当缺乏症得到预防或治疗时，这些生物学变化也可以得到防治。

（2）不确定微量元素。有 20～30 种普遍存在于各组织中的元素，它们的浓度是变化的，而它们的生物效应还没有被完全确定，它们也可能来自环境的沾污，因此又称沾污元素。当觉察出有害的生理或行为症状时，沾污元素就成为污染元素了。例如，血液中的铅、镉和汞虽然浓度极低，但是起着有害作用，它们是污染元素。

（3）有害元素。它们对生命体有害而无益。

（4）有益元素。假若生命体中缺少这些元素，虽然可以维持生命，但不能认为是健康的。如：Li、Ce、Al、As、Rb、Ti、Sr、B 和稀土元素。

特别值得一提的是，即使是必需微量元素，也存在一个摄入量的最佳范围，超过此范围，不但无益反而有害，严重的还会导致中毒。微量元素生物效应与浓度的关系如图 1-1 所示。

例如锰元素，每天摄入 5～10mg 为适宜范围，超过此范围，则可能会出现锰中毒，导致震颤麻痹症；低于此范围，时间一长就会出现锰缺乏症，如体重下降、皮炎、须发变白、性功能低下等。又如：碘以"mg/d"计，人体的最小需要量为 0.1mg/d，耐受量为 1 000mg/d，大于 1 000 即为中毒量。

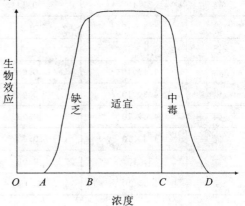

图 1-1　微量元素生物效应与浓度的关系示意图

在实际研究中，确定某元素是否为生物体所必需，或者截然划分必需与毒害的界限，常属不易之事。除与元素在体内的含量有关之外，还与元素的存在状态、生物活性密切相关，漫长的生物演化历程则使元素具有某种程度的变异性。标准人体的化学组成见表 1-1。

表 1-1　标准人体的化学组成

元素	质量分数（%）	人体内的含量（g）	元素	质量分数（%）	人体内的含量（g）
氧	65.0	45 000	砷	$<1.4\times10^{-4}$	<0.1
碳	18.0	12 600	锑	$<1.3\times10^{-4}$	<0.09
氢	10.0	7 000	镧	$<7\times10^{-5}$	<0.05
氮	3.0	2 100	铌	$<7\times10^{-5}$	<0.05
钙	1.5	1 050	钛	$<2.1\times10^{-5}$	<0.015
磷	1.0	700	镍	$<1.4\times10^{-5}$	<0.01
硫	0.25	175	硼	$<1.4\times10^{-5}$	<0.01
钾	0.2	140	铬	$<8.6\times10^{-6}$	<0.006
钠	0.15	105	钌	$<8.6\times10^{-6}$	<0.006

续表 1 - 1

元素	质量分数（%）	人体内的含量（g）	元素	质量分数（%）	人体内的含量（g）
氯	0.15	105	铊	$<8.6\times10^{-6}$	<0.006
镁	0.05	35	锆	$<8.6\times10^{-6}$	<0.006
铁	0.005 7	4	钼	$<7\times10^{-6}$	<0.005
锌	0.003 3	2.3	钴	$<4.3\times10^{-6}$	<0.003
铷	0.001 7	1.2	铍	$<3\times10^{-6}$	<0.002
锶	2×10^{-4}	0.14	金	$<1.4\times10^{-6}$	<0.001
铜	1.4×10^{-4}	0.1	银	$<1.4\times10^{-6}$	<0.001
铝	1.4×10^{-4}	0.1	锂	$<1.3\times10^{-6}$	$<9\times10^{-4}$
铅	1.1×10^{-4}	0.08	铋	$<4.3\times10^{-7}$	$<3\times10^{-4}$
锡	4.3×10^{-5}	0.03	钒	$<1.4\times10^{-7}$	$<10^{-4}$
碘	4.3×10^{-5}	0.03	铀	3×10^{-8}	2×10^{-5}
镉	4.3×10^{-5}	0.03	铯	$<1.4\times10^{-8}$	$<10^{-5}$
锰	3×10^{-5}	0.02	镓	$<3\times10^{-9}$	$<2\times10^{-6}$
钡	2.3×10^{-5}	0.016	镭	1.4×10^{-13}	10^{-10}

二、生命元素的分布

生命元素在元素周期表中的分布位置如图 1 - 2 所示。

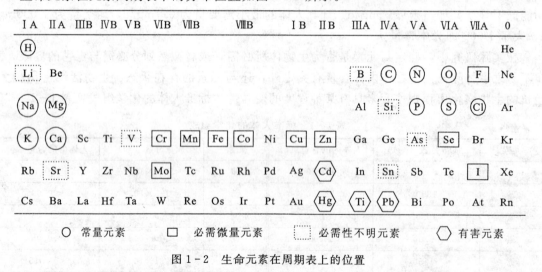

图 1 - 2　生命元素在周期表上的位置

由图 1 - 2 可见，人体必需的宏量元素全部集中在周期表中开头的 20 种元素之内，而人体所必需的微量元素多为过渡金属元素。而公认的有害元素在周期表中也有一个相对固定的区域。

目前公认的人体必需微量元素有铁（Fe）、锰（Mn）、钴（Co）、铜（Cu）、锌（Zn）、硒（Se）、钼（Mo）、铬（Cr）、碘（I），还有氟（F）也可算作一个必需微量元素；公认的有害微量元素是铅（Pb）、镉（Cd）、汞（Hg）等；而对锶（Sr）、硼（B）、锂（Li）、锡（Sn）等尚有不同看法，尚需人体资料的进一步证实。

三、元素在生物体中的存在形态

元素在生物体中以不同形态存在，大致可分为四种情况。

1. 无机物结构物质

Ca、F、P、Si 和少量的 Mg，以难溶无机化合物形态存在于硬组织中，如 SiO_2、$CaCO_3$、$Ca_{10}(PO_4)_6(OH)_2$ 等。

2. 具有电化学功能和信息传递功能的离子

Na、Mg、K、Ca、Cl 等，分别以游离水合阳离子或阴离子形式存在于细胞内、外液中，两者之间维持一定浓度梯度。

3. 生物大分子

这里系指蛋白质、肽、核酸及类似物等，需要金属元素（例如，Mo、Mn、Fe、Cu、Co、Ni、Zn 等）结合的大分子，包括具有催化性能和贮存、转换功能的各种酶。

4. 小分子

属于这一类的元素，一般有 F、Cl、Br、I、Cu 和 Fe，存在于抗生素中；Co、Cu、Fe、Mg、V 和 Ni 等存在于卟啉配合物中；As、Ca、Se、Si 和 V 等存在于其他小分子中。

总之，生命必需元素在生物体内的化学形态十分复杂，还有待进一步研究。

四、部分生命元素的各论

1. 必需微量元素各论

（1）铁（Fe）。铁是人体中含量最丰富的微量元素之一。一个正常成年男子体内铁总量不过 3～4g。铁在人体内可分为功能铁和贮存铁两类。功能铁占总铁总量的80%以上，而贮存铁不足20%。

功能铁指具有重要生理功能的铁。其中血红蛋白和肌红蛋白铁的血红素铁占绝大部分。它们分别承担着载氧功能和贮氧功能。

铁蛋白中的细胞色素铁和铁硫蛋白血红素铁是一类具有电子传递功能的铁。这类蛋白参与体内复杂的氧化还原反应。

$$2Cyto-Fe^{3+}+2e^- = 2Cyto-Fe^{2+}$$

$$2Cyto-Fe^{2+}+\frac{1}{2}O_2 = 2Cyto-Fe^{3+}+O^{2-}$$

式中：$Cyto-Fe^{3+}$ 表示细胞色素铁。

此外体内有几十种酶和依赖铁的酶都含有铁。这些酶参与体内许多重要的代谢过程。

生物体内的铁不能以游离态的铁离子（不论 Fe^{3+} 或 Fe^{2+}）存在。无论是铁的运输还是贮存都必须和蛋白质结合。因为离子状态的铁会产生对细胞有害的自由基，所以体内还含有运铁蛋白和贮铁蛋白。故人体的营养状况完全可以用铁蛋白的含量反映。

尽管铁在自然界的分布很广，食物中也普遍存在，但缺铁性贫血患者仍然较普遍，尤其是婴幼儿和孕妇。在我国一些地区婴幼儿的缺铁性贫血发病率达 40%～50%，个别地区达

70%以上，所以，对缺铁性贫血的预防和治疗具有实际意义。

其方法有：①增加铁强化食物的摄入。其中铁强化酱油，食用安全，效果也好。同时改善营养状况，在选择食物配膳时，多选用一些富铁食物，提高膳食中铁的摄入量；②还要利用促进食物中铁吸收的因素（如增加维生素C的摄入）和避免不利于铁吸收的因素（如饮茶）；动物肝脏和血制食品是补充铁的很好食物来源；③儿童忌偏食；④临床铁剂治疗，可以收到好的效果。

（2）锌（Zn）。锌是人和动物正常生长和发育十分必需的微量元素。它在人体内的含量为 $1.4\sim2.3g$。锌在人体内遍布于多种组织，其含量以牙齿为最高，其次为视网膜、脉络膜和前列腺。锌在人体内主要以金属酶的形式存在。它参与多种酶的组成，或作为酶的激活剂。目前已经知道有上百种酶的活性与锌有关。人体中主要含锌酶有碳酸酐酶、碱性磷酸酶、RNA 和 DNA 聚合酶、醇脱氢酶等。它们都是以锌为配位中心和酶蛋白氨基酸残基上的 N 原子或 S 原子为配位原子配位结合而成，作为酶的活性中心或起稳定酶结构的作用等。锌同时也是胰岛素的组成部分。胰岛素能促进肝糖元合成和葡萄糖分解，以及由糖转变成脂肪，因而使血糖降低。锌与铬是合成胰岛素不可缺少的微量元素，锌的作用是提高该蛋白的稳定性，除锌后胰岛素蛋白稳定性下降，易变性。此外，锌在组织呼吸、机体代谢、蛋白质合成以及 DNA 的复制和转录中起着重要作用。

人和动物的唾液中含有具有 Zn^{2+} 离子的唾液蛋白——味觉素。它直接影响人的味觉和食欲。锌不足时导致食欲减退或厌食。由于锌通过 RNA 和 DNA 聚合酶直接影响核酸和蛋白质的合成，进而影响细胞分裂和生长繁殖，故锌缺乏时，食物蛋白质利用率低，创伤愈合不良，味觉减退，性功能降低等。儿童缺锌可致生长迟缓、侏儒症、异食癖、性腺发育不良等。

成人锌需要量为每天 $2.2mg$。因混合食物中锌平均吸收率为20%，国家营养学会推荐的成人日摄入量为每天 $15mg$。在机体生长期，如胚胎期、青春期，外伤后及感染恢复期锌摄入量应增高。

饮食为人体锌的主要来源。含锌高的食品，有鲜肉、海洋生物以及通常的高蛋白食物。谷类、蔬菜和水果则贫锌。婴儿对人奶中锌的吸收率（41%）高于牛奶（28%），婴幼儿应坚持母乳喂养。影响食物中锌的吸收的因素主要是钙、植酸和纤维素的含量。补锌可以采用摄入高锌食物的措施。目前锌强化食品多种多样，可根据不同情况选用。临床锌制剂也有多种，实际上在蜂蜜中加入适量硫酸锌作为补锌剂，效果颇佳。

（3）铜（Cu）。生物体内铜的含量仅次于铁和锌。正常成年人体内含铜 $0.1g$ 左右。体内的铜除了少量以 Cu^{2+} 离子和 Cu^+ 离子游离态在胃中存在外，大部分是以结合状态的金属蛋白质和金属酶的形式存在于肌肉、骨髓、肝脏和血液中。血液中的铜大部分与 α-球蛋白结合在一起，以铜蓝蛋白形式存在。血浆铜蓝蛋白是一种多功能氧化酶，参与氧的运输，动员体内贮存铁，促进血红蛋白合成，故缺铜也可导致缺铁性贫血。

含铜的单氨氧化酶与血管弹性组织、结缔组织和骨骼胶原蛋白合成有关。缺铜会降低酶活性，使胶原和弹性蛋白的成熟受阻，组织中弹性蛋白含量减少，血管、骨骼及各种组织的脆性增加，易于断裂。据调查，食物中锌铜比值超过 40 的地区，冠心病发病率高。另外，高胆固醇血症者肝脏中锌铜比值高。

酪氨酸酶是一种与黑色素有关的含铜酶。如体内缺铜会造成酪氨酸酶合成困难，无法转化酪氨酸为多巴，进而不能合成黑色素，于是出现毛发白化症。

体内铜含量的稳定与否对中枢神经系统会产生一定影响，与人的精神活动及智力有一定关系。铜还具有抗生育作用，与内分泌腺体的功能也有密切关系。

对铜缺乏的补充多采用食物疗法。牛、羊的肝和肾，海洋生物如牡蛎、虾、蟹，另外，核桃、磨菇等铜含量都较高，是很好、很安全的补铜食品。

（4）钴（Co）。钴作为人体必需微量元素含量甚微，一般仅含 0.1～1.5mg。它主要以维生素 B_{12}（钴胺素）的形式存在。人体不能合成维生素 B_{12}。人体必需的维生素 B_{12} 必需依赖食物来源来维持。维生素 B_{12} 已能够人工合成，这是配位化学的成就。维生素 B_{12} 作为辅酶形式参与核酸与造血有关的物质的代谢，能促进红细胞的生长发育和成熟。缺少维生素 B_{12} 时，人体出现恶性贫血。甲钴胺素是维生素 B_{12} 转运甲基的形式，能参与许多重要化合物的甲基化作用。它在肝脏参与脂蛋白的形成，有助于从肝脏移去脂肪。故维生素 B_{12} 具有防止脂肪在肝内沉积的功能。

钴能改善锌的生物活性，补充钴能增加锌的吸收量。另外钴对甲状腺功能也有一定影响。由于反刍动物的自身可以合成维生素 B_{12}，所以牛、羊等动物肝、肾是补充钴的食物来源。因维生素 B_{12} 可人工合成，所以人体补充维生素 B_{12} 已是十分方便的事了。

（5）硒（Se）。硒作为一种必需微量元素最终被确定，我国科技工作者起了决定性作用。20 世纪 70 年代初，我国克山病研究工作者发现克山病与人群处于贫硒状态有关，以及硒对克山病发病有预防作用。从而最终确立硒也是人体必需微量元素。

硒是非金属元素，与硫的理化性质有很多相似之处。在很多情况下，硒取代硫而不丧失生物活性。

硒是人体谷胱甘肽过氧化物酶（GSH－Px）的必需成分。谷胱甘肽过氧化物酶（GSH－Px）的生理功能是保护机体免受氧化损伤。物质在体内代谢过程中会产生许多氧化活性很强的代谢产物，如过氧化氢（H_2O_2）、超氧阴离子自由基（$O_2^-\cdot$）、羟自由基（$\cdot OH$）、脂质过氧自由基（$ROO\cdot$）等。这些代谢产物在体内可使脂质过氧化，蛋白质变性，损伤生物膜和破坏细胞功能。而 GSH－Px 能催化任何过氧化物与还原型谷胱甘肽（GSH）作用，清除活性氧自由基。所以硒被认为具有防癌作用。此外硒还与其他一些酶的活性有关。

硒还是重金属的天然解毒剂，因为硒可与许多重金属结合，使其不被吸收而排出体外。

缺硒是导致克山病的重要因素之一。克山病是一种地区性心肌坏死症，在我国从东北到西南 15 个省、市、自治区形成带状分布。另外大骨节病的产生也与缺硒有关。

食物中以蘑菇和大蒜的含硒量为最高，水果、蔬菜中则很低。乳、蛋中含硒量受饲料含硒量的影响。

近来有厂家专门生产高硒的鸡蛋供应市场。动物性食品被认为是可靠的硒来源。海产品，特别是海参、虾、蟹等含硒量很高，但其利用率甚低。另据称我国已有专供补硒用的硒酵母片剂生产。国家推荐的成人硒日摄入量标准为 $500\mu g$／日。

（6）钼（Mo）。钼对动植物和人类均具有重要的生物功能，亦列为人体必需的微量元素。一般成年人含钼 9mg 左右，分布于各组织及体液中。钼在体内也是以金属酶的形式存在。它是人体黄嘌呤氧化酶、醛氧化酶等的重要成分。这两种酶都参与细胞内电子传递，能催化体内氧化还原反应进行。如黄嘌呤氧化酶催化黄嘌呤氧化代谢，最终形成尿酸。

钼还是一切固氮高等植物所必需的营养成分。它对植物内维生素 C 的合成具有一定的作用。使用钼化合物作肥料可使农作物内维生素 C 的含量提高。更重要的是，钼是植物亚硝酸还原酶的成分。若缺钼，亚硝酸就不能还原成氨，以致环境和农作物中亚硝酸盐含量增加。由于亚硝酸盐有致癌作用，因此缺钼地区人群中食管癌的发病率往往较高。有人在缺钼地区用 NH_4MoO_4 处理谷物；在环境中使用 NH_4MoO_4 作肥料，研究发现食管癌发病率明显下降。但是如农作物内钼含量过高，人体摄入量过多，则会导致体内钼量增多，黄嘌呤氧化酶活性增强，反而会导致动脉硬化等多种病变，甚至出现钼中毒。

(7) 锰（Mn）。锰在人类和动物体内均有作用，也列为人体必需微量元素。人体内含有锰 12～20mg，分布于一切组织中。体内的锰主要以金属酶的形式存在。它是精氨酸酶、丙酮酸羧化酶、超氧化物歧化酶等的组成成分。哺乳动物的衰老可能与 Mn -超氧化物歧化酶减少引起抗氧化作用的降低有关。从百岁老人的头发微量元素调查看，长寿人群都有高锰、富硒的特点。

锰离子能激活与糖类代谢密切相关的酶，如多糖聚合酶和半乳糖转移酶等。这些酶又与黏多糖的合成有关，黏多糖是软骨及骨组织的重要成分。因此缺锰者软骨生长受到损害，可导致骨骼畸形。

锰还能改善人体对铜的利用，因此与造血过程有一定联系。它对加速细胞内脂肪氧化也具有促进作用，因而能减少肝脏内脂肪的含量以及影响动脉硬化者的脂代谢。有人发现心肌梗塞后，血清锰的含量迅速增高，因此锰在人体中的含量可作为早期诊断心肌梗塞的可靠指标之一。锰可能和其他离子一起参与中枢神经系统内神经激素的传递，人缺锰后会表现出智力下降。

食物中的锰含量，以茶叶最高，其含量高达数百至上千 mg/kg；其次是坚果和谷物；动物食品含量较低。

人类缺锰的典型综合征未见报道。而至今也无因自然食物中含锰量过多引起人群锰中毒症的报告。

(8) 铬（Cr）。三价的 Cr^{3+} 对人体有益。它是葡萄糖耐量因子（GTF）的活性成分。通过该因子，三价铬协助胰岛素发挥作用，促进糖元合成，刺激葡萄糖氧化。缺铬引起葡萄糖代谢障碍，补充铬后得到纠正。铬对肝脏及其他组织脂代谢有直接或间接作用，能加速胆固醇的分解代谢及排泄，降低动物血清胆固醇水平。有人给老年人及糖尿病人补充铬，结果血清甘油三酯、总胆固醇均下降。

无机铬的吸收率很低。呈葡萄糖耐量因子形式的有机铬易于吸收。含 GTF 的食物有肝、牛肉、酵母、菌类等。含铬的食物以海菜类为最高，鱼贝类、豆类次之。

适量三价铬对人体有益，而高价铬（Cr^{4+}）对人体有害。

(9) 碘（I）。非金属的碘可能是我们比较熟悉的人体必需微量元素。它是首批被确认的生命元素之一。人们一直把碘缺乏和甲状腺肿大联系在一起，并注意到在严重缺碘的地方性甲状腺肿病区，有以呆、小、聋、哑、瘫为特征的地方性克汀病人。近 20 年来，更观察到缺碘对人类造成的危害。除去地甲病（地方性甲状腺肿）和地克病（地方性克汀病）外，还有死产、流产、先天畸形以及智力、听力和体格发育迟钝等一系列损害。与此相对应的是，现在发现高碘也是地甲病发病的一个原因。

碘是甲状腺激素的必要成分。甲状腺素的生理作用是多方面的。如细胞分化与生长、刺激组织氧的消耗、抑制甲状腺刺激激素的合成和释放、减慢氨基酸由细胞内释出、调节蛋白质与酶的合成以及胡萝卜素转化维生素 A 等，都与碘有直接关系。碘与神经系统的发育有关系，可能是胎儿神经发育的必需物质。

我国对碘缺乏症的防治十分重视，强化盐政管理，确保碘盐的供应和盐碘含量。国家规定 1996 年全部食盐加碘，2000 年消灭碘缺乏症。加碘盐是防治地甲病的主要方法。使用的碘制剂有 KI、NaI 和 $NaIO_3$。食物以海生植物（如海带）含碘量最高。

2. 有害微量元素

一些元素在生物体中为维持生命所必需，而另一些则有害，这和环境紧密相关。科技工作者研究了环境元素与人体元素的关系后发现，两者的相对丰度有惊人的相关性。这说明，为了同环境适应，生命的产生、生物的进化、人类的生存，逐渐形成了一套摄入、利用、排泄和适应这些元素的保护机制。生物体不可缺少的元素绝大多数是原子序数小于 34 号的较轻元素。其原因，一方面是由于它们在环境中含量较高，另一方面是它们的存在形式易于被生物所利用。

随着人类的进步，生产活动的范围和规模越来越大，使人类生存的环境在整体或局部范围内改变或破坏了长期以来元素物质的平衡分布，造成环境污染。因而，生物体特别是人体与环境相适应的元素平衡分布受到干扰和冲击。很多元素和物质超过了生物体和人体的耐受量而显示毒性，而一些原来就是对人和生物有害的元素和物质更显示出对人类的生存构成极大的威胁。我们将最主要的、公认的有害元素对人体的危害概括介绍如下。

（1）汞（Hg）。汞在自然界主要以单质汞、无机汞（Hg^+、Hg^{2+} 盐及其配合物）和有机汞（烷基汞、苯基汞等）的形式存在。这些形式的汞在环境中可以相互转化，如微生物可使无机汞甲基化而生成有机汞。

汞对人体的危害与其化学形态有关，不同形态的汞损害部位不同。金属汞有很高的扩散性和脂溶性，进入血液后，通过血脑屏障进入脑组织，此时可被氧化成汞离子，而汞离子则较难通过血脑屏障，被蓄积在脑组织中，造成对脑的损害。所以金属汞中毒主要临床表现是神经性症状。无机汞化合物，如为难溶性汞盐，则难于被人体吸收。可溶性汞化合物毒性较高，容易在肾脏和肝脏中蓄积。甲基汞可以迅速地经血液到达脑部，造成不可逆损伤。它的损害部位是大脑皮层和小脑，因而产生严重的中枢神经系统中毒症状。可见有机汞比无机汞有更大的危害性。

汞对含硫和巯基的配位体有较大的亲和力。这就决定了汞（II）及其化合物的生化特性。它可以与膜和酶的蛋白质巯基结合，干扰膜的结构和功能，同时也干扰酶的活性。由于蛋白质和核酸上的许多基团都可以与之反应，从而引起汞中毒的问题。

随着近代工业的发展，汞使用量大幅度增长。其污染也就越来越严重。其主要污染源有汞冶炼厂、化工汞催化剂、氯碱工业、电气仪表业、农用药剂等。目前汞的职业中毒已成为一个主要职业性中毒病症。

特别值得重视的是氯碱工业排出的含汞废水含有甲基汞。环境汞污染引起的世界上两起大的甲基汞中毒事件都发生在日本。日本的水俣病——汞中毒事件发生之后，环境汞污染的问题引起全世界的重视。

汞化合物中毒后的治疗，一般采用一种螯合剂，它能与汞生成稳定的螯合物。常见的有胱氨酸、二巯基丁二酸、二巯基丙醇等。近年来人们注意到自然界金属或类金属间的相互作用会影响生物活性或毒性。

硒对多种重金属的毒性，特别是对汞的毒性有抑制作用。硒抑制汞的机理被认为它可以和汞结合。利用硒酵母对汞职业病的防治有好的效果。锌对汞的毒性也有明显的抑制效果，但认为机理与硒不同。锌的作用是诱导体内生成大量金属硫蛋白（MT）。金属硫蛋白是一类含半胱氨酸很多的、分子量不大的蛋白质，对重金属在体内的贮存、代谢和输送，特别是在重金属的解毒方面起重要作用。

（2）镉（Cd）。镉是一种稀有的分散元素。镉矿常与锌矿共生。在自然环境中，镉主要以二价形式存在。常见的镉化合物有氧化镉、硫化镉、卤化镉、硫酸镉等。镉在环境中的形态，可分为水溶性镉和难溶性镉。

镉对动物和人体的毒害是，镉可与含硫基、羟基和氨基的蛋白质结合，从而抑制一些酶系统的活性。

此外，镉和硫基的亲和力比锌大，故可取代机体内含锌酶中的锌，使其活性降低或失去活性。镉中毒会引起肾功能障碍，长期摄入高浓度的镉，镉集中于肾小管，使金属硫蛋白耗竭，造成肾功能障碍。镉对肾功能的损害是使肾中维生素 D_3 的活性被抑制，代谢异常，从而妨碍骨质上钙的正常沉着。同时由于镉抑制赖氨酸氧化酶活性，使骨胶原肽链上的羟基脯氨酸不能氧化为醛基，妨碍原胶原蛋白之间的相互架桥和纤维化，从而使骨质难以成熟，引起骨痛病。日本神通川流域由于镉污染引起的骨痛病是举世皆知的。骨痛病是以骨软化症为主体的病理变化。镉首先使肾脏及肝脏受损害，然后引起骨软化，若此时又有妊娠、分娩、授乳、内分泌失调、衰老、营养不良、钙不足等生理或生活诱导或促进因素，便会出现骨痛病。

镉污染源主要是镉冶炼厂。另外燃煤烟气和其他焚烧处理都能造成镉污染。镀镉生产的电镀废水污染，玻璃、陶瓷、电池、塑料、机械轴承的生产都有使用镉的，都会有镉污染问题。特别要指出，吸烟也是重要的镉污染源。烟叶中的镉可达 $20\sim30mg/kg$，有 70% 的镉排入空气中，另外 30% 进入吸烟者体内，这些人体内的镉可高达 30mg（不吸烟人为 $7\sim8mg$）。

如前所述，硒和锌对镉的毒性也同样有拮抗作用。

（3）铅（Pb）。铅是地壳中含量最多的重金属元素，在自然界分布也甚广。目前铅的环境污染随着人类活动以及工业的发展而日趋严重。几乎在地球上每个角落都能发现它的踪迹。大气中铅的污染源，主要是汽车废气。

汽油中通常加入抗爆剂四乙基铅。据估计，目前世界上每年从汽车尾气中排出的总铅量约 40 万 t。

另外，燃煤、油漆、铅锌冶炼等也都是较大的铅污染源。

铅的毒性与其化合物的形态、溶解度有关，可溶性铅盐，如醋酸铅等毒性强，硫化铅不易溶、毒性小。四乙基铅由于其脂溶性强，毒性比无机铅大得多。

铅的毒性机理与重金属的毒害作用类同，是与体内一系列蛋白质、酶和氨基酸中的功能基（如硫基等）结合，干扰机体多方面的生理生化作用。不同的是，铅是作用于全身各系统和器官的毒物。主要是累及神经、造血、消化、心血管等系统和肾脏。尤其对骨髓造血系统和神经系统损害为甚。

除此之外，毒性作用较强的微量元素还有砷（As）。不过有人认为极微量的砷对人体有益。这可能是一个量的问题。由于砷的高分散性，到目前为止，无砷缺乏病例，也无砷缺乏动物模型。近年来，铝（Al）的毒性也引起全世界的广泛关注。铝对中枢神经的损害最受重视，老年性痴呆症与铝有关，主要发现该病患者脑组织中有高浓度的铝。

　　以上概括性地介绍了一些必需微量元素和有害微量元素对人体健康的影响。近年来随着人们对微量元素研究的深入，以及微量元素检测方法的进步和仪器设备的普及，人体内微量元素的检测和功能的研究迅速发展，已经在疾病诊断和预防方面发挥了重要作用。这也就使得一些边缘学科以及环境化学、生物无机化学等得以蓬勃发展。

五、元素与人体

　　在人体组织中发现的元素数目已多达 70 余种，仅在血液中就含有 30 多种元素。这些元素在人体内的比例是不一样的，H 约占 10%；C 占 19%；O 占 63%；N 占 3%，另外，矿物质占 4%，人体主要元素的平均含量具体见表 1-3。

表 1-3　人体主要元素的平均含量表

元素	w	元素	w	元素	w
O	0.628	Fe	0.50×10^{-4}	Pb	0.50×10^{-6}
C	0.194	Si	0.40×10^{-4}	Ba	0.30×10^{-6}
H	0.93×10^{-1}	Zn	0.25×10^{-4}	Mo	0.2×10^{-6}
N	0.51×10^{-1}	Rb	0.9×10^{-5}	B	0.2×10^{-6}
Ca	0.14×10^{-1}	Cu	0.4×10^{-5}	As	0.5×10^{-7}
S	0.64×10^{-2}	Sr	0.4×10^{-5}	Co	0.4×10^{-7}
P	0.63×10^{-2}	Br	0.2×10^{-5}	Ni	0.4×10^{-7}
Na	0.26×10^{-2}	Sn	0.2×10^{-5}	Cr	0.3×10^{-8}
K	0.22×10^{-2}	Mn	0.1×10^{-5}	Li	0.3×10^{-8}
Cl	0.18×10^{-2}	I	0.1×10^{-5}	V	0.3×10^{-8}
Mg	0.40×10^{-3}	Al	0.5×10^{-5}		

　　微量元素，虽然其总含量仅占 0.05%，但它在不同体内部位的状态与人体健康关系密切，见表 1-4，有些疾病的发生和微量元素平衡的失调有关。

　　特别值得一提的是，除了上述生命元素外，其余元素是随着自然资源的开发利用和工业发展而进入环境的，它们通过大气、水源和食物等途径而侵入机体，成为人体中的污染元素。大部分污染元素为金属离子，它们在体内的积累，往往会干扰正常的代谢活动，对健康产生不良的影响，甚至引起病变。主要污染元素对机体的危害，见表 1-5。因此，治理环境污染，保障人类健康，是当前世界各国十分重视的课题。

表 1－4　微量元素对人体的影响

元素	生物功能	缺量引起的症状	积累过量引起的症状	摄入来源
Fe	贮存、输送氧，参与多种新陈代谢过程	缺铁性贫血、龋齿、无力	智力发育缓慢，肝变硬	肝、肉、蛋、水果、绿叶蔬菜等
Cu	血浆蛋白和多种酶的重要成分，有解毒作用	低蛋白血症、贫血、冠心病	类风湿关节炎、肝硬化、精神病	干果、葡萄干、葵花子、肝、茶等
Zn	控制代谢的酶的活性部位，参与多种新陈代谢过程	贫血、高血压、早衰、侏儒症	头昏、呕吐、腹泻、皮肤病、胃癌	肉、蛋、奶、谷物
Mn	多种酶的活性部位	软骨畸形、营养不良	头痛、昏昏欲睡、机能失调、精神病	干果、粗谷物、核桃仁、板栗、菇类
I	人体合成甲状腺激素必不可少的原料，甲状腺中控制代谢过程	甲状腺肿大、地方性克汀病	甲状腺肿大、疲怠	海产品、奶、肉、水果、加碘食盐
Co	维生素 B_{12} 的核心	贫血、心血管病	心脏病、红血球增多	肝、瘦肉、奶、蛋、鱼
Cr	Cr（Ⅲ）使胰岛素发挥正常功能，调节血糖代谢	糖尿病、糖代谢反常、动脉粥样硬化、心血管病	肺癌、鼻膜穿孔	各种动物中均含微量铬
Mo	染色体有关酶的活性部位	龋齿、肾结石、营养不良	痛风病、骨多孔症	豌豆、谷物、肝、酵母
Se	正常肝功能必须酶的活性部位	心血管病、克山病、肝病，易诱发癌症	头痛、精神错乱、肌肉萎缩，过量中毒致命	日常饮食、井水中
Ca	在传递神经脉冲、触发肌肉收缩、释放激素、血液的凝结以及正常心律的调节中起作用	软骨畸形、痉挛	胆结石、动脉粥样硬化	动物性食物
Mg	在蛋白质生物合成中必不可少	惊厥	麻木症	日常饮食
F	氟离子能抑制糖类转化成腐酸酶，是骨骼和牙齿正常生长必需的元素	龋齿	斑釉齿、骨骼生长异常，严重者瘫痪	饮用水、茶叶、鱼等

表 1－5　污染元素对人体的危害

元素	危害或易患疾病	最小致死量/10^{-4}%
Be	致癌	4
Cr	损害肺，可能致癌	400
Ni	肺癌，鼻窦癌	180
Zn	胃癌	57
As	损害肝、肾及神经，致癌	40
Se	慢性关节炎，浮肿等	3.5
Y	致癌	—
Cd	气肿，肾炎，胃痛病，高血压，致癌	0.3～0.6
Hg	脑炎，损害中枢神经及肾脏	16
Pb	贫血，损害肾脏及神经	50

第三节　阅读材料：生物无机化学在医疗上的应用

有关生物无机化学的研究成果对人类的实践有着多方面的贡献，其中最为突出的是在医疗上的应用。人体必需的金属离子，绝大多数是以配合物的形式存在于体内，它们对人体的生命活动发挥着各种各样的作用。前面已作介绍，生命必需元素在体内的存在量都有严格确定的范围，严重的缺乏或过量对健康都有危害作用。

一、生命必需元素的补充

为了弥补生命元素的缺乏，必须自机体外及时予以补充供应。天然存在于食物中的元素形态往往易被机体所吸收，因此补给元素选用哪一种化合物形式（无机的或有机的）将直接影响机体的摄取效果。例如，缺铁可以直接服用乳酸亚铁（三价铁盐不为肠道所吸收），体内缺钙可以注射葡萄糖酸钙，钴的不足可用维生素 B_{12} 补充。体内缺铬若以醋酸铬形式补充，则只有 0.5％ 左右被机体组织摄入，若以酵母中提取得的含铬有机物（三价铬的烟酸配合物）补充，则机体的吸收率将比简单铬盐提高 100 倍。

克山病是于 1935 年首先在我国黑龙江省克山县发现而被命名的一种地方病，以心肌坏死为主要症状。通过病因学研究证实是因缺硒造成。关于克山病的预防，现在大都采用投硒的方法以提高体内的硒含量，普遍为口服亚硒酸钠或硒盐。

地方性甲状腺肿大是一种世界性地方病，它遍及我国 20 多个省，据调查大约有 3 000 多万病人。本病病因主要是环境缺碘。在缺碘严重的地区还出现一种先天性地方病，称为地方性克汀病。主要病症是呆痴、身材矮小、聋哑、瘫痪。以上两种地方病的预防都是用投碘控制，目前我国广泛推广加碘食盐。碘盐是将碘化钾或碘酸盐加入食盐，世界卫生组织推荐的标准是 1：100 000。

二、有毒金属元素的促排

目前对体内有害金属离子的清除办法，是选择合适的整合剂与其结合成稳定的配合物而排除体外。这种方法称为整合疗法（或配体疗法）。所用的螯合剂称为促排剂（或解毒剂）。作为有害金属的促排剂一般应满足以下的条件：

（1）螯合剂及其与金属离子形成的配合物必须对人体无毒性。

（2）金属离子与配位剂形成配合物的稳定性，必须大于该金属与体内生物大分子形成配合物的稳定性。

（3）金属离子与螯合剂形成的配合物应为水溶性，便于排出体外。

在采用螯合剂法清除体内有害金属离子时，必须注意由于螯合剂缺乏选择性，在排除有害离子的同时，也可能螯合一些其他生命所必需的金属而一起排出体外，例如当以 EDTA 钠盐促排体内的铅时，常会导致血钙水平的降低而引起痉挛，但是只需改用 $Na_2[CaEDTA]$ 即可顺利排铅而保持血钙不受影响。

三、防癌元素与金属抗癌药物

最近发现含金化合物的代谢产物 $[Au(CN)_2]^-$ 有抗病毒作用。中药复方中所用砒霜

（As_2O_3）能促进癌细胞消亡。用钒化合物治疗糖尿病，用锌化合物预防、治疗流感，均已临床试用。

各国对疾病发生的统计表明，近一个世纪以来，癌症发病率一直处于上升状态。因此，对癌症病因及防治的研究也是近几十年来最活跃的科学领域。近年来的研究报告认为，引起癌症的主要原因是环境因素，而环境中的化学致癌物的影响最受人们注意。

另一方面，科学家们已经发现某些微量元素能提高机体免疫功能，降低癌症和其他疾病的发病率，例如硒、锌、铁、铜等对机体免疫功能的影响是多方面的，特别是对免疫器官——淋巴组织以及其他免疫细胞影响明显。

目前抗癌方法中引人注目的化学疗法，即用抗癌剂治疗。抗癌剂的种类很多，其中金属的抗肿瘤药物的研究与应用近年来发展较快。抗癌配合物顺铂[$PtCl_2(NH_3)_2$]及类似化合物已广泛用于临床。此外，硒制剂用于肿瘤的临床治疗显示了某些选择性的治疗作用，同时对其他化学疗法显示出一定的促进作用。

习题

1.1　必需微量元素的必需性有何规定？

1.2　有害微量元素的危害性有哪些？

1.3　生物体中的宏量元素、必需微量元素和有害元素在周期表中有何分布？

1.4　试就某一元素的一种功能进行文献检索并进行综述。

第二章　溶　液

第一节　项目：缓冲溶液的配制及 pH 值的测量

一、项目目的

1. 学习缓冲溶液的配制方法，加深对缓冲溶液性质的理解
2. 了解缓冲容量与缓冲剂浓度和缓冲组分的比值关系

二、仪器与试剂

仪器：10mL 吸量管、烧杯、试管、量筒等。

试剂：HCl（$0.1mol \cdot L^{-1}$）、pH＝4 的 HCl 溶液、HAc（$0.1mol \cdot L^{-1}$、$1mol \cdot L^{-1}$）、NaOH（$0.1mol \cdot L^{-1}$、$2mol \cdot L^{-1}$）；pH＝10 的 NaOH 溶液、$NH_3 \cdot H_2O$（$0.1mol \cdot L^{-1}$）、NaAc（$0.1mol \cdot L^{-1}$、$1mol \cdot L^{-1}$）、NaH_2PO_4（$0.1mol \cdot L^{-1}$）、Na_2HPO_4（$0.1mol \cdot L^{-1}$）、NH_4Cl（$0.1mol \cdot L^{-1}$）以及甲基红指示剂、广泛 pH 试纸、精密 pH 试纸。

三、项目内容

1. 缓冲溶液的配制

甲、乙、丙三种缓冲溶液的组成如表 2-1。如配制三种缓冲溶液各 10mL，根据缓冲溶液 pH 值的计算公式求出所需各组分的体积，并填入表中。

表 2-1　缓冲溶液理论配制与实验测定

缓冲溶液	pH 值	各组分的体积/mL	pH 值（实验值）
甲	4	$0.1mol \cdot L^{-1}$ HAc $0.1mol \cdot L^{-1}$ NaAc	
乙	7	$0.1mol \cdot L^{-1}$ NaH_2PO_4 $0.1mol \cdot L^{-1}$ Na_2HPO_4	
丙	10	$0.1mol \cdot L^{-1}$ $NH_3 \cdot H_2O$ $0.1mol \cdot L^{-1}$ NH_4Cl	

按照表 2-1 中用量，用 10mL 小量筒（尽可能读准小数点后一位）配制甲、乙、丙三种缓冲溶液于已标号的 3 支试管中。用广泛 pH 试纸测定所配制的缓冲溶液的 pH 值，填入表中。试比较实验值与计算值是否相符（保留溶液，留作下面实验用）。

2. 缓冲溶液缓冲能力的检测

（1）缓冲溶液对强酸和强碱的缓冲能力。

在两支试管中各加入 3mL 蒸馏水，用 pH 试纸测定其 pH 值，然后分别加入 3 滴 0.1mol·L^{-1}HCl 和 0.1mol·L^{-1}NaOH 溶液，再用 pH 试纸测其 pH 值。

将表 2-1 中配制的甲、乙、丙三种溶液依次各取 3mL，每种取 2 份，共取 6 份，分别加入 3 滴 0.1mol·L^{-1} HCl 和 0.1mol·L^{-1} NaOH 溶液，用 pH 试纸测其 pH 值并填入表 2-2 中。

表 2-2　缓冲溶液的缓冲能力

缓冲溶液	甲		乙		丙	
加入溶液	酸	碱	酸	碱	酸	碱
pH 值						

测定分别加入酸和碱后，同一缓冲溶液的 pH 值有无变化？与未加酸、碱的缓冲溶液的 pH 值比较有无变化？为什么？

（2）缓冲溶液对稀释的缓冲能力。

按表 2-3，在 4 支试管中，依次加入 1mL pH＝4 的缓冲溶液、pH＝4 的 HCl 溶液、pH＝10 的缓冲溶液、pH＝10 的 NaOH 溶液，然后在各试管中加入 10mL 蒸馏水，混合后用精密 pH 试纸测量其 pH 值，并解释实验现象。

表 2-3　缓冲溶液的稀释

试管号	溶液	稀释后的 pH 值
1	pH＝4 的缓冲溶液	
2	pH＝4 的 HCl 溶液	
3	pH＝10 的缓冲溶液	
4	pH＝10 的 NaOH 溶液	

3. 缓冲容量

（1）缓冲容量与缓冲剂浓度的关系。

取 2 支试管，用吸量管在一支试管中加 0.1mol·L^{-1}HAc 和 0.1mol·L^{-1}NaAc 溶液各 3mL，另一只试管中加 1mol·L^{-1}HAc 和 1mol·L^{-1}NaAc 溶液各 3mL，摇动使之混合均匀。

测两试管内溶液的 pH 值是否相同？在两试管中分别滴入 2 滴甲基红指示剂，溶液显示何种颜色？然后在两试管中分别滴加 2mol·L^{-1}NaOH 溶液（每加一滴均需充分混合），直到溶液的颜色变成黄色。记录各管所加的滴数。解释所得的结果。

（2）缓冲容量与缓冲组分比值的关系。

取 2 支试管，用吸量管在一支试管中加入 0.1mol·L^{-1} Na$_2$HPO$_4$ 和 0.1mol·L^{-1} NaH$_2$PO$_4$ 各 5mL，另一支试管中加入 9mL0.1mol·L^{-1} Na$_2$HPO$_4$ 和 0.1mol·L^{-1} NaH$_2$PO$_4$，用精密 pH 试纸或 pH 计测定两溶液的 pH 值。然后在每支试管中加入 0.9mL0.1mol·L^{-1} NaOH，再用精密 pH 试纸或 pH 计测定它们的 pH 值。每一试管加 NaOH 溶液前后两次的 pH 值是否相同？两只试管比较情况又如何？解释原因。

上述实训项目对缓冲溶液的缓冲能力及缓冲原理进行了充分的验证。实验结果表明缓冲溶液具有能够抵抗外来少量强酸、强碱或适当稀释而保持其 pH 值基本不变的能力，这种能力即为缓冲能力。许多化学反应或者人体内的生理过程都需要在一定的 pH 值条件下才能正常进行，而要将溶液的 pH 值保持在一定范围之内，就必须依靠缓冲溶液来控制。

溶液特别是水溶液与人类的生产和生活息息相关，绝大多数化学反应需要在溶液中进行，人体的体液如胃液、尿液、肠液、泪液等等都是水溶液，食物和药物也必须先变成溶液才利于吸收。

胶体在自然界特别是生物体内普遍存在。人的皮肤、肌肉、血液、细胞、毛发、指甲等都属于胶体，很多不溶于水的药物要制成胶体溶液才能被人体吸收，在药物合成、使用、保管的各个环节中，也经常涉及到胶体理论。因此了解和掌握溶液特别是缓冲溶液以及胶体的一些基本知识对学习医学、药学学科是极为重要的。本章知识链接主要介绍分散体系和胶体的基本知识；难挥发非电解质稀溶液的依数性；酸碱质子理论和缓冲溶液的原理及应用。

四、思考题

1. 缓冲溶液的 pH 值由哪些因素决定？

2. 现有下列几种酸及这些酸的各种对应盐类（包括酸式盐），欲配制 pH＝2、pH＝10、pH＝12 的缓冲溶液，应各选用哪种缓冲剂较好？

H_3PO_4、HAc、$H_2C_2O_4$、H_2CO_3、HF

3. 将 $10mL0.1mol \cdot L^{-1}$ HAc 溶液和 $10mL0.1mol \cdot L^{-1}$ NaOH 溶液混合后，问所得溶液是否具有缓冲能力？使用 pH 试纸检验溶液的 pH 值时，应注意哪些问题？

第二节　知识链接：分散体系

自然界中的物质可以分为气、液、固三态，但在日常生活和生产中，人们接触到的许多物质并非为纯的气态、液态或固态，例如奶油或蛋白质分散在水中形成牛奶，染料分散在油中成为油漆或油墨，各种矿物质分散在岩石中形成矿石，水滴分散在空气中形成云雾等，这些体系称之为分散体系。

一、分散相与分散介质

一种或几种物质以极小的颗粒高度分散在另一种物质中所组成的体系叫做分散体系，被分散的物质称为分散相或分散质，连续的介质称为分散介质或分散剂。如在细小泥沙放入水中形成的泥浆分散体系中，泥沙颗粒就是分散相，而水则是分散介质。表 2-4 中给出了几种生活中常见的分散体系。

表 2-4　生活中几种常见的分散体系

分散体系	分散相	分散介质
云	水	空气
牛奶	乳脂	水
珍珠	水	蛋白质

二、分散体系的分类

分散质微粒大小不同可引起分散体系性质上的差异。故根据分散质粒子颗粒的大小，可将分散体系分为以下三大类，见表 2-5。

表 2-5　分散体系的分类（据分散相粒子大小分）

分散质粒子直径 d/m	分散体系		主要性质	实例
$>10^{-7}$	粗分散系		非均相不稳定体系，不能通过半透膜和滤纸	泥浆
$<10^{-9}$	分子分散系		均相稳定体系，能透过滤纸和半透膜	酸、碱、盐水溶液
$10^{-7} \sim 10^{-9}$	胶体分散系	溶胶	非均相体系，能透过滤纸，不能透过半透膜	氢氧化铁溶胶，金、硫等单质溶胶
		大分子溶液	均相稳定体系，能透过滤纸，不能透过半透膜	蛋白质、核酸水溶液

分散体系还可按分散介质的聚集状态分为液溶胶、固溶胶和气溶胶三大类。在气溶胶中，当分散相为不同状态时，分别形成气-固和气-液溶胶，但没有气-气溶胶，因为不同的气体混合后是单相均一体系，不属于胶体范围，见表 2-6。

表 2-6　胶体分散体系的分类（按分散相和分散介质的聚集状态分）

分散体系	分散介质	分散相	实例
液溶胶	液体	固体	油漆、AgI 溶胶、油墨、泥浆
		液体	牛奶、石油原油
		气体	灭火泡沫
固溶胶	固体	固体	有色玻璃、不完全互溶的合金、加颜料的塑料
		液体	珍珠、某些宝石、泡沫塑料、沸石分子筛
		气体	沸石、泡沫玻璃
气溶胶	气体	固体	烟、含尘的空气、沙尘暴
		液体	雾、云

分散体系的形成，不仅与分散相被粉碎的程度有关，更主要取决于分散相和分散介质之间的相互作用以及所处的条件。一般来说，如分散相与分散介质直接具有较强的作用力时，往往可以形成分子和离子分散系；如果它们之间的作用力较小，则形成溶胶或粗分散系。例如，分散相都是食盐晶体，若以水为分散介质，形成的是盐水溶液，但如果以苯作为分散介质，则形成溶胶。

三、胶体

胶体分散体系在生物界和非生物界都普遍存在，在实际生产和生活中占有重要地位。如在石油、冶金、造纸、橡胶、塑料、纤维、肥皂等工业部门，以及其他学科（如生物学、土壤学、医学、气象学）中都广泛地接触到与胶体分散系有关的问题。

1. 胶体的制备

常用制备胶体的方法有分散法和凝聚法，两者均是使分散相的粒子直径达到 $1\sim100nm$ 的范围，并使其相对稳定地分散于介质中，即制成了溶胶。其中分散法是把大块物质分散成胶体颗粒，常用的方法有研磨法、超声波法、胶溶法和电弧法等。不同类型的溶胶采用不同的制备方法，比如电弧法就多用于制备贵金属溶胶，以贵金属为电极，插在分散介质中，通电产生电弧，高温使金属表面原子蒸发，并立即冷却于分散介质中，凝聚成胶体粒子。

另一种制胶体的凝聚法可分为物理凝聚法和化学凝聚法，物理凝聚法是利用一种物质在不同溶剂中溶解度相差悬殊的特性来制备溶胶。例如，将松香的乙醇溶液滴入水中，由于松香在水中的溶解度低，溶质以胶状析出，形成乳状的松香溶胶。化学凝聚法是将许多能生成不溶物的反应，控制适当的浓度条件使其生成溶胶。例如复分解反应制硫化砷溶胶：

$$2H_3AsO_3（稀）+3H_2S\longrightarrow As_2S_3（溶胶）+6H_2O$$

2. 胶体的性质

总的来说，溶胶具有多相性、高度分散性和聚集不稳定性三个基本特征。溶胶的许多性质，如动力学性质、光学性质、电学性质等都与这三个特性密切相关。

（1）溶胶的动力学性质——布朗运动。在超显微镜下可以看到溶胶中的发光点并非是静止不动的，而是在做无休止、无规则的运动，这种运动称为溶胶粒子的布朗运动（图2-1）。布朗运动产生的原因有两方面，一是胶粒本身的热运动；二是分散剂分子对胶粒的不均匀的撞击（图2-2）。由于溶胶粒子的布朗运动，导致它有扩散作用，可以自发地从粒子浓度较大的区域向较小区域扩散，只是扩散较慢而已。这种扩散作用使胶粒不致因重力影响而迅速沉降，因此可保持溶胶的稳定性。

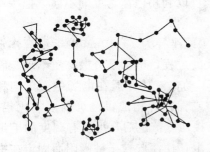

图2-1　溶胶的布朗运动

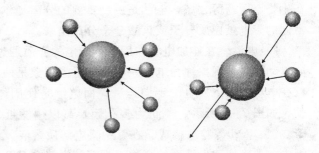

图2-2　液体分子对胶体粒子的冲击

（2）溶胶的光学性质——丁达尔（Tyndall）效应。在暗室中将一束经聚集的强光照射到透明的溶胶上，在与光线垂直方向上能观察到一条发亮的光柱，这种现象称为丁达尔效应（图2-3）。该效应实质是一种光的散射现象，主要取决于微粒的大小。当分散相粒子的直径小于入射光的波长时，则发生散射，这时光波绕过粒子而向各个方向散射，散射光又称乳光。此时粒子好似一个发光体，无数个发光体就产生了丁达尔效应。溶胶粒子的直径为 $1\sim100nm$，小于可见光波长 $400\sim760nm$，当可见光通过溶胶时散射现象十分明显。丁达尔现象是微粒散射光的宏观表现，是溶胶特有的光学性质，是判别溶胶与溶液最简便的方法。

（3）溶胶的电学性质——电动现象。在外电场作用下，胶粒和介质分别向带相反电荷的电极移动，就产生了电泳和电渗的电动现象。

1）电泳。带电胶粒或大分子在外加电场的作用下向带相反电荷的电极作定向移动的现象称为电泳。例如，在 U 形电泳管中装入新鲜的深红棕色氢氧化铁溶胶，并在溶胶的表面小心地滴入少量蒸馏水或无色的稀 NaCl 溶液（其作用是避免电极直接接触溶胶），形成清晰的界面，再在 U 形管两边的水中插入两根铂电极并接通直流电源。通电一段时间后，发现 U 形管中负极一端溶胶-水界面比正极高，如图 2-4 所示，这表明氢氧化铁溶胶粒子是带正电荷的。重复此实验过程，选用不同的溶胶可得到相反的实验结果，例如 S 溶胶、金溶胶、As_2S_3 溶胶等均带负电荷。

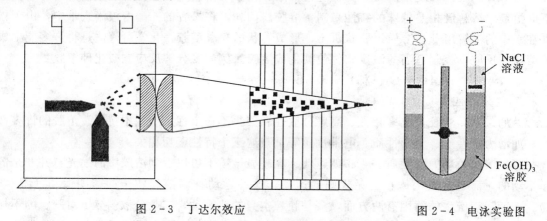

图 2-3　丁达尔效应　　　　　　　　　　图 2-4　电泳实验图

电泳现象证明胶体粒子是带电的，而整个胶体体系是电中性的，则分散介质必定带与胶粒相反的电荷。由电泳的方向和速度可判断出胶体粒子所带电荷的种类与胶体粒子的大小。在生物、医药等领域，电泳是一种重要的分离操作技术，可以利用电泳速度的不同，把一些不同的带电蛋白质分子或核酸分子分离出来。

2）电渗。在外加电场作用下，带电的介质通过多孔膜或半径为 1～10nm 的毛细管作定向移动，这种现象称为电渗。电泳与电渗现象是两个相反的过程，电泳是分散介质不动，胶粒在电场作用下发生的定向运动；而电渗是使固体胶粒不动，液体介质在电场中作定向移动。如图 2-5 所示，中间为多孔膜，可以用滤纸、玻璃或棉花等构成；也可以用氧化铝、碳酸钡、AgI 等物质构成。在管中盛电解质溶液，将电极接通直流电后，可从有刻度的毛细管中，准确地读出液面的变化。把溶胶浸渍在多孔性物质上，使溶胶粒子被吸附而固定在中间位置处，在多孔性物质两侧施加电压，通电后可观察到介质的移动。如果多孔膜吸附阴离子，则介质带正电，通电时向阴极移动；反之，多孔膜吸附阳离子，带负电的介质向阳极移动。

电渗方法有许多实际应用，如溶胶净化、海水淡化、泥炭和染料的干燥等。电渗析器就是利用离子交换膜的选择透过性，在直流电场的作用下，水中的离子各自作定向迁移，从而达到使介质浓缩或淡化的目的，主要应用于化工、医疗、电子、轻工、仪器和冶金等工业用水，又能用于海水淡化和苦咸水的淡化处理，也可用于反渗透的前级处理（图 2-6）。

3．胶体粒子（胶团）的结构

（1）溶胶粒子表面电荷的来源。

1）胶粒在形成过程中，胶核优先吸附某种离子，使胶粒带电。被选择吸附的离子可以

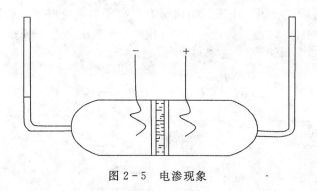

图 2-5 电渗现象

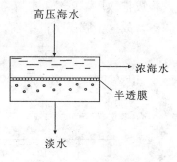

图 2-6 反渗透法示意图

是外加的、在制备时生成的、或由弱电解质离解产生的，这些离子或电解质也称为稳定剂。例如，在 AgI 溶胶的制备过程中，如果 $AgNO_3$ 过量，则胶核优先吸附 Ag^+ 离子，使胶粒带正电；如果 KI 过量，则优先吸附 I^- 离子，胶粒带负电。若两者均不过量，只能生成 AgI 沉淀。

2）离子型固体电解质形成溶胶时，由于正负离子溶解量不同，使胶粒带电。例如将 AgI 制备溶胶时，由于 Ag^+ 较小，活动能力强，比 I^- 容易脱离晶格而进入溶液，使胶粒带负电。

3）可电离的大分子溶胶，由于大分子本身发生电离，而使胶粒带电。例如蛋白质分子，有许多羧基和胺基，在 pH 值较高的溶液中，离解生成 $P-COO^-$ 离子而带负电；在 pH 值较低的溶液中，生成 $P-NH_3^+$ 离子而带正电。

（2）胶粒的结构。胶粒的结构比较复杂，先有一定量的难溶物分子聚结形成胶粒的中心，称为胶核；然后胶核选择性地吸附稳定剂中的某种离子，形成紧密吸附层；由于正负电荷相吸，在紧密层外形成反号离子的包围圈，从而形成了与紧密层带相同电荷的胶粒；胶粒与扩散层中的反号离子，形成一个电中性的胶团。胶核吸附离子是有选择性的，首先吸附与胶核中相同的某种离子，用同离子效应使胶核不易溶解。若无相同离子，则首先吸附水化能力较弱的负离子，所以自然界中的胶粒大多带负电，如泥浆水、豆浆等都是负溶胶。

下面以氢氧化铁溶胶的形成为例来介绍胶团的结构。在 20mL 沸水中滴加 1~2mL 饱和 $FeCl_3$，继续煮沸，待溶液呈红褐色后停止加热，可制得 $Fe(OH)_3$ 溶胶。其中一部分 $Fe(OH)_3$ 会与 HCl 作用生成 FeOCl：

$$Fe(OH)_3 + HCl = FeOCl + 2H_2O$$

它再进行离解：

$$FeOCl = FeO^+ + Cl^-$$

此时体系中难溶固体分散质为 $Fe(OH)_3$，液体分散剂为水，少量相关电解质为 FeO^+ 和 Cl^-。由许多 $Fe(OH)_3$ 分子聚集成大小在 1~100nm 的颗粒，该颗粒称为胶核 $[Fe(OH)_3]_m$，根据"相似相吸"原则，此时 $[Fe(OH)_3]_m$ 胶核优先选择吸附与它组成相类似的 FeO^+ 离子而带正荷，此处被吸附的离子 FeO^+ 称为电位离子。这时由于胶体表面带有较为集中的正电荷，它会通过静电引力继续吸引带有负电的 Cl^-。通常将这些带相反电荷的离子称为反离子，电位离子和部分反离子构成了吸附层，胶核和吸附层的整体称为胶粒，胶粒中反粒子数目比电位离子少，故胶粒所带电荷与电位离子符号相同。其余的反离子则分散在溶液中，构成扩散层，胶粒和整个扩散层构成胶团。由于胶团内所有反离子和电位离子的电荷总数相等，故这个胶团呈电中性。$Fe(OH)_3$ 溶胶的胶团分子式如图 2-7 所示。

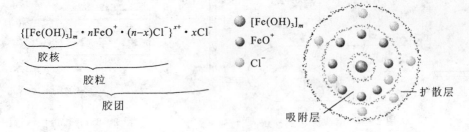

图 2-7　$Fe(OH)_3$ 溶胶的胶团结构示意图

四、大分子化合物溶液

大分子化合物也称高分子化合物，一般是指其摩尔质量 $M_B > 1.0 \times 10^4 \, \text{kg} \cdot \text{mol}^{-1}$ 的分子，有天然的（如蛋白质、淀粉、核酸、纤维素等）和合成的（如高聚物分子、聚氯乙烯等）。它们溶解于水或其他溶剂中形成的溶液称为大分子溶液或者高分子溶液。高分子溶液在某些性质上与胶体溶液很相似，如它的分子较大，已接近或等于胶粒的大小；有丁达尔现象等，所以高分子溶液可以纳入胶体化学的研究范围。但是溶胶和高分子溶液又有许多不同之处：

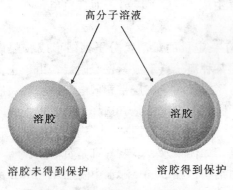

图 2-8　高分子保护溶胶示意图

（1）溶胶是个多相体系，分散相和分散介质之间有界面存在。而高分子溶液是个均相体系，在分散相和分散介质之间没有界面，它实际上是溶液。

（2）溶胶是带电荷的，而高分子溶液一般不带电荷，并且比溶胶稳定得多。高分子溶液的稳定性是由于它的高度溶剂化，与电荷无关。

（3）高分子的溶解过程是可逆的，至于溶胶的胶粒一旦凝聚出来，就不能或很难恢复原状。

（4）一般说来，高分子溶液的黏度比溶胶大。在溶胶中加入大分子物质可以使溶胶的稳定性增强。如：少量的电解质加到红色金溶胶中可以引起聚沉，但如果先在红色金溶胶中加入少量动物胶，摇动均匀后再加入电解质，发现同样数量的或者更多的电解质，再也不能引起金溶胶的聚沉。这种现象称为高分子溶液的保护作用（图 2-8）。在溶胶中加入高分子，高分子化合物附着在胶粒表面，从而提高胶粒的溶解度；另外它可以在胶粒表面形成高分子保护膜，以增强溶胶的抗电解质的能力，所以高分子化合物经常被用作胶体的保护剂。

高分子溶液能够达到保护胶体的目的，溶液中高分子的数目必须大大超过溶胶粒子的数目，因此要加入足够量的高分子溶液。相反，如果在一定量溶胶中加入少量高分子溶液，它不仅对胶体不能起保护作用，而且还会降低其稳定性，甚至引起聚沉。这种现象叫做敏化作用，或者是直接导致溶胶聚集而逐步沉降，这种现象称作絮凝作用。

在生理过程中，高分子化合物对溶胶的保护作用具有非常重要的意义。例如，健康人血液中所含的 $CaCO_3$、$MgCO_3$ 等难溶盐都是以溶胶状态存在，并被血清蛋白等保护。当人生病时，保护物质在血液中的含量减少了，这样就有可能使溶胶发生聚沉而堆积在身体的各个部位，破坏正常的新陈代谢作用，形成肾脏、肝脏等结石。

保护作用和絮凝作用在实际生产中有着广泛的用途。比如，利用大分子对溶胶的絮凝作用可以进行污水的处理和净化以及药物生产过程的分离和沉淀，还有生产中使用的一些贵金属催化剂，如 Pt 溶胶、Cd 溶胶等，加入大分子溶液后再烘干，大分子被保留在溶胶粒子中，使溶胶不至聚沉，起到保护作用，便于储藏和运输，使用时只需要再加入溶剂，就可以重新恢复为溶胶。

第三节 稀溶液的依数性

在我们已学的分散体系中，溶液属于低分子或离子分散系。根据分散质在分散介质中电离程度的不同，它又可分为电解质溶液和非电解质溶液。非电解质溶液的性质已不同于原来的溶质和溶剂，有些性质由溶质的本性决定，如密度、导电性、酸碱性等；另一些性质与溶质的本性无关，而仅仅取决于溶液的浓度。因此，Ostwald 将这类依赖于溶质粒子数且只适用于稀溶液的性质称为稀溶液的"依数性"。本节主要讨论难挥发非电解质稀溶液的依数性。

一、溶液浓度的两种表示方法

溶液是由溶质和溶剂两部分组成，其浓度是指一定量溶液或溶剂中所含有的溶质的量。同一种溶液，根据不同的要求，可以有不同的浓度表示方法，大体可以分为两大类。一类是用溶质和溶剂的相对量表示，常以克（g）或摩尔（mol）作单位，如质量分数、摩尔分数、质量摩尔浓度等；另一类是用一定体积溶液中所含有溶质的量来表示，如体积分数、物质的量浓度等。

1. 物质的量浓度

单位体积（V）的溶液内所含溶质 B 的物质的量（n_B），称为溶质 B 物质的量浓度，简称 B 的浓度，用符号 c_B 表示，单位为 mol/L。

$$c_B = \frac{n_B}{V}$$

2. 质量摩尔浓度

溶液中溶质 B 的物质的量（n_B）与溶剂 A 的质量（m_A）之比，称为溶质 B 的质量摩尔浓度，用符号 b_B 表示，单位为 mol/kg。

$$b_B = \frac{n_B}{m_A}$$

例题 2-1 17.1g 蔗糖（$M=342$）溶于 100mL 水中，溶液的密度为 $1.06g \cdot mL^{-1}$，试计算溶液的：（1）物质的量浓度（c_B）；（2）质量摩尔浓度（b_B）。

解：（1）物质的量浓度（c_B）为：

$$c_B = \frac{17.1/342}{(17.1+100)/1.06} = 0.45 mol/L$$

（2）质量摩尔浓度（b_B）为：

$$b_B = \frac{17.1/342}{100} \times 1\ 000 = 0.50 \text{mol/kg}$$

二、溶液的蒸气压

1. 纯溶剂的蒸气压

在物理化学中将研究系统中物理性质和化学性质相同的均匀部分称为"相"。相与相之间有界面，同一物质不同相之间可以互相转化，即发生相变。在一定温度下，将水放进密闭容器，一部分水分子将逸出表面成为水蒸气分子，称为蒸发；同时，也有一部分水蒸气分子撞击水面而成为液态的水分子，称为凝结。当蒸发速度与凝结速度相等时，气相和液相处于平衡状态：

$$\text{H}_2\text{O (I)} \rightleftharpoons \text{H}_2\text{O (g)}$$

式中：L 代表液相；g 代表气相。与液相处于平衡的蒸气所具有的压力称为水的饱和蒸气压，简称蒸气压，单位为 kPa。

蒸气压与物质本性有关，不同的物质有不同的蒸气压。在同一温度下，蒸气压大的物质称为易挥发物质，如苯、碘等，常温下蒸气压较低的为难挥发物质，如甘油、糖、食盐等。本节述及的溶质都视为难挥发性物质，即忽略其蒸气压。蒸气压还与温度有关，同一种物质，温度愈高，蒸气压也就愈大；温度一定，蒸气压则为定值。图 2-9 表示的是不同物质的饱和蒸气压随温度的变化曲线。当温度一定时，易挥发的乙醚其蒸气压最高，难挥发的高分子化合物聚乙二醇蒸气压则几乎为零；当温度升高时，同一物质水的蒸气压则显著升高。

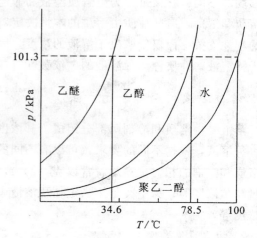

图 2-9 饱和蒸气压与温度的关系曲线

相变的方向是由蒸气压大向小转变。0℃时液相水与固相水（冰）的蒸气压均为 0.610 6kPa，所以两相共存。若为 -5℃，冰的蒸气压为 0.401 3kPa，小于液相水的蒸气压（0.421 3kPa），水就自发转变为冰。

2. 难挥发非电解质稀溶液的蒸气压下降

若在水中加入一种难挥发的非电解质溶质，使成稀溶液（$\leqslant 0.2 \text{mol} \cdot \text{kg}^{-1}$），此时，原来表面为纯水分子所占据的部分液面被溶质分子所占据，而溶质分子几乎不会挥发，故单位时间内从表面逸出的水分子数减少。当蒸发与凝结重新达平衡时，溶液的蒸气压低于同温度下纯水的蒸气压，亦即溶液的蒸气压下降（图 2-10）。

法国物理学家拉乌尔（Raoult FM）研究得出了一定温度下难挥发性非电解质稀溶液的蒸气压下降值（Δp）与溶液质量摩尔浓度关系的著名的拉乌尔定律：

$$\Delta p = K \cdot b_B \qquad\qquad (2-1)$$

式中：Δp 为难挥发性非电解质稀溶液的蒸气压下降值；b_B 为溶液的质量摩尔浓度；K 为比

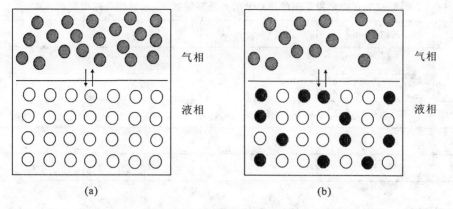

图 2-10 纯溶剂和稀溶液的蒸发过程示意图
(a) 纯溶剂的蒸发；(b) 稀溶液的蒸发

例常数，它与纯溶剂的蒸气压和摩尔质量有关。式（2-1）表明：在一定温度下，难挥发性非电解质稀溶液的蒸气压下降（Δp）与溶液的质量摩尔浓度成正比，而与溶质的种类和本性无关。如相同质量摩尔浓度的尿素溶液、葡萄糖溶液、蔗糖溶液，这三者的蒸气压降低值应该是相等的。

三、难挥发非电解质稀溶液的沸点升高

溶液的蒸气压与外界压力相等时的温度称为溶液的沸点。正常沸点指外压为 101.3kPa 时的沸点。如在 101.3kPa 下水的沸点为 100℃。而在稀溶液中，由于加入难挥发性溶质，致使溶液的蒸气压下降。从图 2-11 可见，在 T_b^0 时溶液的蒸气压和外界的大气压 $p^\ominus$（101.3kPa）并不相等，只有在大于 T_b^0 的某一温度 T_b 时才能相等。换言之，溶液的沸点要比纯溶剂的沸点高。这也是为何在高原地区煮不熟饭的根本原因。很明显，溶液沸点升高的数值与溶液的蒸气压下降多少有关，而蒸气压降低又与溶液的质量摩尔浓度成正比，可见沸点升高也应和溶液的质量摩尔浓度成正比，即溶液越浓，沸点升高得越多。

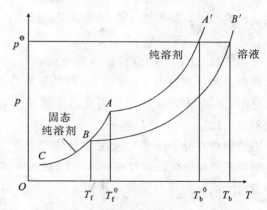

图 2-11 溶液的沸点升高和凝固点下降

$$\Delta T_b = T_b - T_b^0 = K_b \cdot b_B \qquad (2-2)$$

式中：ΔT_b 为沸点升高数值；b_B 为溶液的质量摩尔浓度；K_b 为溶剂的质量摩尔沸点升高常数，它是溶剂的特征常数，随溶剂的不同而不同。表 2-7 列出了一些常用溶剂的沸点 T_b、沸点升高常数 K_b 及凝固点降低常数 K_f 值。

四、难挥发非电解质稀溶液的凝固点下降

物质的凝固点是指在某外压时，其液相和固相的蒸气压相等并能共存的温度。如在

表 2-7　几种常用溶剂的沸点及沸点升高常数 K_b 和凝固点降低常数 K_f

溶剂	沸点 T_b/K	K_b/(K·kg·mol^{-1})	凝固点 T_f/K	K_f/(K·kg·mol^{-1})
水	373.15	0.512	273.15	1.86
苯	353.15	2.53	278.5	4.90
四氯化碳	349.7	5.03	250.2	29.8
乙酸	390.9	3.07	289.6	3.90
乙醇	351.4	1.22	155.7	1.99

101.3kPa 外压时，纯水和冰在 0℃时的蒸气压均为 0.611kPa，0℃即为水的凝固点。而溶液的凝固点通常是指溶液中纯固态溶剂开始析出时的温度，对于水溶液而言，就是指水开始变成冰析出时的温度。与稀溶液中沸点升高的原因相似，水和冰的蒸气压曲线只有在 0℃以下的某一温度 T_f 时才能相交，也即在 0℃以下才是溶液的凝固点，显然 $T_f < T_f^0$，溶液的凝固点降低了。由于溶液的凝固点降低也是溶液的蒸气压降低所引起的，因此凝固点的降低也与溶液的质量摩尔浓度 b_B 成正比，即溶液越浓，凝固点降低得越多。

$$\Delta T_f = T_f^0 - T_f = K_f b_B \tag{2-3}$$

式中：ΔT_f 为凝固点降低数值；K_f 为溶剂的质量摩尔凝固点降低常数，也是溶剂的特征常数，随溶剂的不同而不同。

纯溶剂的凝固点是定值，但溶液的凝固点却是不断变化的。因为当溶液达到凝固点时，固体溶剂会不断从溶液中析出，导致溶液浓度不断增加，溶液的凝固点也因此而不断降低，直到达到饱和时，凝固点才会保持恒定。因此，溶液的凝固点是指刚有固态溶剂析出时的温度。

应当注意，K_b、K_f 分别是稀溶液的 ΔT_b、ΔT_f 与 b_B 的比值，不能机械地将 K_b 和 K_f 理解成质量摩尔浓度为 1mol·kg^{-1} 时的沸点升高 ΔT_b 和凝固点降低 ΔT_f，因 1mol·kg^{-1} 的溶液已不是稀溶液，溶剂化作用及溶质粒子之间的作用力已不可忽视，ΔT_b、ΔT_f 和 b_B 之间已不成正比。

溶质的相对分子质量可通过溶液的沸点升高及凝固点降低方法进行测定。在实际工作中，常用凝固点降低法，这是因为：①对同一溶剂来说，K_f 总是大于 K_b，所以凝固点降低法测定时的灵敏度高；而且在达到凝固点时，溶液中有晶体物质析出，现象比较明显，易于观察；②用沸点升高法测定相对分子质量时，往往会因实验温度较高引起溶剂挥发，使溶液变浓而引起误差；③某些生物样品在沸点时易被破坏。

利用溶液的凝固点降低的原理，不仅可以测定溶质的摩尔质量，而且在生产、科研以及实际生活中，均有很多重要的应用。例如，在冬天为了防止汽车水箱因结冰而炸裂，加入乙二醇或甘油，可使水的冰点降低至 -30℃。在实验室里常用冰盐混合物作为低温反应的冷却剂，将 NaCl 和冰混合，混合物从外界吸热，冰部分融化，冰水共存，应为零度，此时水将 NaCl 溶解，形成溶液，冰点低于零度，故冰将继续融化，理论上可达到凝固点的温度 -22℃；用 $CaCl_2$ 和冰的混合物，可以获得 -55℃的低温；用 $CaCl_2$、冰和丙酮的混合物，可以致冷到 -70℃以下。

五、难挥发非电解质稀溶液的渗透压

1. 渗透现象和渗透压力

假如在一杯较浓的蔗糖溶液上方小心加入一层纯水，静置一段时间后最终会得到均匀的蔗糖溶液。这一现象我们称为扩散，它是分子在不断热运动的结果。扩散产生的先决条件是溶液与溶剂或者不同浓度的溶液之间要直接接触。但如将蔗糖溶液和纯水用理想半透膜（只允许水通过而不允许溶质通过的薄膜）隔开，并使膜内溶液的液面和膜外水的液面相平，不久，即可见膜内溶液的液面升高。我们把溶剂透过半透膜进入溶液的自发过程称为渗透。产生渗透现象的原因是：单位体积内纯溶剂中的溶剂分子数大于溶液中的溶剂分子数，在单位时间内，由纯溶剂通过半透膜进入溶液的溶剂分子数比由溶液中进入纯溶剂的多，而溶质分子不能通过半透膜，致使溶液的液面升高。液面升至一定高度后，膜内的静水压力增大，而使膜内外水分子向相反方向扩散的速度相等，这时膜内液面不再升高，体系处于渗透平衡状态（图2-12）。如果膜两侧为浓度不等的两种溶液，也能发生渗透现象。溶剂（水）渗透的方向为：从稀溶液向浓溶液渗透。

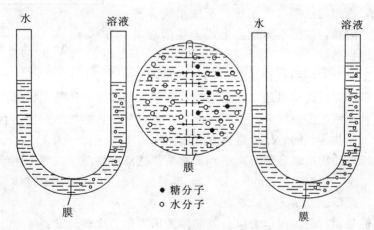

图2-12 渗透装置示意图

为了阻止渗透的进行，即保持膜内外液面相平，必须在膜内溶液一侧施加一额外压力，通常习惯上用额外施加的压力表示溶液渗透压力。渗透压力用符号 π 表示，单位为 kPa。产生渗透现象的必备条件为：①有半透膜存在。半透膜是一种只允许离子和小分子自由通过，生物大分子不能自由通过的膜结构，如细胞膜、动物的膀胱膜、肠衣以及人工制成的胶棉薄膜、玻璃纸等都是半透膜；②半透膜两侧单位体积内溶剂分子数不等。

2. 溶液的渗透压力与浓度及温度的关系

Van't Hoff 指出："稀溶液的渗透压力与溶液的物质的量浓度和温度的关系同理想气体方程一致。"即：

$$\pi V = nRT \tag{2-4}$$

$$\pi = \frac{n}{V}RT = c_B RT \tag{2-5}$$

式中：π 是溶液的渗透压力；V 是溶液体积；n 是溶质的物质的量；c_B 是溶液的物质的量浓

度；R 是理想气体常数（为 $8.314J \cdot K^{-1} \cdot mol^{-1}$）。Van't Hoff 定律说明，在一定温度下，稀溶液的渗透压力只决定于单位体积溶液中所含溶质粒子数，而与溶质的本性无关。因此，渗透压力也是稀溶液的一种依数性。

应该注意，该定律数学表达式虽与理想气体方程式相似，但溶液渗透压力与气体压力有着本质上的区别。对于稀溶液，$c_B \approx b_B$，所以

$$\pi = RTb_B \tag{2-6}$$

常用渗透压力法来测定高分子物质的相对分子质量。

3. 渗透压的应用

渗透现象在自然界中广泛存在，对于生物的生理活动具有十分重要的意义。动植物细胞膜大多都是天然的半透膜，因此水分、养料在其体内循环都是通过渗透完成的。植物细胞液的渗透压可达 $2 \times 10^3 kPa$，所以水由植物的根部可输送到高达数米的顶端。盐碱地中由于溶质粒子浓度过高，使植物根部吸水困难甚至使植物体内水分外渗而干枯。同样，施肥不当也会造成土壤溶液局部浓度过大致使植物枯萎。

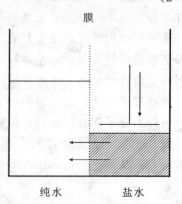

图 2-13　海水反渗透示意图

渗透作用在工业上的应用也很广泛，例如"反渗透技术"就是一个例子。所谓反渗透，就是在渗透压较大的溶液一边加上比其渗透压还要大的压力，迫使溶剂从高浓度溶液处向低浓度溶液处扩散，从而达到浓缩溶液的目的。例如电镀工业中金属的浓缩回收等。同时反渗透技术还可用于海水的淡化（图 2-13）。

能产生渗透压力的物质（分子、离子）统称为渗透活性物质，医学上用渗透浓度表示渗透活性物质的总浓度，单位为 "$mmol \cdot L^{-1}$"，符号为 "c_{os}"，它表示单位体积溶液中所含渗透活性物质的总质点数。

渗透压的高低是相对的。医学上以血浆的渗透压力作为比较标准：渗透压力与血浆渗透压力（$280 \sim 320 mmol \cdot L^{-1}$）相等的溶液称为等渗溶液，$c_{os} > 320 mmol \cdot L^{-1}$ 的溶液称为高渗溶液，$c_{os} < 280 mmol \cdot L^{-1}$ 的溶液称为低渗溶液。生理盐水（$9g \cdot L^{-1} NaCl$ 溶液）和 $50 g \cdot L^{-1}$ 葡萄糖溶液都是等渗溶液。

若将红细胞置于低渗溶液中，由于细胞膜是半透膜，因此低渗溶液中的水分将进入红细胞，最后细胞膜破裂，导致溶血；反之，将红细胞放入高渗溶液中，红细胞中的水分将进入高渗溶液，致使细胞皱缩，这种现象称为胞浆分离；而如放入等渗溶液，红细胞正常形态不发生变化（图 2-14）。因此，临床上对失水过多的病人，往往需要静脉注射大量的 5% 葡萄糖和 0.9% 氯化钠的等渗溶液，才能使红细胞

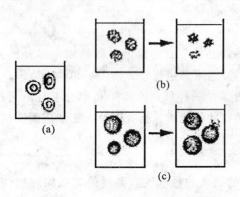

图 2-14　红细胞在不同浓度的 NaCl 溶液中的形态

(a) 在 $9g \cdot L^{-1} NaCl$ 溶液中形态基本不变；

(b) 在 $15g \cdot L^{-1} NaCl$ 溶液中皱缩直至栓塞；

(c) 在 $3g \cdot L^{-1} NaCl$ 溶液中胀大破裂溶血

保持正常的生理功能。正常人体中，体液能够维持恒定的渗透压，这对水、盐代谢过程是极为重要的。血浆中有许多盐类离子和各种蛋白质，因此，血浆具有相当大的渗透压（约为 7.8×10^5 Pa）。其中由各类盐类离子和小分子晶体物质产生的渗透压叫做晶体渗透压，占血浆总渗透压的绝大部分。由各种蛋白质所产生的渗透压叫做胶体渗透压，仅占血浆总渗透压的极小部分。但胶体渗透压对维持人体正常生理功能起着十分重要的作用。

临床上，静脉注射需要的等渗溶液是将药水溶入生理盐水或 $50 g \cdot L^{-1}$ 葡萄糖溶液内；其次配置眼用制剂也要考虑等渗，因为眼组织对渗透压变化比较敏感，为防止刺激或损伤眼组织，眼用制剂必须进行等渗压调节。例如，其中的一种冰降法即是将药液的冰点调至跟血液或泪液的凝固点 272.44K 一致，则两者的渗透压相等。

第四节 酸碱质子理论与缓冲溶液

一、酸碱质子理论

酸、碱是我们日常生活和生产中接触最广泛的两类物质之一，也是化学领域中最重要、最基本的两个概念之一。人们对酸碱的认识经历了一个由浅入深、由感性到理性、由低级到高级的循序渐进的自然过程，先后发展了有关酸碱的许多理论，其中，影响比较大的有酸碱电离理论、酸碱质子理论、酸碱电子理论以及软硬酸碱理论。本节将在介绍酸碱概念的基础上，从酸碱质子理论出发，着重讨论弱酸和弱碱的电离平衡问题以及各类酸碱溶液 pH 值的计算。

1. 酸碱质子理论的定义和共轭酸碱对

1923 年，丹麦化学家 Brönsted 和英国化学家 Lowry 分别独立提出了酸碱质子理论，它克服了酸碱电离理论的局限性，扩大了酸碱的范围。该理论认为：①凡是能够给出质子（H^+）的物质都是酸；②凡是能够接受质子的物质都是碱；③既能给出质子又能接受质子的物质称为两性物质。

根据酸碱质子理论，酸和碱之间的关系可以表示如下：

$$酸（HB） \Longrightarrow 质子（H^+） + 碱（B^-）$$

由上式可看出，酸和碱不是孤立的，而是相互依存的在一定条件下可以相互转化，酸（HB）失去一个质子后变成相应的碱（B^-），碱（B^-）得到一个质子后又变成相应的酸（HB），这种相互转化的对应关系称为酸碱共轭关系，其中酸 HB 和碱 B^- 称为共轭酸碱对。在上述酸碱半反应关系式中，左边的酸是右边碱的共轭酸，右边的碱是左边酸的共轭碱。例如：

酸	$\Longrightarrow$ 质子	+ 碱
HCl	H^+	Cl^-
H_2SO_4	H^+	HSO_4^-
H_2O	H^+	OH^-
HSO_4^-	H^+	SO_4^{2-}
NH_4^+	H^+	NH_3
$[Fe(H_2O)_6]^{3+}$	H^+	$[Fe(OH)(H_2O)_5]^{2+}$

在上述半反应式中，有些物质如 H_2O、HSO_4^- 等，在一定条件下既能给出质子作为酸，在另一条件下又能接受质子作为碱，因此它们属于两性物质。酸越强，给出质子的能力越强，它的共轭碱接受质子的能力就弱，共轭碱就越弱；酸越弱，它的共轭碱就越强。

酸碱质子理论不涉及发生质子转移的环境，故而在气相和任何溶剂中均通用。例如，在冰乙酸和液氨中，也有质子的转移。

$$HAc + HAc \Longrightarrow H_2Ac^+ + Ac^-$$

$$NH_3 + NH_3 \Longrightarrow NH_4^+ + NH_2^-$$

质子理论中无盐的概念。电离理论中的盐，在质子理论中都是离子酸或离子碱，如 NH_4Cl 中的 NH_4^+ 是离子酸，Cl^- 是离子碱。

2. 酸碱反应的实质

酸碱反应的发生必须有两个共轭酸碱对才能实现，因为由酸释放出的 H^+ 半径极小，又带正电荷，不可能以游离状态存在，必须有另一物质接受这个质子。例如，HCl 和 NH_3 反应生成 NH_4Cl 的反应中，HCl 失去一个质子变成其共轭碱 Cl^-，而 NH_3 则接受一个质子变成其共轭酸 NH_4^+：

共轭酸碱对 1：$HCl \Longrightarrow H^+ + Cl^-$

共轭酸碱对 2：$NH_3 + H^+ \Longrightarrow NH_4^+$

两式相加，总反应：$HCl + NH_3 \Longrightarrow Cl^- + NH_4^+$

因此，该酸碱反应实质是质子在两对共轭酸碱之间的转移，故酸碱反应又称为质子自递反应。

3. 酸碱质子理论的意义和局限性

酸碱质子理论不仅扩大了酸碱的含义和酸碱反应的范围，还摆脱了酸碱反应必须在水中发生的局限性，解决了一些非水溶剂或气体间的酸碱反应，并把水溶液中进行的离子反应系统地归纳为质子传递的酸碱反应。这样，加深了人们对于酸碱和酸碱反应的认识。关于酸碱的定量标度问题，酸碱质子理论亦能像电离理论一样，应用平衡常数来定量地衡量在某溶剂中酸或碱的强度，这就使酸碱质子理论得到广泛应用。

但是，酸碱质子理论只限于质子的给出和接受，所以必须含有氢，这就不能解释不含氢的一类反应。

4. 溶剂的质子自递反应和水的离子积

水是两性物质，一个水分子可以从另一个水分子中夺取质子，形成 H_3O^+ 和 OH^-。我们将这种仅在溶剂分子间发生的质子传递作用称作溶剂质子自递反应。对于水分子：

$$H_2O + H_2O \Longrightarrow H_3O^+ + OH^-$$

在一定温度下，这一自递反应达到平衡，其平衡常数表达式为：

$$K_w = \frac{c(H_3O^+)}{c} \cdot \frac{c(OH^-)}{c}$$

或　　$K_w = c(H_3O^+) \cdot c(OH^-)$

一般，我们用 $[H^+]$ 代表水合氢离子 H_3O^+ 的平衡浓度，则 $K_w = [H^+][OH^-]$。K_w 称为水的质子自递平衡常数或水的离子积常数，简称水的离子积，它随温度的变化而变化（表 2 - 8）。

表 2-8 水的离子积常数随温度的变化关系

温度（℃）	平衡常数 K_w	温度（℃）	平衡常数 K_w
0	1.10×10^{-15}	25	1.00×10^{-14}
18	7.4×10^{-15}	50	5.6×10^{-15}
22	1.00×10^{-15}	100	5.50×10^{-13}

在同一温度下，不管是在水中加入酸还是碱，它的离子积都不会变化，适用于所有的稀水溶液。只要知道其中一个离子的浓度，就可计算出另一离子的浓度。

5. 溶液的 pH 值

无论是酸溶液中还是碱溶液中都同时存在 H^+ 和 OH^-，它们的含量不同，溶液表现出的酸碱性也不同。许多化学反应和生物体中的很多生理现象都是在 $[H^+]$ 极稀的溶液中进行的，为了更方便地计算和表示溶液酸碱性的强弱，常采用 H^+ 物质的量浓度的负对数来表示，即：

$$pH = -\lg [H^+]$$

实验测得，在 25℃时，水电离出来的 $[H^+] = [OH^-] = 10^{-7} mol/L$，因此，在中性溶液中，$[H^+] = [OH^-] = 1 \times 10^{-7} mol/L$，溶液的 pH＝7；酸性溶液的 pH＜7；碱性溶液的 pH＞7。

在实际工作中，溶液 pH 值的测量常采用广泛 pH 试纸或精密 pH 试纸法，但只适用于粗略测量的情况；若要得到溶液 pH 的准确值，可用酸度计进行精确测定。

二、缓冲溶液的意义及缓冲原理

在许多化学反应和生物化学过程中，对体系中溶液的酸度要求非常之高。例如，在配位反应中，溶液的酸度不仅对配体的浓度发生影响，对金属离子的浓度也会发生影响，从而影响配离子的稳定性。人体内血浆的 pH 正常值是 7.35～7.45，若血液的 pH 值降低到 7.1 或 7.2 会引起人体的酸中毒；如果血液中的 pH 值增至 7.5，将引起人体的碱中毒（表 2-9）。

表 2-9 人体各种体液的 pH 值

体液类型	pH 值	体液类型	pH 值
血清	7.35～7.45	唾液	6.35～6.85
泪水	～7.4	胰液	7.5～8.0
小肠液	～7.6	成人胃液	0.9～1.5
大肠液	8.3～8.4	婴儿胃液	5.0
尿液	4.8～7.5	乳汁	6.0～6.9

为了能将溶液的酸度控制在一定范围，需要在体系中加入缓冲溶液，其特点是在适度范围内既能抗酸，又能抗碱，适当稀释或浓缩溶液，溶液的 pH 值不会发生大的改变。表 2-10 中所示的实验即可很好地说明缓冲溶液的这种作用。

表 2 - 10 缓冲溶液缓冲作用的对比实验

溶液	初始 pH 值	加入 1 滴 1mol·L⁻¹ HCl 后的 pH 值	加入 1 滴 1mol·L⁻¹ NaOH 后的 pH 值
50mL 纯水	7	3	11
50mLHAc - NaAc $[c(HAc)=c(NaAc)=0.10mol·L^{-1}]$	4.74	4.73	4.75

由表中实验结果可看出，当分别加入 1 滴（即 0.05mL）1mol·L⁻¹ HCl 或 NaOH 时，50mL 纯水的 pH 值改变非常大，而相同体积的 HAc - NaAc 混合溶液的 pH 值只变化了 0.01 个单位。由此可见，纯水不具有抵抗外来少量酸碱的能力，而像 HAc - NaAc 这样的弱酸及其共轭碱组成的溶液中，加入少量强酸或者强碱时，溶液的 pH 值变化很小，这样的溶液具有保持 pH 值相对稳定的性能。因此，我们把这种能够抵抗外来少量强酸、强碱或者适当稀释，使体系的 pH 值基本保持不变的作用称之为缓冲作用，具有缓冲作用的溶液叫做缓冲溶液。

缓冲溶液既能抗酸，又能抗碱，根据酸碱质子理论，缓冲溶液实质上是由共轭酸碱对所组成，习惯上称作缓冲对。通常有弱酸及其共轭碱，弱碱及其共轭酸以及多元弱酸的两种盐这样三种类型的缓冲溶液，如表 2 - 11 所示。

表 2 - 11 常见的几种缓冲溶液

缓冲溶液	弱酸	共轭碱	pka (25℃)
HAc - NaAc	HAc	Ac⁻	4.76
H_2CO_3 - $NaHCO_3$	H_2CO_3	HCO_3^-	6.35
H_3PO_4 - NaH_2PO_4	H_3PO_4	$H_2PO_4^-$	2.16
NaH_2PO_4 - Na_2HPO_4	$H_2PO_4^-$	HPO_4^{2-}	7.24
Na_2HPO_4 - Na_3PO_4	HPO_4^{2-}	PO_4^{3-}	12.3
NH_4Cl - NH_3	NH_4^+	NH_3	9.8

下面以上述实验中的 HAc - NaAc 体系来说明缓冲溶液的缓冲原理。

在 HAc - NaAc 的混合溶液中，HAc 是弱电解质，其在溶液中的电离平衡如下：

$$HAc \rightleftharpoons H^+ + Ac^-$$

而 NaAc 为盐，是强电解质，在溶液中完全电离为 Na⁺ 和 Ac⁻：

$$NaAc \Longrightarrow Na^+ + Ac^-$$

其中 NaAc 电离出来的大量 Ac⁻ 对弱电解质 HAc 的电离有明显的抑制作用，导致平衡向左移动，因此，溶液中大量存在的是 HAc 分子和 Ac⁻ 离子，即 ［HAc］ 和 ［Ac⁻］ 较大，［H⁺］ 较小。

当向缓冲溶液中加入少量强酸（H⁺）时，加入的 H⁺ 会与溶液中大量存在的 Ac⁻ 结合生成 HAc 分子，使平衡向左移动，最后的净结果相当于部分抵消了外加的 H⁺ 的量，使溶液的酸度值不会发生太大的增加。此时的 Ac^- 充当的是抗酸的成分。

当向缓冲溶液中加入少量强碱（OH^-）时，加入的 OH^- 会与 HAc 电离出来的 H^+ 结合，生成难电离的 H_2O，由于 H^+ 的消耗导致平衡向右移动，大量存在的 HAc 分子继续电离出的 H^+ 足以弥补强碱的消耗，导致溶液的酸性不会降低太多，此时的 HAc 是抗碱成分。

当溶液稀释时，相当于增加了溶液的体积，使得 H^+ 和 Ac^- 同时降低，则 Ac^- 对 HAc 的电离抑制作用也减弱，使 HAc 电离度增加，产生的 H^+ 使得溶液的 pH 值基本保持不变。

由上述分析可知，缓冲溶液具有缓冲作用是因为体系中同时具有共轭酸碱对，它们能抵抗外加的少量酸或碱，使溶液的 pH 值保持在一定的范围。但值得注意的是，缓冲溶液对外加少量酸碱的缓冲能力是有限的，当外来酸碱或稀释的量达到一定程度时，可失去缓冲能力。

三、缓冲溶液 pH 值的计算

现以弱酸 HA 及其共轭碱 NaA 组成的缓冲体系来讨论其 pH 值的近似计算。在此体系中，存在下列电离平衡：

$$HA \Longrightarrow H^+ + A^-$$
$$NaA \Longrightarrow Na^+ + A^-$$

当弱酸达到电离平衡时，其平衡常数：

$$K_a(HA) = \frac{[H^+][A^-]}{[HA]}$$

$$[H^+] = K_a(HA)\frac{[HA]}{[A^-]}$$

两边同时取负对数，可得：

$$-lg[H^+] = -lgK_a(HA) - lg\frac{[HA]}{[A^-]}$$

$$pH = pK_a(HA) + lg\frac{[A^-]}{[HA]}$$

式中：A^- 和 HA 的平衡浓度难以求得，但可以采取近似处理。由于 HA 为弱酸，其电离程度很小，而且强电解质 NaA 电离出的 A^- 对其电离有抑制作用，使其电离程度更小。因此达到平衡时，可认为体系中的 [HA] 与原来弱酸的浓度 $C_{酸}$ 近似相等。同理，A^- 的平衡浓度 $[Ac^-]$ 可看作全部来自于 NaA 电离，可用 $C_{碱}$ 表示，则上式可简化为：

$$pH = pK_a(HA) + lg\frac{C_{碱}}{C_{酸}}$$

同理可推出弱碱及其共轭酸组成的缓冲溶液的 pOH 计算公式：

$$pOH = pK_b + lg\frac{C_{酸}}{C_{碱}}$$

从上述公式可知，缓冲溶液的 pH 值取决于弱酸或者弱碱电离平衡常数 K_a 或 K_b 的大小，其次还与 $C_{酸}$ 和 $C_{碱}$ 的比值有关。对于同一种缓冲溶液，pK_a 或 pK_b 为定值，若改变 $C_{酸}$ 和 $C_{碱}$ 的比值，就可在一定范围内配制不同 pH 值的缓冲溶液。

例题 2-2 若在 $50.00mL\ 0.150mol \cdot L^{-1}\ NH_3$（aq）和 $0.200mol \cdot L^{-1}\ NH_4Cl$ 组成的缓冲溶液中，加入 $0.100mL\ 1.00mol \cdot L^{-1}$ 的 HCl，求加入 HCl 前后溶液的 pH 值各为多少？

解：加入 HCl 前

$$pH=14-pK_b+lg\frac{C_b}{C_s}=14-(-lg1.8\times10^{-5})+lg\frac{0.150}{0.200}$$

$$=9.26+(-0.12)$$

$$=9.14$$

加入 HCl 后　　NH$_3$　　　+　　　HCl　　=====　　NH$_4$Cl

反应前			
n/mmol	50.00×0.150 $=7.50$	0.100×1.00 $=0.100$	0.200×50.00 $=10.0$
反应后			
n/mmol	7.40	0	10.1

$$c(NH_3)=\frac{7.40}{50.1},c(NH_4^+)=\frac{10.1}{50.1},pH=9.26+lg\frac{7.40}{10.1}=9.11$$

四、缓冲溶液的缓冲容量与缓冲范围

缓冲溶液的缓冲作用并不是无限制的，一旦缓冲溶液的浓度过小、加入的强酸或强碱的量过大或者稀释的倍数太高，溶液的 pH 值就会发生较大的变化，从而失去缓冲能力。缓冲容量即是表示缓冲溶液缓冲能力的指标，是指使 1L 或 1mL 缓冲溶液的 pH 值改变一个单位所需加入的强酸或者强碱的物质的量，用 β 表示：

$$\beta=\frac{db}{dpH}=-\frac{da}{dpH}$$

由于酸度增加使溶液的 pH 值减小，为使 β 为正值，故在 $\frac{da}{dpH}$ 前加一负号。β 值越大，溶液的缓冲能力越大。

缓冲容量 β 的大小由组成缓冲溶液的共轭酸碱对（缓冲对）的总浓度 C（$C=C_{酸}+C_{碱}$）及两者的浓度比（缓冲比）$\frac{C_{碱}}{C_{酸}}$ 决定。当缓冲比一定时，C 越大，缓冲能力就越强，一般 C 在 $0.05\sim0.5mol\cdot L^{-1}$ 之间；当 C 一定时，缓冲比 $\frac{C_{碱}}{C_{酸}}=1$ 时，缓冲溶液的缓冲能力最大。一般缓冲比在 $0.1\sim10$ 之间时，具有较好的缓冲效果。因此缓冲溶液的缓冲作用都有一个有效的缓冲范围，它大约在 pK_a 两侧各一个 pH 值单位之内，称作缓冲范围，即：

$$pH=pK_a\pm1$$

$$pH=pK_b\pm1$$

例如，HAc – NaAc 缓冲溶液的 pK_a 为 4.74，其缓冲范围为 3.74～5.74，NH$_3$ – NH$_4$Cl 缓冲溶液的 pK_b 为 9.26，其缓冲范围的 pH 值为 8.26～10.26。

五、缓冲溶液的选择和配制

1. 缓冲溶液的选择

（1）所选择的缓冲溶液，除了参与和 H$^+$ 或 OH$^-$ 有关的反应以外，不能与反应体系中的其他物质发生副反应。

（2）pK_a 或 $14-pK_b$ 尽可能接近所需的 pH 值（表 2-11）。

（3）若 pK_a 或 $14-pK_b$ 与所需 pH 值不相等，依所需 pH 值调整缓冲比。

2. 缓冲溶液的配制方法

在实际工作中，配制一定 pH 值的缓冲溶液可按照以下步骤进行：

（1）选择合适的缓冲对，使缓冲对共轭酸的 pK_a 尽可能地与要求的 pH 值接近，保证有较大的缓冲能力。

（2）若 $pK_a \neq pH$，可根据缓冲溶液 pH 值的计算公式算出缓冲对的浓度比值。

（3）根据缓冲范围调整酸与共轭碱的浓度，使获得合适的缓冲能力与缓冲范围，一般使共轭酸碱的总浓度在 $0.1 \sim 1 mol \cdot L^{-1}$。

常用的配制缓冲溶液的方法有如下几种：①在一定量的弱酸或者弱碱溶液中加入固体盐进行配制；②采用相同浓度的弱酸或弱碱及其盐的溶液，按不同体积互相混合；③在一定量的弱酸或弱碱溶液中加入一定量的强碱或强酸溶液，通过反应生成的盐和剩余的弱酸或弱碱组成缓冲溶液；④对于需要配制精确 pH 值的溶液，还要用 pH 计进行校准。

例题 2-3 欲用等体积的 NaH_2PO_4 溶液和 Na_2HPO_4 溶液配制 1.00L pH=7.20 的缓冲溶液，当将 50.00mL 的该缓冲溶液与 5.00mL 0.10mol·L^{-1} HCl 混合后，其 pH 值变为6.80。问：（1）缓冲溶液中 NaH_2PO_4 和 Na_2HPO_4 的浓度是多大？（2）如果该缓冲溶液是由 0.500mol·L^{-1} H_3PO_4 和 1.0mol·L^{-1} NaOH 配制，应分别取多少毫升？

解：（1）

$$pH = pK_a - \lg \frac{C(H_2PO_4^-)}{C(HPO_4^{2-})}$$

$$7.20 = -\lg 6.3 \times 10^{-8} - \lg \frac{C(H_2PO_4^-)}{C(HPO_4^{2-})}$$

$$7.20 = 7.20 - \lg \frac{C(H_2PO_4^-)}{C(HPO_4^{2-})}$$

$$\therefore C(H_2PO_4^-) = C(HPO_4^{2-}) = C_0$$

$$HCl \quad + \quad Na_2HPO_4 =\!=\!= NaH_2PO_4 \quad + \quad NaCl$$

反应前 n/mmol　　5.0×0.10　　　$50C_0$　　　　$50C_0$

反应后 n/mmol　　　0　　　　$50C_0 - 0.50$　　$50C_0 + 0.50$

$$6.80 = 7.20 - \lg \frac{50C_0 + 0.50}{50C_0 - 0.50}$$

$$\lg \frac{50C_0 + 0.50}{50C_0 - 0.50} = 0.40$$

解得：$C_0 = 0.023\ 2 mol \cdot L^{-1}$

（2）

$$V(H_3PO_4) = \frac{1\ 000 \times 0.023\ 2 \times 2}{0.500} = 92.8 \ (mL)$$

$$V(NaOH) = \frac{1\ 000 \times 0.023\ 2 \times 3}{1.0} = 69.6 \ (mL)$$

3. 常用缓冲溶液的配制方法

（1）甘氨酸-盐酸缓冲液（0.05mol/L）。

XmL 0.2mol/L 甘氨酸 + YmL 0.2mol/L HCl，再加水稀释至 200mL。

pH 值	X（mL）	Y（mL）	pH 值	X（mL）	Y（mL）
2.0	50	44.0	3.0	50	11.4
2.4	50	32.4	3.2	50	8.2
2.6	50	24.2	3.4	50	6.4
2.8	50	16.8	3.6	50	5.0

甘氨酸分子量＝75.07，0.2mol/L 甘氨酸溶液为 15.01g/L。

（2）邻苯二甲酸-盐酸缓冲液（0.05mol/L）。

XmL0.2mol/L 邻苯二甲酸氢钾＋YmL0.2mol/L HCl，再加水稀释到 20mL。

pH 值（20℃）	X（mL）	Y（mL）	pH 值（20℃）	X（mL）	Y（mL）
2.2	5	4.070	3.2	5	1.470
2.4	5	3.960	3.4	5	0.990
2.6	5	3.295	3.6	5	0.597
2.8	5	2.642	3.8	5	0.263
3.0	5	2.022			

邻苯二甲酸氢钾分子量＝204.23，0.2mol/L 邻苯二甲酸氢钾溶液为 40.85g/L。

（3）磷酸氢二钠-柠檬酸缓冲液。

pH 值	0.2mol/L Na₂HPO₄（mL）	0.1mol/L 柠檬酸（mL）	pH 值	0.2mol/L Na₂HPO₄（mL）	0.1mol/L 柠檬酸（mL）
2.2	0.40	10.60	5.2	10.72	9.28
2.4	1.24	18.76	5.4	11.15	8.85
2.6	2.18	17.82	5.6	11.60	8.40
2.8	3.17	16.83	5.8	12.09	7.91
3.0	4.11	15.89	6.0	12.63	7.37
3.2	4.94	15.06	6.2	13.22	6.78
3.4	5.70	14.30	6.4	13.85	6.15
3.6	6.44	13.56	6.6	14.55	5.45
3.8	7.10	12.90	6.8	15.45	4.55
4.0	7.71	12.29	7.0	16.47	3.53
4.2	8.28	11.72	7.2	17.39	2.61
4.4	8.82	11.18	7.4	18.17	1.83
4.6	9.35	10.65	7.6	18.73	1.27
4.8	9.86	10.14	7.8	19.15	0.85
5.0	10.30	9.70	8.0	19.45	0.55

Na_2HPO_4 分子量＝14.98，0.2mol/L 溶液为 28.40g/L。

$Na_2HPO_4 \cdot 2H_2O$ 分子量＝178.05，0.2mol/L 溶液为 35.01g/L。

$C_4H_2O_7 \cdot H_2O$ 分子量＝210.14，0.1mol/L 溶液为 21.01g/L。

（4）柠檬酸-氢氧化钠-盐酸缓冲液。

pH 值	钠离子浓度 （mol/L）	柠檬酸 （$C_6H_8O_7 \cdot H_2O$）（g）	氢氧化钠 （NaOH 97%）（g）	盐酸 （HCl，浓）（mL）	最终体积 （L）
2.2	0.20	210	84	160	10
3.1	0.20	210	83	116	10
3.3	0.20	210	83	106	10
4.3	0.20	210	83	45	10
5.3	0.35	245	144	68	10
5.8	0.45	285	186	105	10
6.5	0.38	266	156	126	10

（5）柠檬酸-柠檬酸钠缓冲液（0.1mol/L）。

pH 值	0.1mol/L 柠檬酸（mL）	0.1mol/L 柠檬酸钠 （mL）	pH 值	0.1mol/L 柠檬酸（mL）	0.1mol/L 柠檬酸钠（mL）
3.0	18.6	1.4	5.0	8.2	11.8
3.2	17.2	2.8	5.2	7.3	12.7
3.4	16.0	4.0	5.4	6.4	13.6
3.6	14.9	5.1	5.6	5.5	14.5
3.8	14.0	6.0	5.8	4.7	15.3
4.0	13.1	6.9	6.0	3.8	16.2
4.2	12.3	7.7	6.2	2.8	17.2
4.4	11.4	8.6	6.4	2.0	18.0
4.6	10.3	9.7	6.6	1.4	18.6
4.8	9.2	10.8			

柠檬酸 $C_6H_8O_7 \cdot H_2O$：分子量 210.14，0.1mol/L 溶液为 21.01g/L。

柠檬酸钠 $Na_3C_6H_5O_7 \cdot 2H_2O$：分子量 294.12，0.1mol/L 溶液为 29.41g/L。

（6）乙酸-乙酸钠缓冲液（0.2mol/L）。

pH 值 （18℃）	0.2mol/L NaAc（mL）	0.3mol/L HAc（mL）	pH 值 （18℃）	0.2mol/L NaAc（mL）	0.3mol/L HAc（mL）
2.6	0.75	9.25	4.8	5.90	4.10
3.8	1.20	8.80	5.0	7.00	3.00
4.0	1.80	8.20	5.2	7.90	2.10
4.2	2.65	7.35	5.4	8.60	1.40
4.4	3.70	6.30	5.6	9.10	0.90
4.6	4.90	5.10	5.8	9.40	0.60

$Na_2Ac \cdot 3H_2O$ 分子量＝136.09，0.2mol/L 溶液为 27.22g/L。

（7）磷酸盐缓冲液。

①磷酸氢二钠-磷酸二氢钠缓冲液（0.2mol/L）。

pH 值	0.2mol/L Na_2HPO_4 （mL）	0.3mol/L NaH_2PO_4 （mL）	pH 值	0.2mol/L Na_2HPO_4 （mL）	0.3mol/L NaH_2PO_4 （mL）
5.8	8.0	92.0	7.0	61.0	39.0
5.9	10.0	90.0	7.1	67.0	33.0
6.0	12.3	87.7	7.2	72.0	28.0
6.1	15.0	85.0	7.3	77.0	23.0
6.2	18.5	81.5	7.4	81.0	19.0
6.3	22.5	77.5	7.5	84.0	16.0
6.4	26.5	73.5	7.6	87.0	13.0
6.5	31.5	68.5	7.7	89.5	10.5
6.6	37.5	62.5	7.8	91.5	8.5
6.7	43.5	56.5	7.9	93.0	7.0
6.8	49.5	51.0	8.0	94.7	5.3
6.9	55.0	45.0			

$Na_2HPO_4 \cdot 2H_2O$ 分子量＝178.05，0.2mol/L 溶液为 85.61g/L。

$Na_2HPO_4 \cdot 12H_2O$ 分子量＝358.22，0.2mol/L 溶液为 71.64g/L。

②磷酸氢二钠-磷酸二氢钾缓冲液（1/15mol/L）。

pH 值	1/15mol/L Na_2HPO_4 （mL）	1/15mol/L KH_2PO_4 （mL）	pH 值	1/15mol/L Na_2HPO_4 （mL）	1/15mol/L KH_2PO_4 （mL）
4.92	0.10	9.90	7.17	7.00	3.00
5.29	0.50	9.50	7.38	8.00	2.00
5.91	1.00	9.00	7.73	9.00	1.00
6.24	2.00	8.00	8.04	9.50	0.50
6.47	3.00	7.00	8.34	9.75	0.25
6.64	4.00	6.00	8.67	9.90	0.10
6.81	5.00	5.00	8.18	10.00	0
6.98	6.00	4.00			

$Na_2HPO_4 \cdot 2H_2O$ 分子量＝178.05，$1/15mol \cdot L^{-1}$ 溶液为 11.876g/L。

KH_2PO_4 分子量＝136.09，$1/15mol \cdot L^{-1}$ 溶液为 9.078g/L。

（8）磷酸二氢钾-氢氧化钠缓冲液（$0.05mol \cdot L^{-1}$）。

$XmL 0.2mol \cdot L^{-1} KH_2PO_4 ＋ YmL 2mol \cdot L^{-1} NaOH$ 加水稀释至 29mL。

pH 值 (20℃)	X (mL)	Y (mL)	pH 值 (20℃)	X (mL)	Y (mL)
5.8	5	0.372	7.0	5	2.963
6.0	5	0.570	7.2	5	3.500
6.2	5	0.860	7.4	5	3.950
6.4	5	1.260	7.6	5	4.280
6.6	5	1.780	7.8	5	4.520
6.8	5	2.365	8.0	5	4.680

(9) 巴比妥钠-盐酸缓冲液 (18℃)。

pH 值	$0.04mol \cdot L^{-1}$ 巴比妥钠溶液 (mL)	$0.2mol \cdot L^{-1}$ 盐酸 (mL)	pH 值	$0.04mol \cdot L^{-1}$ 巴比妥钠溶液 (mL)	$0.2mol \cdot L^{-1}$ 盐酸 (mL)
6.8	100	18.4	8.4	100	5.21
7.0	100	17.8	8.6	100	3.82
7.2	100	16.7	8.8	100	2.52
7.4	100	15.3	9.0	100	1.65
7.6	100	13.4	9.2	100	1.13
7.8	100	11.47	9.4	100	0.70
8.0	100	9.39	9.6	100	0.35
8.2	100	7.21			

巴比妥钠盐分子量＝206.18；$0.04mol \cdot L^{-1}$ 溶液为 8.25g/L。

(10) Tris-盐酸缓冲液 ($0.05mol \cdot L^{-1}$，25℃)。

50mL$0.1mol \cdot L^{-1}$ 三羟甲基氨基甲烷 (Tris) 溶液与 XmL$0.1mol \cdot L^{-1}$ 盐酸混匀后，加水稀释至 100mL。

pH 值	X (mL)	pH 值	X (mL)
7.10	45.7	8.10	26.2
7.20	44.7	8.20	22.9
7.30	43.4	8.30	19.9
7.40	42.0	8.40	17.2
7.50	40.3	8.50	14.7
7.60	38.5	8.60	12.4
7.70	36.6	8.70	10.3
7.80	34.5	8.80	8.5
7.90	32.0	8.90	7.0
8.00	29.2		

三羟甲基氨基甲烷 (Tris) 分子量＝121.14；$0.1mol \cdot L^{-1}$ 溶液为 12.114g/L。Tris 溶液可从空气中吸收 CO_2，使用时注意将瓶盖严。

（11）硼酸-硼砂缓冲液（0.2mol·L⁻¹硼酸根）。

pH 值	0.05mol·L⁻¹ 硼砂（mL）	0.2mol·L⁻¹ 硼酸（mL）	pH 值	0.05mol·L⁻¹ 硼砂（mL）	0.2mol·L⁻¹ 硼酸（mL）
7.4	1.0	9.0	8.2	3.5	6.5
7.6	1.5	8.5	8.4	4.5	5.5
7.8	2.0	8.0	8.7	6.0	4.0
8.0	3.0	7.0	9.0	8.0	2.0

硼砂 $Na_2B_4O_7·10H_2O$，分子量＝381.43；0.05mol·L⁻¹溶液（＝0.2mol·L⁻¹硼酸根）为 19.07g/L。

硼酸 H_2BO_3 分子量＝61.84，0.2mol·L⁻¹溶液为 12.37g/L。

硼砂易失去结晶水，必须在带塞的瓶中保存。

（12）甘氨酸-氢氧化钠缓冲液（0.05mol·L⁻¹）。

XmL0.2mol·L⁻¹甘氨酸＋YmL0.2mol·L⁻¹NaOH 加水稀释至 200mL。

pH 值	X（mL）	Y（mL）	pH 值	X（mL）	Y（mL）
8.6	50	4.0	9.6	50	22.4
8.8	50	6.0	9.8	50	27.2
9.0	50	8.8	10.0	50	32.0
9.2	50	12.0	10.4	50	38.6
9.4	50	16.8	10.6	50	45.5

甘氨酸分子量＝75.07；0.2mol·L⁻¹溶液为 15.01g/L。

（13）硼砂-氢氧化钠缓冲液（0.05mol·L⁻¹硼酸根）。

XmL0.05mol·L⁻¹硼砂＋YmL0.2mol·L⁻¹NaOH 加水稀释至 200mL。

pH 值	X（mL）	Y（mL）	pH 值	X（mL）	Y（mL）
9.3	50	6.0	9.8	50	34.0
9.4	50	11.0	10.0	50	43.0
9.6	50	23.0	10.1	50	46.0

硼砂 $Na_2B_4O_7·10H_2O$，分子量＝381.43；0.05mol·L⁻¹溶液为 19.07g/L。

（14）碳酸钠-碳酸氢钠缓冲液（0.1mol·L⁻¹）。

Ca^{2+}、Mg^{2+} 存在时不得使用。

pH 值		0.1mol · L^{-1} Na$_2$CO$_3$ (mL)	0.1mol · L^{-1} NaHCO$_3$ (mL)
20℃	37℃		
9.16	8.77	1	9
9.40	9.12	2	8
9.51	9.40	3	7
9.78	9.50	4	6
9.90	9.72	5	5
10.14	9.90	6	4
10.28	10.08	7	3
10.53	10.28	8	2
10.83	10.57	9	1

Na$_2$CO$_3$ · 10H$_2$O 分子量＝286.2；0.1mol · L^{-1}溶液为 28.62g/L。

NaHCO$_3$ 分子量＝84.0；0.1mol · L^{-1}溶液为 8.40g/L。

第五节 阅读材料：人体的 pH 值——血液中的缓冲系

人体内各种体液都有一定的较稳定的 pH 值范围，离开正常范围差异太大，就可能引起机体内许多功能失调。本节仅介绍血液中的缓冲系。血液是由许多缓冲系组成的缓冲溶液，存在的缓冲系主要有：

血浆中：H$_2$CO$_3$ - HCO$_3^-$

H$_2$PO$_4^-$ - HPO$_4^{2-}$

H$_n$P - H$_{n-1}$P$^-$ （H$_n$P 代表蛋白质）

红细胞中：H$_2$b - Hb$^-$ （H$_2$b 代表血红细胞）

H$_2$bO$_2$ - HbO$_2^-$ （H$_2$bO$_2$ 代表氧合血红蛋白）

H$_2$CO$_3$ - HCO$_3^-$

H$_2$PO$_4^-$ - HPO$_4^{2-}$

在这些缓冲系中，以碳酸缓冲系在血液中浓度最高，缓冲能力最大，在维持血液正常 pH 值中发挥最重要的作用。碳酸在溶液中主要是以溶解状态的 CO$_2$ 形式存在，在 CO$_2$（溶液）- HCO$_3^-$ 缓冲系中存在如下平衡：

$$CO_2（溶液）+ H_2O \rightleftharpoons H_2CO_3 \rightleftharpoons H^+ + HCO_3^-$$

当 [H$^+$] 增加时，抗酸成分 HCO$_3^-$ 与它结合使上述平衡向左移动，使 [H$^+$] 不发生明显改变。当 [H$^+$] 减少时，上述平衡向右移动，使 [H$^+$] 不发生明显改变。如果 CO$_2$ 是溶解在离子强度为 0.16 的血浆中，并且稳定在 37℃ 的时候，pK_a 应该校正。pK_a 经校正后为 pK_a'，其值为 6.10，所以血浆中的碳酸缓冲系 pH 值的计算式为：

$$pH = pK_a' + \lg \frac{[HCO_3^-]}{[CO_2]_{溶解}} = 6.01 + \lg \frac{[HCO_3^-]}{[CO_2]_{溶解}}$$

正常人的血浆中 HCO$_3^-$ 和 CO$_2$ 浓度分别为 0.024mol/L 和 0.001 2mol/L，将其代入上

式，可得到血液的正常 pH 值：

$$pH=6.01+lg\ \frac{0.024mol \cdot L^{-1}}{0.001\ 2mol \cdot L^{-1}}=6.01+lg\ \frac{20}{1}=7.40$$

在体内，HCO_3^- 是血浆中含量最多的抗酸成分，在一定程度上可以代表对体内所产生非挥发性酸的缓冲能力，所以将血浆中的 HCO_3^- 称为碱储。正常血浆中 HCO_3^- - CO_2（溶解）缓冲系的缓冲比为 20：1，已超出体外缓冲液有效缓冲比（即 10：1～1：10）的范围。该缓冲系的缓冲能力应该很小，而实际上，在血液中它们的缓冲能力是很强的。这是因为体内缓冲作用与体外缓冲作用不尽相同的缘故。在体外，当 HCO_3^- - CO_2（溶解）发生缓冲作用后，HCO_3^- - CO_2（溶解）浓度的改变得不到补充或调节，尤其是 CO_2 是挥发气体，难以在溶液中保存，从而不能形成稳定的缓冲系。而体内是一个"敞开系统"，当 HCO_3^- - CO_2（溶解）发生缓冲作用后，HCO_3^- 或 CO_2（溶解）的浓度的改变可由呼吸和肾的生理功能获得补充或调节，使得血液中的 HCO_3^- 和 CO_2（溶解）的浓度保持相对稳定。因此，血浆中的碳酸缓冲系总能保持相当强的缓冲能力，特别是抗酸的能力。

各种因素都能引起血液中酸度暂时的增加，如肺气肿引起的肺部换气不充分、心力衰竭和支气管炎、糖尿病和食用低碳水化合物和高脂肪食物引起代谢酸的增加，摄食过多的酸等都会引起血液中 $[H^+]$ 的增加，然而身体首先通过加快呼吸的速度来排除多余的 CO_2，其次是加速 H^+ 的排泄和延长肾里的 HCO_3^- 的停留时间，后者导致酸性尿。由于血浆内的缓冲系统和机体的补偿功能作用，而把血液中的 pH 值恢复到正常水平。但若在严重腹泻时丧失 HCO_3^- 过多，或因肾功能衰竭引起 H^+ 排泄的减少，缓冲系和机体的补偿功能都不能有效地阻止血液的 pH 值降低，则引起酸中毒。

发高烧和气喘换气过速或摄入过多的碱性物质和严重的呕吐等，都会引起血液碱性增加。身体的补偿机制则通过降低肺部 CO_2 排出量和通过肾增加 HCO_3^- 的排泄来配合缓冲系，使 pH 值恢复正常，这时因尿中的 HCO_3^- 浓度增高产生碱性尿。若通过缓冲系和补偿机制还不能阻止血液中 pH 值的升高，则引起碱中毒。

血浆中碳酸缓冲系的缓冲作用与肺、肾的调节作用的关系可用下式表示：

$$肺 \Longrightarrow CO_2+H_2O \Longrightarrow H_2CO_3 \overset{+OH^-}{\underset{+H^+}{\Longrightarrow}} HCO_3^- \Longrightarrow 肾$$

在血液红细胞中以血红蛋白和氧合血红蛋白缓冲系最为重要。因为血液对体内代谢所产生的大量 CO_2 的缓冲作用和转运，主要是靠它们实现的。代谢过程产生的大量 CO_2 先与血红蛋白离子反应：

$$CO_2+H_2O+Hb^- \Longrightarrow H_2b+HCO_3^-$$

反应产生的 HCO_3^-，由血液运输至肺，并与氧合血蛋白反应：

$$HCO_3^- +H_2bO_2 \Longrightarrow HbO_2^- +H_2O+CO_2$$

释放出的 CO_2 从肺部呼出。这说明由血红蛋白和氧合血红蛋白的缓冲作用，在大量 CO_2 从组织细胞运送至肺的过程中，血液的 pH 值也不至于受到大的影响。

总之，由于血液中多种缓冲系的缓冲作用和肺、肾的调节作用，使正常人血液的 pH 值维持在 7.35～7.45 的狭小范围内。

习题

2.1　胶粒发生 Brown 运动的本质是什么？这对溶胶的稳定性有何影响？

2.2 为了防止 500mL 水在 268K 结冰，需向水中加入甘油（$C_3H_8O_3$）多少克？

2.3 某水溶液在 200g 水中含有 12.0g 蔗糖（$M=342$），其密度为 1.022g·mL^{-1}，试计算蔗糖的质量摩尔浓度 b_B 和物质的量浓度 c_B。

2.4 有 101mg 胰岛素溶于 10.0mL 水中，该溶液在 298K 时的渗透压为 4.34kPa，求胰岛素的摩尔质量。

2.5 实验测定某未知物水溶液在 298K 时的渗透压为 750kPa，求该溶液的沸点和凝固点。

2.6 某一学生测得 CS_2（l）的沸点是 319.1K，1.00mol·kg^{-1} S 溶液的沸点是 321.5K，当 1.5g S 溶解在 12.5g CS_2 中时，溶液的沸点是 320.2K，试确定 S 的分子式。

2.7 人体血浆的凝固点为 272.5K，求 310K 时血浆的渗透压。

2.8 今有两种溶液，一种为 3.6g 葡萄糖（$C_6H_{12}O_6$）溶于 200g 水中，另一种为 20.0g 未知物溶于 500g 水中，这两种溶液在同一温度下结冰，计算此未知物的摩尔质量。

2.9 293K 时，葡萄糖（$C_6H_{12}O_6$）15g 溶于 200g 水中，试计算该溶液的蒸气压、沸点、凝固点和渗透压。（已知 293K 时的 $p^*=2\,333.14$kPa）

2.10 为制备 AgI 负溶胶，应向 25mL0.016mol·L^{-1} 的 KI 溶液中最多加入多少毫升的 0.005mol·$L-1$ 的 $AgNO_3$ 溶液？

2.11 混合等体积 0.008mol·L^{-1} $AgNO_3$ 溶液和 0.003mol·L^{-1} 的 K_2CrO_4 溶液，制得 Ag_2CrO_4 溶胶，写出该溶胶的胶团结构，并注明各部分的名称。

2.12 现有 0.01mol·L^{-1} $AgNO_3$ 溶液和 0.01mol·L^{-1} KI 溶液，欲制 AgI 溶胶，在下列四种条件下，能否形成 AgI 溶胶？为什么？若能形成溶胶，胶粒带何种电荷？

(1) 两种溶液等体积混合；

(2) 混合时一种溶液体积远超过另一种溶液；

(3) $AgNO_3$ 溶液体积稍多于 KI 溶液；

(4) KI 溶液体积稍多于 $AgNO_3$ 溶液。

2.13 指出下列各酸的共轭碱：HAc，H_2CO_3，HCO_3^-，H_3PO_4，$H_2PO_4^-$，NH_4^+，H_2S，HS^-。

2.14 指出下列各碱的共轭酸：Ac^-，CO_3^{2-}，PO_4^{3-}，HPO_4^{2-}，S^{2-}，NH_3，CN^-，OH^-。

2.15 根据下列反应，标出共轭酸碱对。

(1) $H_2O+H_2O \Longrightarrow H_3O^+ +OH^-$

(2) $HAc+H_2O \Longrightarrow H_3O^+ +Ac^-$

(3) $H_3PO_4+OH^- \Longrightarrow H_2PO_4^- +H_2O$

(4) $CN^- +H_2O \Longrightarrow HCN+OH^-$

2.16 已知下列各酸的 pK_a 和弱碱的 pK_b 值，求它们的共轭碱和共轭酸的 pK_b 和 pK_a。

(1) HCN $pK_a=9.31$ (2) NH_4^+ $pK_a=9.25$

(3) HCOOH $pK_a=3.75$ (4) 苯胺 $pK_b=9.34$

2.17 何谓缓冲溶液？举例说明缓冲溶液的作用原理。

2.18 欲配制 pH=3 的缓冲溶液，有下列三组共轭酸碱对：(1) HCOOH - $HCOO^-$；(2) HAc - Ac^-；(3) NH_4^+ - NH_3，问选哪组较为合适？

2.19 往 100mL0.10mol·L^{-1} HAc 溶液中，加入 50mL0.10mol·L^{-1}NaOH 溶液，求此混合液的 pH 值。

2.20 配制 pH＝10.0 的缓冲溶液，如用 500mL0.10mol·L^{-1}的 NH$_3$·H$_2$O 溶液，问需加入 0.10mol·L^{-1}的 HCl 溶液多少毫升？或加入固体 NH$_4$Cl 多少克（假设体积不变）？

第三章　化学分析实验室的必备知识

第一节　化学分析中的试剂

化学试剂是化学分析实验中不可缺少的物质。试剂选择与用量是否恰当，将直接影响实验结果的好坏。对于实验者来说，了解试剂的性质、分类、规格和使用常识是非常必要的。

一、化学试剂的必备知识

1. 化学试剂的分级和规格

对于化学试剂质量，我国有国家标准或部颁标准进行界定，规定了各级化学试剂的纯度及杂质含量，并规定了标准分析方法。我国生产的试剂质量分为四级，表 3 - 1 列出了我国化学试剂的分级。

表 3 - 1　化学试剂的分级

级别	习惯等级代号	标签颜色	附注
一级	保证试剂优级纯（GR）	绿色	纯度很高，适用于精确分析和研究工作，有的可作为基准物质
二级	分析试剂分析纯（AR）	红色	纯度较高，适用于一般分析及科研用
三级	化学试剂化学纯（CP）	蓝色	适用于工业分析与化学试验
四级	实验试剂（LR）	棕色	只适用于一般化学实验

现以化学试剂重铬酸钾的国家标准（GB/T642—1999）为例说明。

(1) 优级纯、分析纯的 $K_2Cr_2O_7$ 含量不少于 99.8%，化学纯含量不少于 99.5%。

(2) 杂质最高含量（以百分含量计），如表 3 - 2 所示。

表 3 - 2　重铬酸钾试剂中杂质最高含量　　　　　　（%）

名称	优级纯	分析纯	化学纯
水不溶物	0.003	0.005	0.01
干燥失重	0.05	0.05	—
氯化物（Cl）	0.001	0.002	0.005
硫酸盐（SO_4^{2-}）	0.005	0.01	0.02
钠	0.02	0.05	0.1
钙	0.002	0.002	0.001
铁	0.001	0.002	0.005
铜	0.001	—	—
铅	0.005	—	—

除上述把化学试剂分为四级外，尚有其他特殊规格的试剂。这些试剂虽尚未经有关部门的明确规定和正式颁布，但一直被广泛使用，如表 3-3 中所列的特殊规格化学试剂。

表 3-3　特殊规格的化学试剂

规格	代号	用途	备注
高纯物质	EP	配制标准溶液	包括超纯、特纯、光谱纯
基准试剂		标定标准溶液	已有国家标准
pH 基准缓冲溶液		配制 pH 标准缓冲溶液	已有国家标准
色谱纯试剂	GC	气相色谱分析专用	
	LC	液相色谱分析专用	
实验试剂	LR	配制普通溶液或化学合成用	瓶签为棕色的四级试剂
指示剂	Ind.	配制指示剂溶液	
生化试剂	BR	配制生物化学检验试液	标签为咖啡色
生物染色剂	BS	配制微生物标本染色液	标签为玫瑰红色
光谱纯试剂	SP	用于光谱分析	
特殊专用试剂		用于特定监测项目，如无砷锌	锌粒含砷不得超过 $4\times10^{-5}\%$

2. 化学试剂的包装及标志

化学试剂的包装单位，是指每个包装容器内盛装化学试剂的净重（固体）或体积（液体）。包装单位的大小是根据化学试剂的性质、用途和经济价值决定的。

我国化学试剂规定以下列五类包装单位包装：

（1）第一类 0.1g、0.25g、0.5g、1g、5g 或 0.5mL、1mL。

（2）第二类 5g、10g、25g 或 5mL、10mL、25mL。

（3）第三类 25g、50g、100g 或 20mL、25mL、50mL、100mL。

（4）第四类 100g、250g、500g 或 100mL、250mL、500mL。

（5）第五类 500g、1 000g 至 5 000g（每 500g 为一间隔）或 500mL、1L、2.5L、5L。

根据实际工作中对某种试剂的需要量决定采购化学试剂的量。如一般无机盐类以 500g，有机溶剂以 500mL 包装的较多。而指示剂、有机试剂多购买小包装，如 5g、10g、25g 等。高纯试剂、贵金属、稀有元素等多采用小包装。

我国国家标准 GB 15346—1994 规定，化学试剂的级别分别以不同颜色的标签表示之：优级纯为深绿色；基准试剂为浅绿色；分析纯为金光红色；生化试剂为咖啡色；化学纯为蓝色；生物染色剂为玫瑰红色。

3. 化学试剂的选用与使用注意事项

化学试剂的选用应以分析要求，包括分析任务、分析方法、对结果准确度要求等为依据，来选用不同等级的试剂。如痕量分析要选用高纯或优级纯试剂，以降低空白值和避免杂质干扰。需用大量酸碱进行样品处理时，其酸碱也应选择优级纯试剂。同时，对所用的纯水的制取方法和玻璃仪器的洗涤方法也应有特殊要求。作仲裁分析也常选用优级纯、分析纯试剂。一般控制分析，选用分析纯、化学纯试剂。某些制备实验、冷却浴或加热浴的药品，可选用工业品。

不同分析方法对试剂有不同的要求。如络合滴定，最好用分析纯试剂和去离子水，否则因试剂或水中的杂质金属离子封闭指示剂，使滴定终点难以观察。

不同等级的试剂价格往往相差甚远，纯度越高价格越贵。若试剂等级选择不当，将会造成资金浪费或影响实验结果。

另外，必须指出的是，虽然化学试剂必须按照国家标准进行检验合格后才能出厂销售，但不同厂家、不同原料和工艺生产的试剂在性能上有时有显著差异。甚至同一厂家，不同批号的同一类试剂，其性质也很难完全一致。因此，在某些要求较高的分析中，不仅要考虑试剂的等级，还应注意生产厂家、产品批号等。必要时应作专项检验和对照试验。

有些试剂由于包装或分装不良，或放置时间太长，可能变质，使用前应作检查。

为了保障实验人员的人身安全，保持化学试剂的质量和纯度，得到准确的实验结果，要求分析者掌握化学试剂的性质和使用方法，制定出化学试剂的使用守则，严格要求有关人员共同遵守。

实验室工作人员应熟悉常用化学试剂的性质，如市售酸碱的浓度、试剂在水中的溶解度，有机溶剂的沸点、燃点，试剂的腐蚀性、毒性、爆炸性等。

所有试剂、溶液以及样品的包装瓶上必须有标签。标签要完整、清晰，标明试剂名称、规格、质量。溶液除了标明品名外，还应标明浓度、配制日期等。万一标签脱落，应照原样贴牢。绝对不允许在容器内装入与标签不相符的物品。无标签的试剂必须取小样，检验后才可使用。不能使用的化学试剂要慎重处理，不能随意乱倒。

为了保证试剂不受污染，应当用清洁的牛角勺或不锈钢小勺从试剂瓶中取出试剂，绝不可用手抓取。若试剂结块，可用洁净的玻璃棒或瓷药铲将其捣碎后取用。液体试剂可用洗干净的量筒倒取，不要用吸管伸入原瓶试剂中吸取液体。从试剂瓶内取出的、没有用完的剩余试剂不可倒回原瓶。打开易挥发的试剂瓶塞时，不可把瓶口对准自己脸部或对着别人。不可用鼻子对准试剂瓶口猛吸气。如果需嗅试剂的气味，可将瓶口远离鼻子，用手在试剂瓶上方扇动，使空气流吹向自己而闻出其味。化学试剂绝不可用舌头品尝。化学试剂一般不能作为药用或食用。医药用药品和食品的化学添加剂都有安全卫生的特殊要求，由专门厂家生产。

二、常用化学试剂的一般性质

表 3-4 与表 3-5 列出了实验室常用酸、碱、盐等试剂的一般性质。

三、化学试剂的纯化

这里主要介绍几种无机试剂的纯化。

1. 盐酸的提纯

(1) 蒸馏提纯。

A. 除去盐酸中的杂质

用三次离子交换水将一级盐酸按盐酸∶水为 7∶3 的体积比稀释（或按 1∶1 稀释，按此比例稀释仅能得到浓度为 6mol/L 的盐酸）。将此盐酸 1.5L 装入 2L 的石英或硬质玻璃蒸馏瓶中（图 3-1），用可调变压器调节加热器，控制馏速为 200mL/h，弃去前段馏出液 150mL，取中段馏出液 1L，所得的纯盐酸浓度为 6.5～7.5mol/L，铁、铝、钙、镁、铜、铅、锌、钴、镍、锰、铬、锡的含量在 2×10^{-7}％～5×10^{-6}％以下。

表 3-4　常用酸、碱试剂的一般性质

名称 化学式 相对分子质量[2]	沸点℃	密度[1] g·mL^{-1}	浓度[1]		一般性质
			质量分数 %溶液	C （mol·L^{-1}）	
盐酸 HCl 36.463	110	1.18~1.19	36~38	约 12	无色液体，与水互溶。强酸，常用的溶剂。大多数金属氯化物易溶于水。Cl$^-$有弱还原性及一定的络合能力
硝酸 HNO$_3$ 63.016	122	1.39~1.40	约 68	约 15	无色液体，与水互溶。受热时易分解，放出 NO$_2$，变成橘红色。强酸，具有氧化性，溶解能力强，速度快。所有硝酸盐都易溶于水
硫酸 H$_2$SO$_4$ 98.08	338	1.83~1.84	95~98	约 18	无色透明液体，与水互溶，并放出大量的热，故只能将其慢慢地加入水中，否则会因爆沸溅出伤人。强酸。浓酸具有强氧化性，强脱水能力，能使有机物脱水炭化。除碱土金属及铅的硫酸盐难溶于水外，其他硫酸盐一般都溶于水
氨水 NH$_3$·H$_2$O 35.084		0.90~0.91	25~28 （NH$_3$）	约 15	无色液体，有强烈的刺激臭味。易挥发，加热至沸时，NH$_3$ 可全部逸出。空气中 NH$_3$ 达到 0.5% 时，可使人中毒。室温较高时欲打开瓶塞，需用湿毛巾盖着，以免喷出伤人。常用弱碱
氢氧化钠 NaOH 40.01	商品溶液			19.3	白色固体，呈粒、块、棒状。易溶于水，并放出大量热。强碱，有强腐蚀性，对玻璃也有一定的腐蚀性，故宜储存于带胶塞的瓶中。易溶于甲醇、乙醇
		1.53	50.5		
氢氧化钾 KOH 56.104	商品溶液			14.2	
		1.535	52.05		

注：①表中的"密度"、"浓度"是对市售商品试剂而言。
　　②相对分子质量亦可称为式量。

表 3-5　常用盐类和其他试剂的一般性质

名称[1] 化学式 相对分子质量	溶解度[2]			一般性质
	水 （20℃）	水 （100℃）	有机溶剂 （18~25℃）	
硝酸银 AgNO$_3$ 169.87	222.5	770	甲醇 3.6 乙醇 2.1 吡啶 3.6	无色晶体，易溶于水，水溶液呈中性。见光、受热易分解，析出黑色 Ag。应储于棕色瓶中
氯化钡 BaCl$_2$·2H$_2$O	42.5	68.3	甘油 9.8	无色晶体，有毒！重量法测定 SO$_4^{2-}$ 的沉淀剂
溴 Br$_2$ 159.81	3.13 （30℃）			暗红色液体，强刺激性，能使皮肤发炎。难溶于水，常用水封保存。能溶于盐酸及有机溶剂。易挥发，沸点为 58℃。须带手套在通风柜中进行操作
无水氯化钙 CaCl$_2$ 110.99	74.5	158	乙醇 25.8 甲醇 29.2 异戊醇 7.0	白色固体，有强烈的吸水性。常用作干燥剂。吸水后生成 CaCl$_2$·2H$_2$O，可加热再生使用

续表 3-5

名称[①] 化学式 相对分子质量	溶解度[②]			一般性质
	水 (20℃)	水 (100℃)	有机溶剂 (18～25℃)	
硫酸铜 CuSO₄·5H₂O 249.68	32.1	120	甲醇	蓝色晶体，又名蓝矾、胆矾。加热至100℃时开始脱水，250℃时失去全部结晶水。无水硫酸铜呈白色，有强烈的吸水性，可作干燥剂
硫酸亚铁 FeSO₄·7H₂O 278.01	48.1	80.0 (80℃)		青绿色晶体，又称绿矾。还原剂，易被空气氧化变成硫酸铁，应密闭保存
硫酸铁 Fe₂(SO₄)₃ 399.87	282.8 (0℃)	水解		无色或亮黄色晶体，易潮解。高于600℃时分解。溶于冷水，配制溶液时应先在水中加入适量H₂SO₄，以防Fe³⁺水解
过氧化氢 H₂O₂ 34.01	∞		乙醇 乙醚	无色液体，又名双氧水。通常含量为30%，加热分解为H₂O和初生态氧[O]，有很强的氧化性，常作为氧化剂。但在酸性条件下，遇到更强的氧化剂时，它又呈还原性。应避免与皮肤接触，远离易燃品，于暗、冷处保存
草酸 H₂C₂O₇·8H₂O 126.06	14	168	乙醇 33.6 乙醚 1.37	无色晶体，空气中易风化失去结晶水；100℃完全脱水。是二元酸，既可作为酸，又可作还原剂，用来配制标准溶液
汞 Hg 200.59	不溶			亮白微呈灰色的液态金属，亦称水银。熔点39℃，沸点357℃。蒸气有毒！密度大于(13.55g/mL)。室温时化学性质稳定。不溶于H₂O、稀H₂SO₄。与HNO₃、热浓H₂SO₄、王水反应。应水封保存
碘 I₂ 253.81	0.028	0.45	乙醇 26 二氧化碳 16 氯仿 2.7	紫黑色片状晶体，难溶于水，但可溶于KI溶液。易升华，形成紫色蒸汽。应密闭、暗中保存。是弱氧化剂
溴酸钾 KBrO₃ 167.00	6.9	50		无色晶体，370℃分解。氧化剂，常作为滴定分析的基准物质
重铬酸钾 K₂Cr₂O₇ 294.18	12.5	100		橘红色晶体，常用氧化剂，易精制得纯品，作滴定分析中的基准物质
高锰酸钾 KMnO₄	6.4	25 (65℃)	溶于甲醇、丙酮与乙醇反应	暗紫色晶体，在酸性、碱性介质中均显强氧化性，是化验中常用的氧化剂，水溶液遇光能缓慢分解，固体在大于200℃时也分解，故应储存于棕色瓶中
钠 Na 22.99	剧烈反应		与乙醇反应 溶于液态氨	银白色软、轻金属，密度为0.968。与水、乙醇反应。在煤油中保存。暴露在空气中则自燃，遇水则剧烈燃烧、爆炸。常作为有机溶剂的脱水剂
氯化钠 NaCl 58.44	35.9	39.1	甲醇 1.31 乙醇 0.065 甘油 8.2	无色晶体，稳定，常作基准物质

注：①表中的化学试剂按化学式英文字母顺序排列。
②溶解度是指在所表明温度下100g溶剂（水、无水有机溶剂）中能溶解的试剂克数。

B. 除去盐酸中的砷

用三次离子交换水将一级盐酸按 7：3 的体积比稀释，加入适量氧化剂（按体积加入 2.5％硝酸或 2.5％过氧化氢或高锰酸钾 0.2g/L）。将此盐酸 1.5L 装入 2L 的石英或硬质玻璃蒸馏瓶中（图 3-1），放置 15min 后，以 100mL/h 的馏速进行蒸馏。弃去前段馏出液 150mL，取中段馏出液 1L 备用。砷的含量在 $1×10^{-6}$％以下。

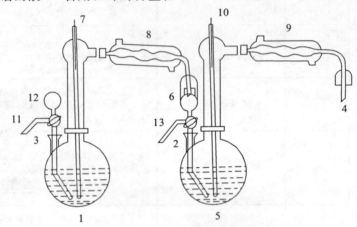

图 3-1　双重蒸馏器的装置

1、5-2L 蒸馏瓶（石英或硬质玻璃）；2、3-排液侧管；4-馏出液出口；

6、12-加料漏斗；7、10-温度计套管；8、9-冷凝管；11、13-三通活塞

（2）等温扩散法提纯。

在直径为 30cm 的干燥器中（若是玻璃的，可在干燥器内壁涂一层白蜡防止玷污），加入 3kg 盐酸（优级纯），在瓷托板上放置盛有 300mL 高纯水聚乙烯或石英容器。盖好干燥器盖，在室温下放置 7～10d（20～30℃放置 7d，15～20℃放置 10d），取出后即可使用，盐酸浓度约为 9～10mol/L，铁、铝、钙、镁、铜、铅、锌、钴、镍、锰、铬、锡的含量在 $2×10^{-7}$％以下。

2. 硝酸的提纯

在 2L 硬质玻璃蒸馏器（图 3-1）中，放入 1.5L 硝酸（优级纯），在石墨电炉上用可调变压器调节电炉温度进行蒸馏，馏速为 200～400mL/h，弃去初馏分 150mL，收集中间馏分 1L。

将上述得到的中间馏分 2L，放入 3L 石英蒸馏器中。将石英蒸馏器固定在石蜡浴中进行蒸馏，用可调变压器调节控制馏速为 100mL/h。弃去初馏分 150mL，收集中间馏分 1 600mL。铁、铝、钙、镁、铜、铅、锌、钴、镍、锰、铬、锡的含量在 $2×10^{-7}$％以下。

3. 氢氟酸的提纯

（1）除去氢氟酸中的金属杂质。

在铂蒸馏器中，加入 2L 氢氟酸（优级纯）以甘油浴加热，用可调变压器调节控制加热器温度，控制馏速为 100mL/h，弃去初馏分 200mL，用聚乙烯瓶收集中间馏分 1 600mL。将此中段馏出液按上述程序再蒸馏一次，弃去前段馏出液 150mL，收集中段馏出液 1 250mL，保存在聚乙烯瓶中。铁、铝、钙、镁、铜、铅、锌、钴、镍、锰、铬、锡的含量在（$2×10^{-7}$～$1×10^{-6}$）％以下。

（2）除去氢氟酸中的硅。

在铂蒸馏器中，放入 750mL 氢氟酸（优级纯）。加入 0.5g 氟化钠，在甘油浴上加热。用可调变压器调节加热温度，控制馏速为 100mL/h，弃去初馏分 80mL，用聚乙烯瓶收集中间馏分 400mL。此中间馏分硅含量在 $1\times10^{-4}\%$ 以下，可作测定硅用。

（3）除去氢氟酸中的硼。

于铂蒸馏器中，加入 2g 固体甘露醇（优级纯或分析纯）和 2L 氢氟酸（优级纯），用甘油浴加热，用可调变压器控制温度，使馏速为 50mL/h。弃去初馏 200mL，收集中间馏分 1 600mL。将此中间馏分加入 2g 甘露醇，以同样程序再蒸馏一次。弃去初馏分 150mL，收集中间馏分 1 250mL，得到的氢氟酸含硼量一般小于 $10^{-9}\%$。

4. 高氯酸的提纯

高氯酸用减压蒸馏法提纯。在 500mL 硬质玻璃蒸馏瓶中，加入 300～350mL 高氯酸（60%～65%，分析纯），用可调变压器控制温度约 140～150℃，减压至压力为 2.67～3.33kPa（20～25mmHg），馏速为 40～50mL/h，弃去初馏分 50mL，收集中间馏分 200mL，保存在石英试剂瓶中备用。

5. 氨水的提纯

（1）蒸馏吸收法提纯。

将约 3L 二级氨水倒入 5L 硬质玻璃烧瓶中，加入少量 1% 高锰酸钾溶液至呈微红紫色，烧瓶口接回流冷凝管，冷凝管的上端与三个洗气瓶连接（第一个洗气瓶盛 1%EDTA 二钠溶液，其余两个均盛离子交换水）。第三个洗气瓶与接收瓶连接，接收瓶为有机玻璃瓶，置于混有食盐和冰块的水槽内，瓶内盛有 1.5L 离子交换水。用可调变压器控制温度。当温度升至 40℃ 时，氨气通过洗气瓶后被接收瓶的水吸收。当大部分氨挥发后，最后升温至 80℃，使氨全部挥发。接收瓶中的氨水浓度稍低于 25%。

（2）等温扩散法提纯。

将约 2L 二级氨水倒入洗净的大干燥器（液面勿接触瓷托板），瓷托板上放置 3～4 个分盛 200mL 离子交换水的聚乙烯或石英广口容器，从托板小孔，加入氢氧化钠 2～3g，迅速盖上干燥器，每天摇动一次，5～6d 后氨水浓度可达 10%～20%。

6. 溴的提纯

将 500mL 溴（优级纯或分析纯），放入 1L 分液漏斗中，加 100mL 三次离子交换水，剧烈振荡 2min，分层后将溴移入另一个分液漏斗中，再以 100mL 水洗涤一次，然后，再以稀硝酸（1∶9）洗涤两次和高纯水洗涤一次，每次振荡 2min。

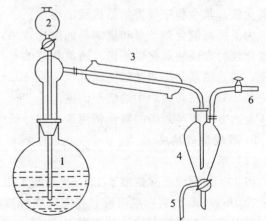

图 3-2　蒸馏装置
1-1L 烧瓶（硬质玻璃）；2-加料漏斗；3-冷凝管；
4-馏出液储瓶；5-储液瓶流出管；6-排气管

将上述洗好的溴移入如图 3-2 烧瓶中，加入 100mL 40% 溴化钾溶液，在水浴上加热蒸馏。保持水浴温度在 60℃ 左右，使馏速为 100mL/h。接收瓶 4 中的液体应淹没流出管口。弃最初蒸出的溴 50mL，收集中间馏分

300mL。在该装置中不加溴化钾溶液再蒸馏一次，收集中间馏分 200～250mL 备用。

7. 钼酸铵的提纯

将 150g 分析纯的钼酸铵溶解于 400mL 温度为 80℃ 的水中，加入氨水至溶液中出现氨味，加热溶液并用致密定量滤纸（蓝带）过滤，滤液滴入盛有 300mL 的无水酒精中。冷却滤液至 10℃，并保持 1h。用布氏漏斗抽滤析出的结晶，弃去母液。用无水酒精洗涤结晶 2～3 次，每次用 20～30mL。在空气中干燥或在干燥器中用硅胶干燥，也可以在真空干燥箱中温度为 50～60℃，压力为 6.67～8.00kPa（50～60mmHg）下干燥。

如果要除去试剂钼酸铵中的磷酸根离子，则在钼酸铵的氨性溶液中加入少量硝酸镁，使之生成磷酸铵镁沉淀过滤除去，然后再按上述程序结晶、过滤、洗涤、干燥。不过此时产品中有镁离子和硝酸根离子。但是用于微量硅、磷、砷的比色测定时，少量镁离子和硝酸根离子并不干扰。

8. 氯化钠的提纯

（1）重结晶提纯法。

将 40g 分析纯氯化钠溶解于 120mL 高纯水中，加热搅拌使之溶解。加入 2～3mL 铁标准液（1mg/mL Fe^{3+}），搅拌均匀后滴加提纯氨水至溶液 pH≈10 左右。在水浴上加热使生成的氢氧化物沉淀凝聚，过滤除去沉淀。将滤液放至铂皿中，在低温电炉上密闭蒸发器中蒸发至有结晶薄膜出现。冷却抽滤析出的结晶，并用无水酒精洗涤，在真空干燥箱中于 105℃ 温度和 2.67kPa（20mmHg）压力下干燥。此法得到的 NaCl 经光谱定性分析仅含微量的硅、铝、镁和痕量的钙。

（2）用碳酸钠和盐酸制备。

取 100g 分析纯碳酸钠，放于 500mL 烧杯中，滴加高纯盐酸中和、溶解，直至不再发生二氧化碳时，停止滴加盐酸。用高纯水洗杯壁并加入 2～3mL 铁标准液，加提纯氨水至析出氢氧化铁。其余程序如重结晶提纯法所述。

为了提高氯化钠产量和重结晶的纯化效果，在过滤热盐溶液之后，用冰冷却滤液并用通入氯化氢的方法使氯化钠析出。通氯化氢的导气管口做成漏斗状，防止析出的 NaCl 将管口堵死，抽滤结晶并用浓盐酸洗涤几次，在 105～110℃ 下干燥，在研钵中粉碎成粉末，并于 400～500℃ 下在马弗炉中灼烧至恒重。

上述方法提纯制得的氯化钠用于光谱分析中作载体和配标准用的原始物质。

9. 碳酸钠的提纯

（1）第一法。

将 30g 分析纯碳酸钠溶于 150mL 高纯水中，待全部溶解后，在溶液中慢慢滴加 2～3mL 浓度为 1mg/mL 的铁标准溶液，在滴加铁标准溶液过程中要不停地搅拌，使杂质与氢氧化铁一起沉淀。在水浴上加热并放置 1h 使沉淀凝聚，过滤除去胶体沉淀物。加热浓缩滤液至出现结晶时，取下冷却，待结晶完全析出后用布氏漏斗抽滤，并用无水酒精洗涤 2～3 次，每次 20mL。在真空干燥箱中减压干燥，温度为 100～105℃，压力为 2.67～6.67kPa（20～50mmHg）下烘至无结晶水。为了加速脱水，也可在 270～300℃ 下灼烧之。此法提纯的碳酸钠，经光谱定性分析检查，仅检出了痕量的镁和铝，而原料中有微量的铜、铁、铝、钙、镁。

（2）第二法。

将 30g 分析纯或化学纯无水碳酸钠溶解于 150mL 高纯水中，过滤，并向滤液中慢慢通入提纯过的二氧化碳，此时析出碳酸氢钠白色沉淀。因为生成的碳酸氢钠在冷水中的溶解度较小（碳酸氢钠在 100mL 冷水中的溶解度：0℃，6.9g；20℃，9.75g），用冰水冷却，并不断振荡或搅拌，以加速反应。通气 2h 后，沉淀基本完全。用玻璃滤器（3 号）抽滤析出的沉淀，并用冰冷的高纯水洗涤沉淀，在烘箱中于 105℃下干燥。将干燥好的碳酸氢钠置于铂皿中，在马弗炉中 270～300℃下灼烧至恒重（大约 1h 即可）。

10. 硫酸钾的提纯

将提纯过的碳酸钾（提纯方法见碳酸钠的提纯法一）置于塑料烧杯中，用 10% 的硫酸中和，在逐渐滴加稀硫酸的过程中要不断搅拌，当溶液的 pH 值为 7～7.5 时，停止滴加硫酸，过滤得到硫酸钾溶液。将滤液移入铂皿中，蒸发至析出结晶时为止。取下，冷却后，抽滤析出的结晶，用少量冰冷的高纯水洗结晶，在真空干燥箱中 100℃左右烘干。

11. 重铬酸钾的提纯

将 100g 分析纯重铬酸钾溶解在 200～300mL 热的高纯水中，用 2 号玻璃滤器抽滤，将溶液于电炉上蒸发至 150mL 左右，在强烈搅拌下把溶液倒入一个被冰水冷却的大瓷皿中使之形成一薄层，以制取小粒结晶。用布氏漏斗抽滤得到的结晶，再用少量冷水洗涤之。按上法重结晶一次。将洗过的二次结晶于 100～105℃下干燥 2～3h，然后将温度升至 200℃继续干燥 10～12h。

用此法提纯的产品重铬酸钾含量几乎是 100%。光谱定性分析中仅检出了微量的镁、铋和痕量的铝。此法提纯的重铬酸钾可以作为基准物使用。

12. 五水硫代硫酸钠的提纯

（1）制备。

将硫溶于亚硫酸钠溶液时，可制得硫代硫酸钠：

$$Na_2SO_3 + S \longrightarrow Na_2S_2O_3$$

在附有回流冷凝器的烧瓶中，将 100g $Na_2SO_3 \cdot 7H_2O$ 溶解在 200mL 水中的溶液，与 14g 研细的棒状硫一起煮沸，其硫是预先用乙醇浸润过的（否则它不被溶液浸润，并浮在表面）直到硫不再被溶解时为止。将没有溶解的硫滤出，滤液蒸发到开始结晶时进行冷却，所得结晶在布氏漏斗上抽滤后，再在空气中于两层滤纸间干燥。可得五水硫代硫酸钠 60g，提取率 60%。

（2）提纯。

将工业品重结晶，可制得试剂纯的制剂。将 700g 五水硫代硫酸钠溶解在 300mL 热水中，过滤后，在不断搅拌下冷却到 0℃以制得较细的结晶。析出的盐（450g）在布氏漏斗上抽滤后再在同样条件下重结晶一次。

所得制剂一般为分析纯，从母液中还可以分离出一些纯度较低的制剂。

欲制备用于分析操作上的纯制剂时，可将经重结晶提纯过的盐与乙醇一起研细，倒在滤器上使乙醇流尽并用无水酒精和乙醚洗涤，然后用滤纸盖住制剂并静置一昼夜。最后将制剂装入干燥瓶中。

用此法精制的制剂含有 99.99% 的 $Na_2S_2O_3 \cdot 5H_2O$，甚至保存 5 年后，制剂含量仍在 99.94%～99.99% 之间。

四、化学分析实验室常用的干燥剂

干燥通常是指除去产品中的水分或保护某些物质免除吸收空气中水分的过程。因此，凡是能吸收水分的物质，一般都可以作为干燥剂。

选择干燥剂时，首先确保进行干燥的物质与干燥剂不发生任何反应；干燥剂兼作催化剂时，应不使被干燥的溶剂发生分解、聚合，不生成加成物。此外，还要考虑干燥速度、干燥效果和干燥剂的吸水量。在具体使用时，酸性物质的干燥最好选用酸性物质干燥剂，碱性物质的干燥用碱性物质干燥剂，中性物质的干燥用中性物质干燥剂。溶剂中有大量水存在时，应避免选用与水接触着火（如金属钠等）或者发热猛烈的干燥剂，可选用如氯化钙一类缓和的干燥剂进行干燥脱水，使水分减少后再使用金属钠干燥。加入干燥剂后应搅拌，放置一夜。温度可根据干燥剂的性质和对干燥速度的影响加以考虑。干燥剂的用量应稍过量。在水分多的情况下，干燥剂因吸收水分发生部分或全部溶解，生成液状或糊状分层，此时应进行分离，并加入新的干燥剂。溶剂与干燥剂的分离一般采用倾析法，将残留物进行过滤。若过滤时间太长，或因环境湿度过大，会再次吸湿而使水混入。此时，应采用与大气隔绝的特殊过滤装置。使用分子筛或活性氧化铝等干燥剂时，应装填于玻璃管内，溶剂自上而下流动或从下向上流动进行脱水。大多数溶剂脱水都可采用这种方法。

干燥剂分固体、液体和气体三类。又可分为碱性、酸性和中性物质干燥剂，以及金属干燥剂等。

干燥剂的性质各不相同，在使用时要充分考虑干燥剂的特性以及欲干燥溶剂的性质，使之达到有效干燥的目的。

表 3-6 列举了常用干燥剂的干燥能力。供选用时参考。

表 3-6　常用干燥剂的干燥能力　　　　　[mg（水）/L（空气）]

干燥剂	干燥能力	干燥剂	干燥能力	干燥剂	干燥能力
深冷（-194℃）空气	（含水 $1.6×10^{-23}$）	$CaSO_4$	$4×10^{-3}$	CaO	0.2
P_2O_5	$2×10^{-5}$	硅胶	$6×10^{-3}$	$CaCl_2$	0.14~0.25
$Mg(ClO_4)_2$	$5×10^{-4}$	MgO	$8×10^{-3}$	H_2SO_4（95.1%）	0.3
$Mg(ClO_4)_2·3H_2O$	$2×10^{-3}$	$CaBr_2$（-72℃）	$12×10^{-3}$	$CaCl_2$（熔融过的）	0.36
KOH（熔凝的）	$2×10^{-3}$	$CaBr_2$（21℃）	$19×10^{-3}$	$ZnCl_2$	0.8
Al_2O_3	$3×10^{-3}$	$CaBr_2$（25℃）	$14×10^{-2}$	$ZnBr_2$	1.1
浓 H_2SO_4	$3×10^{-3}$	NaOH（熔凝的）	$16×10^{-2}$	$CuSO_4$	1.4

注：（1）干燥剂干燥能力的测定是用被水蒸气饱和的空气，在 25℃时，以 1~3L/h 的速度通过已称重的干燥剂之后，再测定空气中剩余的水分。干燥能力表示的是 1L 空气中剩余水分的 mg 数。空气中剩余水分越少，干燥剂的干燥能力越强。

（2）高氯酸盐作干燥剂时，要防止与一切有机物、碳、硫、磷等接触，否则可能产生爆炸。

五、化学分析实验室常用的气体吸收剂

常见气体的吸收剂见表 3-7。

表 3 - 7　常见气体的吸收剂

气体名称	吸收剂	配制方法	吸收能力[①]	附注
CO	酸性 Cu_2Cl_2 溶液	Cu_2Cl_2 100g 溶于 500mLHCl 中，用水稀释至 1L（加 Cu 片保存）	10	O_2 也起反应
	氨性 Cu_2Cl_2 溶液	Cu_2Cl_2 23g 加水 100mL、浓氨水 43mL 溶解（加 Cu 片保存）	30	O_2 也起反应
CO_2	KOH 溶液	KOH 250g 溶于 800mL 水中	42	HCl、 SO_2 、 H_2S 、 Cl_2 等也被少量吸收
	$Ba(OH)_2$ 溶液	$Ba(OH)_2 \cdot 8H_2O$ 饱和溶液	少量	
Cl_2	KI 溶液	1mol/L KI 溶液	大量	用于容量分析
	Na_2SO_3 溶液	1mol/L Na_2SO_3 溶液	大量	
H_2	海绵钯	海绵钯 4～5g		100℃反应 15min
	胶态钯溶液	胶态钯 2g，苦味酸 5g，加 1mol/L NaOH 22mL，稀释至 100mL	40	50℃反应 10～15min
HCN	KOH 溶液	KOH 250g 溶于 800mL 水中	大量	
HCl	KOH 溶液	KOH 250g 溶于 800mL 水中	大量	
	$AgNO_3$ 溶液	1mol/L $AgNO_3$ 溶液	大量	
H_2S	$CuSO_4$ 溶液	1% $CuSO_4$ 溶液	大量	
	$Cd(Ac)_2$ 溶液	1% $Cd(Ac)_2$ 溶液	大量	
N_2	Ba、Ca、Ce、Mg 等金属	使用 80～100 目的细粉	大量	800～1 000℃使用
NH_3	酸性溶液	0.1mol/L HCl	大量	
NO	$KMnO_4$ 溶液	0.1mol/L $KMnO_4$ 溶液	大量	
	$FeSO_4$ 溶液	$FeSO_4$ 的饱和溶液加 H_2SO_4 酸化	大量	生成 $Fe(NO)^{2+}$ 反应慢
O_2	碱性焦性没食子酸溶液	20%焦性没食子酸，20% KOH，60% H_2O	大量	15℃以下反应慢
	黄磷	固体	大量	
	$Cr(Ac)_2$ 盐酸溶液	将 $Cr(Ac)_2$ 用盐酸溶解	大量	反应快
	$Na_2S_2O_4$ 溶液	$Na_2S_2O_4$ 50g 溶于 6%NaOH 25mL 中	大量	CO_2 也吸收

注：①吸收能力指单位体积吸收剂所吸收气体的体积数。

六、化学分析实验室常用的制冷剂

实验室利用水、雪、水和盐、碱、酸，按一定比例混合可得到高低不等的低温，最低可达$-80℃$以下。使用液态气体甚至可以得到$-273.16℃$的温度。盐与水的配比及所得到的温度见表$3-8$。

表 $3-8$　盐和水（冷却至 $15℃$）混合所达最低温度

盐	在 100 份水中溶解盐的份数	最低温度（℃）	盐	在 100 份水中溶解盐的份数	最低温度（℃）
$(NH_4)_2SO_4$	75	9	NH_4Cl	30	-3
$Na_2SO_4 \cdot 10H_2O$	20	8	$Na_2S_2O_3$	110	-4
$MgSO_4$	85	7	$CaCl_2$	250	-8
Na_2CO_3	40	6	NH_4NO_3	100	-12
KNO_3	16	5	$NH_4Cl+KNO_3$	$33+33$	-12
$(NH_4)_2CO_3$	30	3	NH_4CNS	133	-16
KCl	30	2	$KCNS$	100	-24
$NaC_2H_3O_2 \cdot 3H_2O$	85	-0.5	$NH_4Cl+KNO_3$	$100+100$	-25

使用二氧化碳制冷剂时，应该注意：二氧化碳在钢瓶中是液体，使用时先在钢瓶出口处接一个既保温又透气的棉布袋。打开阀门，将液态二氧化碳迅速地大量放出，因压力突然降低，二氧化碳一部分蒸发，另一部分降温在棉袋中结成二氧化碳固体，称之为干冰。若与其他液体混合使用能达到不同温度，如与二氯乙烷混合后，温度可达$-60℃$；与乙醇混合达$-72℃$；与乙醚混合达$-77℃$；与丙酮混合达$-78.5℃$。

液态氧与有机化合物接触能引起燃烧爆炸。液态氢气化时产生大量可燃氢气，使用时必须极为谨慎小心，防止燃烧爆炸。因此，低温制冷剂通常不用液态氧或液态氢，而常用液态氮或液态空气。

液态氮（液氮）和液态空气常储于细口长颈金属制的双层保温瓶中，液氮瓶口冒出白色氮雾。液态氮溅出碰到物体上，发出啪啪声。若溅到皮肤上，皮肤会被低温冻伤（灼伤），伤口较高温烫伤疼痛，且难于愈合。所以使用液氮时必须戴上手套。

第二节　化学分析实验室的安全与管理

保护化学分析实验人员的安全和健康，保障设备财产的完好，防止环境的污染，保证实验工作有效的进行是化学分析实验室管理工作的重要内容。根据实验室工作的特点，将实验室的安全概括为防火、防爆、防毒、保证压力容器和气瓶的安全、电气的安全和防止环境的污染等几方面。

一、防火、防爆与灭火常识

1. 防火常识

（1）化学分析实验室内应备有灭火消防器材、急救箱和个人防护器材。实验室工作人员应熟知这些器材的位置及使用方法。

（2）操作、倾倒易燃液体时，应远离火源。加热易燃液体必须在水浴上或密封电热板上进行，严禁用火焰或电炉直接加热。

（3）使用酒精灯时，酒精切勿装满，应不超过其容量的 2/3。灯内酒精不足 1/4 容量时，应灭火后添加酒精。燃着的酒精灯焰应用灯帽盖灭，不可用嘴吹灭，以防引起灯内酒精起燃。

（4）蒸馏可燃液体时，操作者不能离开去做别的事，要注意仪器和冷凝器的正常运行。需往蒸馏器内补充液体时，应先停止加热，放冷后再进行。

（5）易燃液体的废液应设置专门容器收集，不得倒入下水道，以免引起爆炸事故。

（6）不能在木制可燃台面上使用较大功率的电器（如电炉、电热板等），也不能长时间使用煤气灯与酒精灯。

（7）可燃性气体的高压气瓶，应安放在实验楼外专门建造的气瓶室。

（8）身上、手上、台面、地上沾有易燃液体时，不得靠近火源，同时应立即清理干净。

（9）实验室对易燃易爆物品应限量、分类、低温存放，远离火源。加热含有高氯酸或高氯酸盐的溶液时，应防止蒸干和引进有机物，以免产生爆炸。

（10）易发生爆炸的操作不得对着人进行，必要时操作人员可戴保护面罩或用防护挡板。进行易燃易爆实验时，应有两人以上在场，万一出了事故可以相互照应。

2. 防爆常识

有些化学品在外界的作用下（如受热、受压、撞击等），能发生剧烈化学反应，瞬时产生大量的气体和热量，使周围压力急剧上升，发生爆炸。爆炸往往会造成重大的危害，因此在使用易爆炸物品（如苦味酸等）时，要十分小心。有些化学药品单独存放或使用时，比较稳定，但若与其他药品混合时，就会变成易爆品，十分危险。表 3-9 列举了常见的易爆混合物。

表 3-9　常见的易爆混合物

主要物质	互相作用的物质	产生结果	主要物质	互相作用的物质	产生结果
浓硝酸、硫酸	松节油、乙醇	燃烧	硝酸盐	酯类、乙酸钠、氯化亚锡	爆炸
过氧化氢	乙酸、甲醇、丙酮		过氧化物	镁、锌、铝	
溴	磷、锌粉、镁粉		钾、钠	水	燃烧、爆炸
高氯酸钾	乙醇、有机物	爆炸	赤磷	氯酸盐、二氧化铅	爆炸
氯酸盐	硫、磷、铝、镁		黄磷	空气、氧化剂、强酸	
高锰酸钾	硫磺、甘油、有机物		乙炔	银、铜、汞（Ⅱ）化合物	
硝酸铵	锌粉和少量水				

乙醚、异丙醚、四氢呋喃及其他醚类吸收空气中氧形成不稳定的过氧化物，受热、震动或摩擦时会产生极猛烈的爆炸。

氨-银络合物长期静置或加热时产生氮化银，这种化合物即使在湿润状态也会发生爆炸。

有些气体本身易燃，属易燃品，若再与空气或氧气混合，遇明火就会爆炸，变得更加危险，存放与使用时要格外小心。

当可燃性气体、可燃液体的蒸气与空气混合达到一定浓度时，遇到火源就会发生爆炸。将遇到火源能够发生爆炸的浓度范围称爆炸极限，通常用可燃气体、蒸气在空气中的体积百分比（％）来表示。可燃气体、蒸气与空气的混合物并不是在任何混合比例下都能发生爆炸，而只是在一定浓度范围内才有爆炸的危险。如果可燃气体、蒸气在空气中的浓度低于爆炸下限，遇到明火既不会爆炸，也不会燃烧；高于爆炸上限，遇明火虽不会爆炸，但能燃烧。

3. 灭火常识

（1）扑灭火源。

一旦发生火情，实验室人员应临危不惧，冷静沉着，及时采取灭火措施，防止火势的扩展。立即切断电源，关闭煤气阀门，移走可燃物，用湿布或石棉布覆盖火源灭火。若火势较猛，应根据具体情况，选用适当的灭火器进行灭火，并立即与有关部门联系，请求救援。若衣服着火时，不可慌张乱跑，应立即用湿布或石棉布灭火；如果燃烧面积较大，可躺在地上打滚压灭火。

（2）火源（火灾）的分类及可使用的灭火器见表 3-10。

表 3-10　火灾的分类及可使用的灭火器

分类	燃烧物质	可使用的灭火器	注意事项
A 类	木材、纸张、棉花	水、酸碱式和泡沫式灭火器	
B 类	可燃性液体，如石油化工产品、食品油脂	泡沫灭火器、二氧化碳灭火器、干粉灭火器、"1211"灭火器①	
C 类	可燃性气体，如煤气、石油液化气	"1211"灭火器①、干粉灭火器	用水、酸碱灭火器、泡沫式灭火器均无作用
D 类	可燃性金属，如钾、钠、钙、镁等	干砂土、"7150"灭火剂②	禁止用水及酸碱式、泡沫式灭火器。二氧化碳灭火器、干粉灭火器、"1211"灭火器均无效

注：①四氯化碳、"1211"均属卤代烷灭火剂，遇高温时可形成剧毒的光气，使用时要注意防毒。但它们有绝缘性能好、灭火后在燃烧物上不留痕迹，不损坏仪器设备等特点，适用于扑灭精密仪器、贵重图书资料和电线等的火情。

②"7150"灭火剂主要成分三甲氧基硼氧六环受热分解，吸收大量热，并在可燃物表面形成氧化硼保护膜，隔绝空气，使火窒息。

化学分析实验室内的灭火器材要定期检查和更换药液。灭火器的喷嘴应畅通，如遇堵塞应用铁丝疏通，以免使用时造成爆炸事故。

二、中毒及其救治方法

化学分析实验人员了解毒物性质、侵入途径、中毒症状和急救方法，可以减少化学毒物引起的中毒。一旦发生中毒事故时，能争分夺秒地采取正确的自救措施，力求在毒物被身体吸收之前进行抢救，使毒物对人体的损伤减至最小。表 3-11 中列出了常见毒物进入人体的途径及中毒症状和救治方法。

表 3-11　常见毒物进入人体的途径及中毒症状和救治方法

毒物名称及进入人体的途径	中毒症状	救治方法
氰化物或氢氰酸：呼吸道、皮肤	轻者刺激黏膜，喉头痉挛，瞳孔放大，重者呼吸不规则，逐渐昏迷，血压下降，口腔出血	立即移出毒区，进行人工呼吸。可吸入含 5%二氧化碳的氧气，立即送医院
氢氟酸或氟化物：呼吸道、皮肤	接触氢氟酸气可出现皮肤发痒、疼痛、湿疹和各种皮炎。主要作用骨骼，深入皮下组织及血管时可引起化脓溃疡。吸入氢氟酸气后，气管黏膜受刺激可引起支气管炎症	皮肤被灼伤时，先用水冲洗，再用 5%小苏打液洗，最后用甘油—氧化镁（2∶1）糊剂涂敷，或用冰冷的硫酸镁液洗，也可涂可的松油膏
硝酸、盐酸、硫酸及氮的氧化物：呼吸道、皮肤	三种酸对皮肤和黏膜均有刺激和腐蚀作用，能引起牙齿酸蚀病，一定数量的酸落到皮肤上即产生烧伤，且有强烈的疼痛。当吸入一氧化氮时，强烈发作后可以有 2～12h 暂时好转，继而更加恶化，虚弱者咳嗽更加严重	吸入新鲜空气，皮肤烧伤时立即用大量水冲洗，或用稀苏打水冲洗。如有水疱出现，可涂红药水或紫药水。眼、鼻、咽喉受蒸汽刺激时，也可用温水或 2%苏打水冲洗和含漱
砷及砷化物：呼吸道、消化道，皮肤、黏膜	急性中毒有胃肠型和神经型两种症状。大剂量中毒时，30～60min 即觉口内有金属味，口、咽和食道内有灼烧感、恶心呕吐、剧烈腹痛。呕吐物初呈米泔样，后带血。全身衰弱、剧烈头痛、口渴与腹泻。大便初起为米汤样，后带血。皮肤苍白、面绀，血压降低，脉弱而快，体温下降，最后死于心力衰竭 吸入大量砷化物蒸气时，产生头痛、痉挛、意识丧失、昏迷、呼吸和血管运动中枢麻痹等神经症状	吸入砷化物蒸气的中毒者必须立即离开现场，使吸入含 5%二氧化碳的氧气或新鲜空气。鼻咽部损害用 1%可卡因涂局部，含碘片用 1%～2%苏打水含漱或灌洗。皮肤受损害时涂氧化锌或硼酸软膏，有浅表溃疡者应定期换药，防止化脓。专用解毒药（100 份密度为 1.43 的硫酸铁溶液，加入 300 份冷水，再用 2 份烧过的氧化镁和 300 份冷水制成的溶液稀释）用汤匙每 5min 灌一次，直至停止呕吐
汞及汞盐：呼吸道、消化道、皮肤	急性：严重口腔炎、口有金属味、恶心呕吐、腹痛、腹泻、大便血水样，患者常有虚脱、惊厥。尿中有蛋白和血红胞，严重时尿少或无尿，最后因尿毒症死亡 慢性：损害消化系统和神经系统。口有金属味，齿龈及口唇处有硫化汞的黑淋巴腺及唾腺肿大等症状。神经症状有嗜睡、头疼、记忆力减退、手指和舌头出现轻微震颤等	急性中毒早期时用饱和碳酸氢钠液洗胃，或立即饮浓茶、牛奶、吃生蛋白和蓖麻油。立即送医院救治
铅及铅化合物：呼吸道、消化道	急性：口内有甜金属味、口腔炎、食道及腹腔疼痛、呕吐、流黏泪、便秘等 慢性：贫血、肢体麻痹瘫痪及各种精神症状	急性中毒时用硫酸钠或硫酸镁灌肠。送医院救治
三氯甲烷（氯仿）：呼吸道	长期接触可发生消化障碍、精神不安和失眠等症状	重症中毒患者使呼吸新鲜空气，向颜面喷冷水，按摩四肢，进行人工呼吸。包裹身体，保暖并送医院救治
苯及其同系物：呼吸道、皮肤	急性：沉醉状、惊悸、面色苍白，继而赤红、头晕、头痛、呕吐 慢性：以造血器官与神经系统的损害为最显著	给急性中毒者进行人工呼吸，同时输氧，送医院救治
甲醇：呼吸道、消化道	吸入急性中毒：神经衰弱症，视力模糊，酸中毒症状 慢性：神经衰弱症状，视力减弱，眼球疼痛 吞服：15mL，可导致失明，70～100mL 致死	皮肤污染用清水冲洗。溅入眼内，立即用 2%碳酸氢钠溶液冲洗 误服，立即用 3%碳酸氢钠溶液洗胃后，由医生处置
芳香胺、芳香族硝基化合物：呼吸道、皮肤	急性中毒致高铁血红蛋白症、溶血性贫血及肝脏损伤	用温肥皂水（忌用热水）洗，苯胺可用 5%乙酸或 70%乙醇洗
氮氧化物	急性中毒：口腔咽喉黏膜、眼结膜充血，头晕，支气管炎，肺炎，肺水肿 慢性中毒：呼吸道病变	移至空气新鲜处，必要时吸氧

三、预防烧伤与割伤

1. 预防化学烧伤与玻璃割伤的注意事项

（1）腐蚀性刺激药品，如强酸、强碱、浓氨水、氯化氧磷、浓过氧化氢、氢氟酸、冰乙酸和溴水等，取用时尽可能戴上橡皮手套和防护眼镜等。如药品瓶较大，搬运时必须一手托住瓶底，一手握住瓶颈。

（2）开启大瓶液体药品时，必须用锯子将封口石膏锯开，禁止用其他物体敲打，以免瓶被打破。要用手推车搬运装酸或其他腐蚀性液体的坛子、大瓶，严禁将坛子背、扛搬运。要用特制的虹吸管移出危险性液体，并配带防护镜、橡皮手套和围裙操作。

（3）稀释硫酸时，必须在耐热容器内进行，并且在不断搅拌下，慢慢地将浓硫酸加入水中。绝不能将水加注到浓硫酸中，这种做法会使产生的热大量集中，使酸液溅射，非常危险。在溶解氢氧化钠、氢氧化钾等发热物质时，也必须在耐热容器中进行。

（4）取下装有正在沸腾的水或溶液的烧杯时，须用烧杯夹夹住烧杯摇动后取下，以防突然剧烈沸腾溅出溶液伤人。

（5）切割玻璃管（棒）及给瓶塞打孔时，易造成割伤。往玻璃管上套橡皮管或将玻璃管插进橡皮塞孔内时，必须正确选择合适的匹配直径，将玻璃管端面烧圆滑，用水或甘油湿润管壁及塞内孔，并用布裹住手，以防玻璃管破碎时割伤手部。把玻璃管插入塞孔内时，必须拿住塞子的侧面，而不能把它撑在手掌上往下按压。

（6）装配或拆卸玻璃仪器装置时，要小心地进行，防备玻璃仪器破损、割手。

2. 化学烧伤的急救和治疗

表 3－12 中列举了常见化学烧伤的急救和治疗方法。

表 3－12　常见化学烧伤的急救和治疗方法

化学试剂种类	急救或治疗方法
碱类：氢氧化钠（钾）、氨、氧化钙、碳酸钾	立即用大量水冲洗，然后用 2% 乙酸溶液冲洗，或撒敷硼酸粉，或用 2% 硼酸水溶液洗。如为氧化钙灼伤，可用植物油抹敷伤处
碱金属氰化物、氢氰酸	先用高锰酸钾溶液冲洗，再用硫化铵溶液冲洗
溴	用 1 体积 25% 氨水＋1 体积松节油＋10 体积 95% 乙醇的混合液处理
氢氟酸	先用大量冷水冲洗直至伤口表面发红，然后用 5% 的碳酸氢钠溶液洗，再以甘油和氧化镁（2∶1）悬浮液涂抹后用消毒纱布包扎；用用冰镇乙醇溶液浸泡
铬酸	先用大量水冲洗，再用硫化铵稀溶液漂洗
黄磷	立即用 1% 硫酸铜溶液洗净残余的磷，再用 0.01% 高锰酸钾溶液湿敷，外涂保护剂，用绷带包扎
苯酚	先用大量水冲洗，然后用（4∶1）70% 乙醇-氯化铁（1mol/L）混合溶液洗
硝酸银	先用水冲洗，再用 5% 碳酸氢钠溶液漂洗，涂油膏及磺胺粉
酸类：硫酸、盐酸、硝酸、乙酸、甲酸、草酸、苦味酸	先用大量水冲洗，然后用 5% 碳酸钠溶液冲洗
硫酸二甲酯	不能涂油，不能包扎，应暴露伤处让其挥发

四、有害化学物质的处理

分析化学实验室经常会有废水、废气、废渣产生，为了保证实验人员的健康，防止环境的污染，实验室三废的排放应遵守国家环境保护的有关规定。

在实验室进行可能产生有害废气的操作时，都应在有通风装置的条件下进行，如加热酸、碱溶液和有机物的硝化、分解等都应于通风柜中进行。实验室排出的废气量较少时，一般可由通风装置直接排至室外。

分析化学实验室中，由于进行实验操作，往往产生一定量的废水。废水的排放须遵守国家环境保护的有关规定。实验室的废液不能直接排入下水道，应根据污物性质分别收集处理。

分析化学实验室产生的有害固体废渣通常其量是不多的，但也不能将为数不多的废渣倒在生活垃圾处。须解毒处理之后，以深坑埋掉的方法为好。

汞是不少实验室经常接触的物质，是在温度－39℃以上唯一能保持液态的金属。它易挥发，其蒸气极毒。经常与少量汞蒸气接触会引起慢性中毒。使用汞的实验室应有通风设备，保持室内空气流通，其排风口不设在房间上部，而设在房间的下部。因为汞蒸气重，多沉积于空间的下部。汞应储存于厚壁带塞的瓷瓶或玻璃瓶中，每瓶不宜放得太多，以免过重使瓶破碎。汞的操作最好在瓷盘中进行，以减少散落机会。为了减少汞的蒸发，降低空气中汞蒸气的含量，通常在汞液面上覆盖一层水层或甘油层。

三氯化铁及碘对金属有腐蚀作用，使用这两种物质时要注意对室内精密仪器的保护。

五、高压气瓶的安全

1. 气瓶与减压阀

气瓶是高压容器。瓶内装有高压气体，还要承受搬运、滚动等外界的作用力。因此，对其质量要求严格，材料要求高，常用无缝合金或锰钢管制成的圆柱形容器。气瓶底部呈半球形，通常还装有钢质底座，便于竖放。气瓶顶部有启闭气门（即开关阀），气门侧面接头（支管）上连接螺纹。用于可燃气体的应为左旋螺纹，非可燃气体的为右旋。这是为杜绝把可燃气体压缩到盛有空气或氧气的钢瓶中去的可能性，以及防止偶然把可燃气体的气瓶连接到有爆炸危险的装置上去的可能性。

由于气瓶内的压力一般很高，而使用所需压力往往较低，单靠启闭气门不能准确、稳定地调节气体的放出量。为了降低压力并保持稳定压力，就需要装上减压器。不同工作气体有不同的减压器。不同的减压器，外表涂以不同颜色加以标志，与各种气体的气瓶颜色标志一致。必须注意的是：用于氧的减压器可用于装氮或空气的气瓶上，而用于氮的减压器只有在充分洗除油脂之后，才可用于氧气瓶上。

在装卸减压器时，必须注意防止支管接头上丝扣滑牙，以免装旋不牢而漏气或被高压射出。卸下时要注意轻放，妥善保存，避免撞击、振动，不要放在有腐蚀性物质的地方，并防止灰尘落入表内以致阻塞失灵。

每次气瓶使用完后，先关闭气瓶气门，然后将调压螺杆旋松，放尽减压器内的气体。若不松开调压螺杆，则弹簧长期受压，将使减压器压力表失灵。

2. 气瓶安全使用常识

（1）气瓶必须存放于通风、阴凉、干燥、隔绝明火、远离热源、防曝晒的房间。要有专人管理。要有醒目的标志，如"乙炔危险，严禁烟火"等字样。可燃性气体气瓶一律不得进入实验楼内。严禁乙炔气瓶、氢气瓶和氧气瓶、氯气瓶储放在一起或同车运送。

（2）使用气瓶时要直立固定放置，防止倾倒。

（3）搬运气瓶要用专用气瓶车，要轻拿轻放，防止摔掷、敲击、滚滑或剧烈震动。搬运的气瓶一定要在事前戴上气瓶安全帽，以防不慎摔断瓶嘴发生爆炸事故。钢瓶身上必须具有两个橡胶防震圈。乙炔瓶严禁横卧滚动。

（4）气瓶应进行耐压试验，并定期进行检验。

（5）气瓶的减压器要专用，安装时螺扣要上紧，应旋进 7 圈螺纹，不得漏气。开启高压气瓶时，操作者应站在气瓶口的侧面，动作要慢，以减少气流摩擦，防止产生静电。

（6）乙炔等可燃气瓶不得放置在橡胶等绝缘体上，以利静电释放。

（7）氧气瓶及其专用工具严禁与油类物质接触，操作人员也不能穿戴沾有各种油脂或油污的工作服和工作手套等。

（8）氢气瓶等可燃气瓶与明火的距离不应小于 10m。

（9）瓶内气体不得全部用尽，一般应保持 $0.2\sim1MPa$ 的余压。

六、安全用电

人体通过 50Hz 的交流电 1mA 就有感觉；10mA 以上会使肌肉收缩；25mA 以上则感到呼吸困难，甚至停止呼吸；100mA 以上则使心脏的心室产生颤动，以致无法救活。因此使用电气设备时须注意防止触电的危险。

（1）操作电器时，手必须干燥，因为手潮湿时电阻显著变小，易引起触电。

（2）一切电源裸露部分都应配备绝缘装置，电开关应有绝缘盒，电线接头必须包以绝缘胶布或套胶管。所有电器设备的金属外壳应接上地线。

（3）已损坏的接头或绝缘不好的电线应及时更换，不能直接用手去摸绝缘不好的通电电器。

（4）修理或安装电器设备时，必须先切断电源。

（5）不能用试电笔去试高压电。

（6）每个实验室有规定允许使用的最大电流，每路电线也有规定的限定电流，超过时会使导线发热着火。导线不慎短路也容易引起事故。控制负荷超载的简便方法是按限定电流使用熔断片（保险丝）。更换保险丝时应按规定选用，不可用铜、铝等金属丝代替保险丝，以免烧坏仪器或发生火灾。

（7）电线接头间要接触良好、紧固，避免在振动时产生电火花。电火花可能引起实验室的燃烧与爆炸。

（8）禁止高温热源靠近电线。

（9）电动机械设备使用前应检查开关、线路、安全地线等各部设备零件是否完整妥当，运转情况是否良好。

（10）严禁使用湿布擦拭正在通电的设备、电门、插座、电线等，严禁在电器设备上和线路上洒水。

（11）在用高压电操作时，要穿上胶鞋并戴上橡皮手套，地面铺上橡皮垫。

（12）实验室的电气设备和电路不得私自拆动及任意进行修理，也不能自行加接电器设备和电路，必须由专门的技术人员进行。

（13）每一实验室都有电源总闸。停止工作时，必须把总电闸关掉。

（14）多台大功率的电器设备要分开电路安装，每台电器设备要有各自的熔断器。

（15）有人受到电伤害时，要立即用不导电的物体把电线从触电者身上挪开，切断电源，把触电者转移到空气新鲜的地方进行人工呼吸，并迅速与医院联系。

七、实验室管理

1. 对实验室的要求

（1）对仪器设备的要求。具备与其业务范围相适应的实验仪器设备；仪器设备的性能和运用性应定期进行检查、维护和维修；定期进行校准；仪器设备发生故障时，应及时进行维修，并写出检修记录存档；仪器设备应有专人管理，保持完好状态，便于随时使用。

（2）对实验室环境要求。实验室的环境应符合装备技术条件所规定的操作环境的要求，如要防止烟雾、尘埃、震动、噪声、电磁、辐射等可能的干扰；保持环境的整齐清洁。除有特殊要求外，一般应保持正常的气候条件；仪器设备的布局要便于进行实验和记录测试结果，并便于仪器设备的维修。

（3）测试的方法、步骤、程序、注意事项、注释，以及修改的内容等要有文字记载，装订成册，可供使用与引用。用的测试方法要进行评定。

（4）对原始记录的要求。原始记录是对检测全过程的现象、条件、数据和事实的记载。原始记录要做到记录齐全、反映真实、表达准确、整齐清洁。记录要用记录本或按规定印制的原始记录单，不得用白纸或其他记录纸替代；原始记录不准用铅笔或圆珠笔书写，也不准先用铅笔书写后再用墨水笔描写；原始记录不可重新抄写，以保证记录的原始性；原始记录不能随意画改，必须涂改的数据，涂改后应签字盖章，正确的数据写在画改数据的上方，不得摩、刮改写。检验人员要签名。

（5）对实验报告的要求。要写明实验依据的标准，实验结论意见要清楚，实验结果要与依据的标准及实验要求进行比较，样品有简单的说明，实验分析报告要写明测试分析实验实的全称、编号、委托单位或委托人、交样日期、样品名称、样品数量、分析项目、分析批号、实验人员、审核人员、负责人等签字和日期、报告页数。

2. 实验室药品与试剂的管理

化学试剂大多数具有一定的毒性及危险性。对化学试剂加强管理，不仅是保证实验结果质量的需要，也是确保人民生命财产安全的需要。

化学试剂的管理应根据试剂的毒性、易燃性和潮解性等不同的特点，以不同的方式妥善管理。

实验室内只宜存放少量短期内需用的药品，易燃易爆试剂应放在铁柜中，柜的顶部要有通风口。严禁在实验室内存放总量20L的瓶装易燃液体。大量试剂应放在试剂库内。对于一般试剂，如无机盐，应有序地存放在药品柜内，可按元素周期系类族，或按酸、碱、盐、氧化物等分类存放。存放试剂时，要注意化学试剂的存放期限，某些试剂在存放过程中会逐渐变质，甚至形成危害物。如醚类、四氢呋喃、二氧六环、烯烃、液体石蜡等，在见光条件下，若接触空气可形成过氧化物，放置时间越久越危险。某些具有还原性的试剂，如苯三酚、四氢硼钠、$FeSO_4$、维生素 C、维生素 E 以及金属铁丝、铝、镁、锌粉等易被空气中氧所氧化变质。

化学试剂必须分类隔离存放，不能混放在一起，通常把试剂分成易燃类、剧毒类、强腐蚀类、燃爆类、强氧化剂、放射性类、低温存放类、贵重类、指示剂与有机试剂类、一般试剂类，进行分别存放。

3. 玻璃仪器的管理

对于实验室中常用玻璃仪器应本着方便、实用、安全、整洁的原则进行管理。

(1) 建立购进、借出、破损登记制度。

(2) 仪器应按种类、规格顺序存放，并尽可能倒置放，既可自然控干，又能防尘。如烧杯等可直接倒扣于实验柜内，锥形瓶、烧瓶、量筒等可在柜子的隔板上钻孔，将仪器倒插于孔中，或插在木钉上。

(3) 实验用完的玻璃仪器要及时洗净干燥，放回原处。

(4) 移液管洗净后置于防尘的盒中或移液管架上。

(5) 滴定管用毕，倒去内装溶液，用蒸馏水冲洗之后，注满蒸馏水，上盖玻璃短试管或塑料套管，也可倒置夹于滴定管架的夹上。

(6) 比色皿用毕洗净，倒放在铺有滤纸的小磁盘中，晾干后放在比色皿盒中。

(7) 带磨口塞的仪器，如容量瓶、比色管等最好在清洗前用短线或橡皮筋把瓶塞拴好，以免磨口混错而漏水。须要长期保存的磨口玻璃仪器要在塞间垫一片纸，以免日久粘住。

若磨口活塞（瓶塞）打不开时，如用力拧就会拧碎，因此，为保证安全，应采取适当方法。若凡士林等油状物质粘住活塞，可以用电吹风或微火慢慢加热使油类黏度降低，熔化后用木器轻敲塞子来打开。因长期不用或尘土等将活塞粘住，可把它泡在水中，或在磨口缝隙处滴加渗透力强的液体，如石油醚等溶剂或表面活性剂溶液等，过一段时间，可能能打开。碱性物质粘住的活塞，可将器皿放于水中加热至沸，再用木棒轻敲塞子来打开。内有试剂的瓶塞打不开时，若瓶内是腐蚀性试剂（如浓硫酸等），要在瓶外放好塑料桶以防瓶子破裂，操作者应注意安全，配带必要的防护用具，脸部不应与瓶口靠近。打开有毒蒸气的瓶口（如溴液）要在通风柜中操作。对于因结晶或碱金属盐沉积、碱粘住的瓶塞，把瓶口泡在水中或稀盐酸中，经过一段时间可能能打开。

4. 分析化学实验室人员安全守则

(1) 实验人员必须认真学习实验操作规程和有关的安全技术规程，了解仪器设备的性能及操作中可能发生事故的原因，掌握预防和处理事故的方法。

(2) 进行危险性操作时，如危险物料的现场取样、易燃易爆物的处理、加热易燃易爆物、燃烧废液、使用极毒物质等均应有第二者陪伴。陪伴者应能清楚地看到操作地点，并观察操作全过程。

(3) 禁止在实验室内吸烟、进食、喝茶饮水。不能用实验器皿盛放食物，不能在实验室的冰箱内存放食物。离开实验室前用肥皂洗手。

(4) 实验室严禁喧哗打闹，保持实验室秩序井然。工作时应穿工作服，长头发要扎起来戴上帽子，不能光着脚或穿拖鞋进实验室。不能穿实验工作服到食堂等公共场所。进行有危险性工作时要佩戴防护用具，如防护眼镜、防护手套、防护口罩，甚至防护面具等。

（5）与实验无关的人员不应在实验室久留。也不允许实验人员在实验室干别的与实验无关的事。

（6）实验人员应具有安全用电、防火防爆灭火、预防中毒及中毒救治等基本安全常识。

（7）每日工作完毕时，应检查电、水、气、窗等都关闭后锁门。

第四章　滴定分析法

第一节　分析化学概述

世界是由物质组成的，这些物质是千变万化的。分析化学就是测定物质的化学组成、研究测定方法及其有关理论的一门学科，它是对物质进行表征和测量的科学，是化学科学的分支学科。

一、分析化学的任务与作用

分析化学的任务就是鉴定试样的可能组成、成分结构及其成分含量。即分析化学包括三个层面。

（1）定性分析（qualitative analysis）：鉴定试样的可能组成，即回答试样"有什么？"的问题。

（2）定量分析（quantitative analysis）：测量试样成分含量，即回答试样成分含量"有多少？"的问题。

（3）结构分析（structure analysis）：分析成分结构，包括价态分析、结构态分析、结合态分析、化合态分析。

分析化学在化学、工业生产、农业生产、环境工程、医学、生命科学、食品、国防、武器研制、侦察破案、进出口贸易商检等领域都发挥着重要的作用。分析化学是"工农业生产的眼睛，科研和企业管理的参谋，经济核算的依据"。

二、分析方法的分类

分析化学可以按照分析任务、对象、测定手段等项目来分类。

（1）按照分析任务来分类，分析化学可以分为定性分析、定量分析和结构分析。

（2）按照分析对象来分类，分析化学可以分为无机分析和有机分析。

无机分析：分析对象为无机物的分析化学法。无机物的特点是元素种类多，结构简单。通常只要求测定元素、离子、化合物的种类以及它们的相对含量（定性、定量）。

有机分析：分析对象为有机化合物的分析化学法。有机化合物的特点是组成元素简单（C、H、O、N、P、S），但结构复杂，因此，除了作元素分析外，还需要作官能团和结构分析（定性、定量、结构）。

（3）按照分析手段来分类，分析化学可以分为化学分析和仪器分析。

化学分析：利用化学反应进行分析。如：利用化学反应过程中的颜色变化进行分析、滴定分析法、重量分析法等。

仪器分析：利用仪器鉴定被测物质的某一物理或物理化学特性来达到分析目的。例如，电势分析法、吸光光度法、原子吸收分光光度法、色谱分析法、荧光分析法、紫外分光光度法、红外光谱法、原子发射光谱法、化学发光分析法、质谱分析法、核磁共振波谱法等。

（4）按照分析试样用量的大小以及实验器皿和操作技术来分类，分析化学可以分为常量、半微量和微量分析方法，具体情况见表 4-1。

表 4-1　按照分析试样用量的分析方法分类

常量分析	半微量分析	微量分析	超微量分析
>10mL 或>100mg	1~10mL 或 10~100mg	0.01~1mL 或 0.1~10mg	<0.01mL 或<0.1mg

（5）按照分析试样组分含量来分类，分析化学可以分为常量组分分析、微量组分分析和痕量组分分析，具体情况见表 4-2。

表 4-2　按照分析试样组分含量的分析方法分类

常量组分分析	微量组分分析	痕量组分分析
>1%	0.01~1%	<0.01%

（6）按照分析操作是否在溶液中来分类，分析化学可以分为干法和湿法分析。

干法分析：分析操作发生在固体之间，化学反应一般是在 $500 \sim 1\,200\,℃$ 的高温下进行的分析化学法。干法分析包括：焰色反应（K 紫、Na 黄、Ca 砖红、Ba 黄绿、Cu 绿、Pb、Sb 淡蓝）、熔珠（硼砂 $Na_2B_4O_7 \cdot 10H_2O$）、灼烧（气体、水蒸气、升华、颜色改变）、粉末研磨法等。干法分析只需用少数试剂和仪器，便于在野外环境作矿物鉴定之用。但由于这类方法本身不够完善，目前只作为一种辅助手段对少数几种元素作定性和初步实验。

湿法分析：在水溶液或其他溶液中的分析化学法。

（7）按照分析工作性质来分类：分析化学可以分为例行分析（日常分析）、快速分析（控制分析）、仲裁分析（裁判分析）、环境分析、食品分析、药物分析、材料分析、矿物分析等。

第二节　定量分析

定量分析的一般程序为：取样——→试样的分解——→测定——→数据记录与处理。

定量分析的目的是准确测量试样成分含量，因此分析结果必须具有一定的准确度，不准确的分析结果可能导致经济损失、资源浪费，甚至得出错误的结论。而在定量分析过程中由于分析方法和测量设备的不完善，周围环境的影响，以及人的观察力、测量程序等限制，实验观测值和真值之间不可避免地存在一定的差异，即使使用了最可靠的分析方法、最精密的设备和最有经验的分析人员也不能保证测量结果与真实值完全一致，测定结果与真实结果之间的差值称之为误差。为了评定分析数据的误差大小，认清误差的来源及其影响，需要对实验的误差进行分析和讨论，由此可以判定哪些因素是影响实验精确度的主要方面，从而在以后的实验中，进一步改进实验方案，缩小实验观测值和真值之间的差值，提高实验的精确性。

一、定量分析中误差产生的原因及规律

根据误差产生的原因与性质，误差可以分为系统误差、随机误差及过失误差三类。

　　1. 系统误差

　　系统误差（systematic error）是指在一定的实验条件下，由于某个或某些因素按某一确定的规律起作用而形成的误差。

　　（1）产生系统误差的主要原因。

　　①方法误差：这是由于测定方法本身不够完善而引入的误差。例如，重量分析中由于沉淀溶解损失而产生的误差，在滴定分析中由于指示剂选择不够恰当而造成的误差都属于方法误差。

　　②仪器误差：仪器本身的缺陷或没有调整到最佳状态所造成的误差。如天平两臂不相等，砝码、滴定管、容量瓶、移液管等未经校正，在使用过程中就会引入误差。

　　③试剂误差：如果试剂不纯或者所用的去离子水不合规格，引入微量的待测组分或对测定有干扰的杂质，就会造成误差。

　　④主观误差：由于操作人员主观原因造成的误差。例如，对终点颜色的辨别不同，有人偏深，有人偏浅。又如用移液管取样进行平行滴定时，有人总是想使第二份滴定结果与前一份滴定结果相吻合，在判断终点或读取滴定读数时，就不自觉地接受这种"先入为主"的影响，从而产生主观误差。系统误差的大小、正负在同一实验中是固定的，会使测定结果系统偏高或偏低，在实验条件改变时，会按某一确定的规律变化。重复测定是不能发现和减小系统误差的，只有在改变实验条件时才能发现它，找出了原因之后是可以设法减小或校正的，所以系统误差又称为可测误差。

　　（2）系统误差的减小和消除。

　　系统误差对测量结果影响较大，且一般具有累积性，应尽可能消除或限制到最小程度，其常用的处理方法如下。

　　①从产生系统误差的根源上消除。从产生系统误差的根源上消除误差是最根本的方法，通过对实验过程中的各个环节进行认真仔细分析，发现产生系统误差的各种因素。

　　可以从下面几个方面采取措施从根源上消除或减小误差：采用近似性较好又比较切合实际的理论公式，尽可能满足理论公式所要求的实验条件；选用能满足测量误差所要求的实验仪器装置，严格保证仪器设备所要求的测量条件；采用多人合作、重复实验的方法。

　　②引入修正项消除系统误差。通过预先对仪器设备将要产生的系统误差进行分析计算，找出误差规律，从而找出修正公式或修正值，对测量结果进行修正。

　　③采用能消除系统误差的方法进行测量。对于某种固定的或有规律变化的系统误差，可以采用交换法、抵消法、补偿法、对称测量法、半周期偶数次测量法等特殊方法进行清除。采用什么方法要根据具体的实验情况及实验者的经验来决定。

　　无论采用哪种方法都不可能完全将系统误差消除，只要将系统误差减小到测量误差要求允许的范围内，或者系统误差对测量结果的影响小到可以忽略不计，就可以认为系统误差已被消除。

　　2. 随机误差（又称偶然误差）

　　随机误差（random error）是由于在测定过程中一系列有关因素微小的随机波动而形成的具有相互抵偿性的误差。

　　产生随机误差的原因有许多。例如，在测量过程中由于温度、湿度以及灰尘等的影响都可能引起数据的波动。再比如在读取滴定管读数时，估计的小数点后第二位的数值，几次读数不一致。这类误差在操作中不能完全避免。

随机误差的大小及正负在同一实验中不是恒定的，并很难找到产生的确切原因，所以又称为不定误差。从表面上看，它的出现似乎没有规律，但是，如果进行反复多次测定，就会发现随机误差的出现还是有一定的规律性的，即大小相等的正负误差出现的几率相等，小误差出现的机会多，大误差出现的机会少，特大

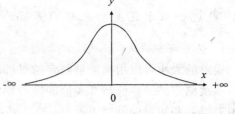

图 4-1　正态分布曲线

的正负误差出现的机会更小。这一规律可以用正态分布曲线（图 4-1）表示。

通过多次测量求平均值的方法，可以使随机误差相互抵消。算术平均值与真值较为接近，一般作为测量的结果。

应该指出的是，系统误差与随机误差的划分也不是绝对的，有时很难区别某种误差是系统误差还是随机误差。例如判断滴定终点的迟早、观察颜色的深浅，总有一定的随机性。另外，有些因素在短时间内引起的误差可能属于随机误差，但在一个较长的时期内就可能转化为系统误差。例如温度的影响，在某一天或某几天时间内进行测定时，它的波动所引起的误差应属于随机误差，可是在某一季节较长时间内，它的影响所造成的误差就可划为系统误差。除此之外，不同的操作方法，误差的性质也会有所不同。例如对于具有分刻度的吸量管，不同的吸量管误差可能是各不相同的。如果用几个吸量管吸取相同体积的同一溶液，所产生的误差属于随机误差；如果只用一个吸量管，几次吸取相同体积的同一溶液，造成的误差应属于系统误差；但是，如果每次吸取溶液时使用不同的刻度区，由于不同刻度区的误差可能有大有小，有正有负，这时产生的误差就转化为随机误差。

3. 过失误差

在测定过程中，由于操作者粗心大意或不按操作规程办事而造成的测定过程中溶液的溅失、加错试剂、看错刻度、记录错误，以及仪器测量参数设置错误等等错误而导致测量结果与真实值不一致，称为过失误差，也称粗差，此类误差无规律可寻，严格意义上讲，过失误差不属于误差范畴而属于错误。一般过失误差值大大超过系统误差或偶然误差，不仅大大影响测量结果的可靠性，甚至造成返工，所以过失误差值一般不能用于结果分析。因此，操作者必须严格遵守操作规程，一丝不苟，耐心细致地进行实验，在学习过程中养成良好的实验习惯，坚决杜绝过失误差的产生。

练习题

下列情况引起的误差是哪种误差？

（1）用有缺损的砝码。

（2）称量时试样吸收了空气中的水分。

（3）读取滴定管读数时，最后一位数字估计不准。

（4）天平零点稍有变动。

（5）读取滴定管读数时总是略偏低。

（6）操作时溶液溅出。

（7）滴定管未经校准。

二、定量分析中误差的表征与表示

1. 误差与准确度

误差的大小可以用来衡量测定结果的准确度。准确度（accuracy）一般是指在一定条件下，多次测定的平均值与真实值的接近程度，误差愈小，说明测定的准确度愈高。误差可以用绝对误差和相对误差来表示。

$$绝对误差：E_a = X - X_T$$

$$相对误差：E_r = \frac{E}{X_T}$$

式中：X——测量值；

　　　X_T——真实值。

绝对误差有正、负之分，正值，表明测定结果偏高；如果误差为负值，说明测定结果偏低。相对误差反映了误差在真实值中所占的比例，因而它更有实际意义，为了避免与物质的质量分数相混淆，相对误差一般常用千分率（‰）表示。

例 4-1　使用分析天平称量两物体的质量分别为 1.627 8g 和 0.162 6g，假定两者的真实值分别为 1.627 7g 和 0.162 5g，求两者称量的绝对误差分别为多少？说明哪一个准确度更高？

解：

$$E_{a1} = 1.627\ 8 - 1.627\ 7 = +0.000\ 1g$$

$$E_{a2} = 0.162\ 6 - 0.162\ 5 = +0.000\ 1g$$

显然它们称量的绝对误差是相同的，而相对误差分别为：

$$E_{r1} = +0.000\ 1/1.627\ 7 = +0.06‰$$

$$E_{r2} = +0.000\ 1/0.162\ 5 = +0.6‰$$

$$+0.06‰ < +0.6‰$$

可见两者称量的相对误差是不同的，其中称量质量为 1.627 8g 的物体的称量结果准确度更高。

需要说明的是，真实值是客观存在的，但又是难以得到的。这里所说的真实值是指人们设法采用各种可靠的分析方法，经过不同的实验室，不同的具有丰富经验的分析人员进行反复多次的平行测定，再通过数理统计的方法处理而得到的相对意义上的真值。例如，被国际会议和标准化组织或国际上公认的一些量值，像原子量，以及国家标准样品的标准值等等都可以认为是真值。

2. 偏差与精密度

对于不知道真实值的场合，可以用偏差的大小来衡量测定结果的好坏。偏差（deviation）又称为表观误差，是指测定值与测定的平均值之差。它可以用来衡量测定结果的精密度高低。

精密度（precision）是指在同一条件下，对同一样品进行多次重复测定时各测定值相互接近的程度，偏差愈小，说明测定的精密度愈高。

偏差同样可以用绝对偏差和相对偏差来表示，但偏差无正负之分。另外，在物质组成的测定中，有时还可以用重复性和再现性来表示不同情况下测定结果的精密度。重复性是表示同一分析人员在同一条件下所得到的测定结果的精密度；而再现性则表示不同实验室，或不同分析人员之间在各自条件下所得测定结果的精密度。

偏差分为绝对偏差、相对偏差。在分析测定中，又常用平均偏差、相对平均偏差来表示精密度。在对实验结果作统计处理时常用标准偏差和相对标准偏差来衡量测定结果的精密度。

(1) 绝对偏差和相对偏差。

绝对偏差：$d_i = x_i - \bar{x}$

相对偏差：$d_r = \dfrac{d_i}{\bar{x}} \times 100\%$

(2) 平均偏差和相对平均偏差。

平均偏差：$\bar{d} = \dfrac{|d_1| + |d_2| + |d_3| + \cdots + |d_n|}{n}$

相对平均偏差：$\bar{d}_r = \dfrac{\bar{d}}{\bar{x}} \times 100\%$

(3) 标准偏差和相对标准偏差。

标准偏差：$s = \sqrt{\dfrac{\sum (x_i - \bar{x})^2}{n-1}} = \sqrt{\dfrac{\sum d_i^2}{n-1}}$

相对标准偏差：$s_r = \dfrac{s}{\bar{x}} \times 100\%$

3. 准确度与精密度

准确度表示测量的准确性，精密度表示测量的重现性。

精密度高，准确度不一定高。只有在消除或减免系统误差的前提下，才能以精密度的高低来衡量准确度的高低。通常系统误差是主要的误差来源，它决定了测定结果的准确度；而随机误差则决定了测定结果的精密度。例如：甲、乙、丙、丁四人测定同一试样中铁的含量，结果如图 4-2。

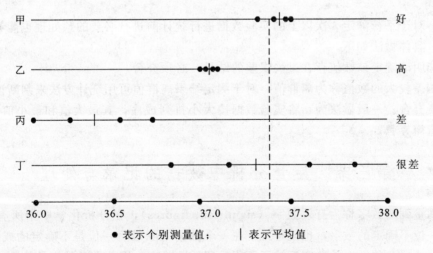

● 表示个别测量值； | 表示平均值

图 4-2 甲、乙、丙、丁四人测定同一试样中铁含量的结果

由图可见：甲所得结果准确度与精密度均比较好，结果可靠；乙的精密度虽很高，但准

确度太低，这是系统误差导致的；丙所得结果准确度与精密度都比较差；丁所得结果准确度较好，但精密度较差，其结果是凑巧得来的，也是不可靠的。

综上所述，精密度是保证准确度的先决条件。精密度差，所测结果不可靠，就去了衡量准确度的前提；但是，高的精密度不一定能保证高的准确度。

三、提高定量分析结果准确度的方法

1. 减少系统误差的方法

对于系统误差，我们可以采用一些校正的办法和制定标准规程的办法加以校正，使之接近消除。

（1）校准仪器。在实验前对使用的砝码、容量器皿或其他仪器进行校正，消除仪器误差。

（2）方法校正。在物质组成的测定中，选用公认的标准方法与所采用的方法进行比较，从而找出校正数据，消除方法误差。

（3）对照试验。用已知含量的标准试样或配制的试样按所选用的测定方法，以同样条件、同样试剂进行测定，找出改正数据或直接在试验中纠正可能引起的误差。对照试验是检查测定过程中有无系统误差的最有效的方法。

（4）空白试验。在不加试样的情况下，按照试样测定步骤和分析条件进行分析试验，所得结果称为空白值。从试样的测定结果中扣除此空白值，就可消除由试剂、蒸馏水及器皿引入的杂质所造成的系统误差。

2. 减少随机误差的方法

对于随机误差，根据它们出现的规律，随着测定次数的增加，随机误差的平均值将会趋于零。因此可以采取适当增加测定次数，取其平均值的办法减小随机误差。特别值得一提的是，过多地增加测定次数对于减小测定误差（含系统误差）并没有太大意义，一般平行测定4～6次即可。

另外，对于平行测定3次以上的实验数据进行统计前进行必要的预处理也能够提高结果的准确度。具体做法如下。

（1）能明确确定该数值存在过失误差的结果，必须弃舍。

（2）偏差较大的数值称为离群值，对于测定结果离群值可用统计方法来判断该离群值数值是否需要弃舍。一般做法为：将实验数据按大小排列成序，其最大值和最小值为离群值，有时离群值需弃舍。

第三节　定量分析中数据的记录与处理

实际测量到的数字称为有效数字（significant figures），在分析化学中指所有准确测得的数字加一位不确定的数字，也就是说，在一个数据中除最后一位是不确定的或可疑的外，其他各位都是确定的。有效数字反映了所用量器的准确度，因此有效数字的位数应与量器的准确度一致，不能任意增加或减少；反之，也可根据数字了解所用测量仪器的准确度及测定结果的准确度。

例如：滴定管的最小刻度为0.1mL，并可估计到0.01mL，因此在滴定管上读取的

20mL 读数应记为 20.00mL，其准确度为 19.99mL～20.01mL 间；反之，如果读数记为 20mL，则反映了量取仪器最小刻度为 1mL 的量筒，其准确度为 19mL～21mL 间。

因此，操作者在记录定量分析中的数据时一定要注意数据的准确性。

一、有效数字的位数

有效数字位数取决于最左边非零数字以后的数字位数，这个数字有几位，有效数字就有几位。

1. 含 "0" 的数据的有效数字位数的判断要注意数字 "0" 的意义

(1) 在两确定数字之间的 "0" 是有效数字。

例如：0.102，有效数字的位数为 3 位。

(2) 在确定数字之前的 "0" 不是有效数字。

例如：0.003 7，有效数字的位数为 2 位。

通常在确定数字前面的 "0" 与所取的单位有关，改变数据单位时，有效数字位数不会改变，此时的 "0" 只起定位作用，因此，在记录该数据时最好采用指数形式表示有效数字位数。

(3) 在确定数字之后的 "0" 是有效数字。

例如：1.230 0，有效数字的位数为 5 位。

(4) 对于整数后的 "0" 有效数字位数是不确定的，要根据数据具体来源的情况判断。如果要它表示为有效数字，最好是以指数形式表示。

例如：3 600，有效数字的位数是不确定的，如果表示为 3.6×10^3，则有效数字的位数为 2 位；如果表示为 3.60×10^3，则有效数字的位数为 3 位。

2. 非测量数字可看成无限位有效数字，其位数根据运算需要而定

如：配平化学反应方程式时反应物间的分数、倍数，基本单元的分数或倍数。

3. pH、lgK 等对数数据的首数不是有效数字

它们有效数字的位数仅取决于小数部分的位数，整数部分只说明该数的方次。

例如：pH＝11.02，有效数字的位数为 2 位，因为 $[H^+] = 9.5 \times 10^{-12}$。

二、有效数字的修约

有效数字的修约原则为：

(1) 有效数字采用 "四舍六入五留双" 规则修约，当尾数≤4 时舍；当尾数≥6 时则入；当尾数等于 5 时，若 5 前面为偶数（包括零）则舍，为奇数则入，总之保留偶数。

(2) 同步运算一次修约，不能连续地分次修约。

例如：要将 18.454 6 有效数字的位数修约为 3 位，就只能一次修约成 18.4，而不能连续地分次修约 18.454 6→18.455→18.46→18.5。

三、有效数字的运算

有效数字无论作何种运算都必须按修约——运算——再修约的步骤进行，并且同步运算一次修约。

1. 加减法

有效数字作加减运算时，计算结果由运算数据中绝对误差最大的那个数字决定。具体做法是：以同步参加加减运算的所有运算数据中小数点后位数最少的数字为标准对其他数据进行修约，修约后的数据进行加减运算，运算结果保留同样的小数点后位数。

2. 乘除法

有效数字作乘除运算时，计算结果由数据中相对误差最大的那个数字决定。具体做法是：以同步参加乘除运算的所有运算数据中有效数字位数最少的数字为标准对其他数据进行修约，修约后的数据进行乘除运算，运算结果保留同样的有效数字位数。

另外还有两点值得一提，一是在运算前进行修约时，若某一个数据第一位有效数字大于或等于 8，则有效数字的位数可多算一位，例如：8.37 虽只有三位，但可看作四位有效数字。二是在大多数情况下，表示误差时，取一位数字即已足够，最多取两位。

练习题

1. 写出下列数据的有效数字位数。

(1) 2.4　　　　(2) 0.024 0　　　　(3) 4.0×10^{-3}　　　　(4) pH＝6.03

2. 将下列数据修约为两位有效数字。

(1) 0.205 0　　　　(2) 4.549　　　　(3) 4.451　　　　(4) 7.55

3. 按有效数字运算规则计算下列各式。

(1) 0.027 8＋7.563＋2.45　　　　(2) $1.05 \times 10^{-6} + 6.78 \times 10^{-7}$

(3) $\dfrac{(13.94 - 4.52) \times 0.204\,5}{15.807\,8 - 15.457\,6}$　　　　(4) $\dfrac{2.38 \times 10^{-4} \times 1.746\,5 \times 10^{-3}}{2.6 \times 10^{-5}}$

第四节　滴定分析法概述

滴定分析法（titrimetric analysis）是指将一种已知其准确浓度的试剂溶液通过滴定管滴加到待测组分的溶液中，直到所加标准溶液和待测组分恰好完全定量反应为止，然后根据反应式的化学计量关系，由标准溶液的浓度和所消耗的体积，算出待测组分的含量的定量分析法。滴定分析法通常用于组分含量在 1% 以上的常量组分的分析，它具有快速、简便、准确度高（相对误差＜0.2%）、应用范围广的特点。

1. 滴定反应（titration reaction）

滴定分析所利用的化学反应，能够作为滴定反应的化学反应必须满足以下要求。

(1) 反应必须定量进行，反应完全的程度达到 99.9% 以上。

(2) 反应必须迅速完成，对速度慢的反应有加快措施。

(3) 反应必须按一定的反应式进行，反应具有确定的化学计量关系，且无副反应发生。

(4) 有合适的确定滴定终点的方法。

2. 标准溶液（standard solution）

又称滴定剂（titrant）：已知准确浓度的试剂溶液。

3. 滴定（titration）

将滴定剂从滴定管滴加到被测物质溶液中的过程。

4. 化学计量点（stoichiometric point）

当滴加的标准溶液与待测组分恰好定量反应完时的一点。化学计量点通常没有明显的外部特征，一般是根据指示剂的变色来确定的。

5. 指示剂（indicator）

为判断理论终点的到达而加入的一种辅助试剂。

6. 滴定终点（end point of the titration）

指示剂变色而停止滴定操作的这一点。

7. 终点误差或滴定误差（end point error）

滴定终点与化学计量点不吻合而引起的误差。

一、滴定分析法的分类

1. 按滴定反应的类型分类

（1）酸碱滴定法（acid-base titration）：是一种以质子传递反应为基础的滴定分析法。一般的酸、碱以及能与酸、碱直接或间接发生质子转移的物质，都可以用酸碱滴定法测定。

（2）沉淀滴定法（precipitation titration）：是一种以沉淀生成反应为基础的滴定分析方法。最常用的是利用生成难溶银盐的反应，即"银量法"。

（3）氧化还原滴定法（redoxtitration）：是一种以氧化还原反应为基础的滴定分析方法。可以用氧化剂作为标准溶液测定还原性物质，如直接碘量法、高锰酸钾法、重铬酸钾法等；也可用还原剂作为标准溶液测定氧化性物质，如间接碘量法。

（4）配位滴定法（complexometric titration）：是一种以配位反应为基础的滴定分析方法。目前广泛使用氨羧络合剂作为标准溶液，其中最常用的是乙二胺四乙酸的二钠盐（EDTA，用 H_2Y^{2-} 表示），可滴定多种金属离子。

（5）非水滴定法（nonaqueous titration）：指采用水以外的溶剂作为滴定介质的一大类滴定分析方法。

2. 按滴定方式分类

（1）直接滴定法：利用标准溶液直接滴定待测物质。直接滴定法是最常用和最基本的滴定方式，简便、快速，引入的误差较少。适用于直接滴定分析的化学反应必须具备以下几个条件。①反应必须按一定的反应式进行，即反应具有确定的化学计量关系，没有副反应发生；②反应必须定量地进行完全。通常要求反应完全程度达到 99.9% 以上；③反应必须迅速完成。若反应速度较慢，可采取加热、使用催化剂等措施来提高反应速度；④必须有合适、可靠的确定滴定终点的方法。

但是，如果标准溶液与被测物质的反应不能完全满足上述要求，则应采取下述滴定方式。

（2）返滴定法（回滴定法）：在待测试液中准确加入适当过量的滴定剂（标准溶液），待反应完全后，再用另一种标准溶液返滴剩余的第一种标准溶液。返滴定法特点：用于反应速度慢或反应物是固体，加入滴定剂后不能立即定量反应或没有适当指示剂的滴定反应。

（3）置换滴定法：先加入适当的试剂与待测组分定量反应，生成另一种可被滴定的物质，再用标准溶液滴定反应物。用于不按确定的反应式进行（伴有副反应）反应的物质。

（4）间接滴定法：被测定组分不能与标准溶液直接反应时，将试样通过一定的反应后，再用适当的标准溶液滴定反应物。

二、标准溶液

1. 标准溶液配制的规定

标准溶液配制的一般规定如下。

（1）制备标准溶液用水应符合 GB6682 中三级水的规格。

（2）所用试剂的纯度应在分析纯以上。

（3）所用分析天平的砝码、滴定管、容量瓶及移液管均需定期校正。

（4）标定标准溶液的试剂为基准试剂，制备标准溶液的试剂为分析纯以上试剂。

（5）制备标准溶液的浓度系指 20℃时的浓度，在标定和使用时，若温度有异，须校正。

（6）"标定"或"比较"标准溶液浓度时，平行试验不得少于 8 次，两人各做 4 次平行测定，每人 4 次平行测定结果的极差与平均值之比≤0.1%，结果取平均值，浓度值取 4 位有效数字。

（7）凡规定用"标定"和"比较"两种方法测定浓度时，不得略去其中任何一种，且两种方法测得的浓度值之差≤0.1%，以标定结果为准。

2. 配制标准溶液的方法

配制标准溶液一般有下列两种方法。

（1）直接法。准确称取一定量的物质，溶解后，定量转移到容量瓶内并稀释到一定体积，然后算出该溶液的准确浓度。可以用直接法配制标准溶液的物质必须是基准物质（primary standard substance），基准物质必须具备下列条件：①组成符合化学式，若含结晶水时，其结晶水的含量也应与化学式相符；②纯度要高，主成分的含量应在 99.9% 以上；③性质稳定，不分解，不风化，不潮解；④试剂的摩尔质量较大，这样可以减小称量误差；⑤滴定反应中能按化学计量关系定量地、迅速地进行。

常用的基准物质见表 4-3。

表 4-3 常用的基准物质

名称	化学式	使用前的干燥条件
碳酸钠	Na_2CO_3	270～300℃干燥 2～2.5h
邻苯二甲酸氢钾	$KHC_8H_4O_4$	110～20℃干燥 1～2h
重铬酸钾	$K_2Cr_2O_7$	100～110℃干燥 3～4h
草酸钠	$Na_2C_2O_4$	130～140℃干燥 1～1.5h
氧化锌	ZnO	800～900℃干燥 2～3h
氯化钠	NaCl	500～650℃干燥 40～45min
硝酸银	$AgNO_3$	在浓硫酸干燥器中干燥至恒重

（2）间接法（标定法）。大多数用来配制标准溶液的物质都不是基准物质，此时标准溶液必须用间接法配制。即粗略地称取一定量物质或量取一定体积溶液，配制成接近于所需要

浓度的溶液。这样配制的溶液，其准确浓度还是未知的，必须用基准物或另一种物质的标准溶液来测定它们的准确浓度。这种确定其准确浓度的操作，称为标定（standardization）。其中，用基准物质进行标定称为直接标定，用另一已知浓度的标准溶液标定待测的标准溶液称为间接标定。

提高标定准确度的方法有：①标定时应平行测定 3～4 次，测定结果的相对偏差不大于 0.2%；②称取基准物质的量不能太少，应大于 0.200 0g；③滴定时消耗标准溶液的体积不应太小，应为 20～25mL；④配制和标定溶液时使用的量器，如滴定管、容量瓶和移液管等，在必要时应校正其体积，并考虑温度的影响。

3. 标准溶液浓度的表示方法

标准溶液浓度的表示方法有物质的量浓度和滴定度两种表示方法，两者之间可以换算。

（1）物质的量浓度（molar concentration；molarity；c_B）：单位体积溶液中所含溶质 B 的物质的量。

$$c_B = \frac{n_B}{V} \quad (\text{mol/L 或 mmol/mL})$$

$$\text{或} \quad c_B = \frac{m_B/M_B}{V}$$

（2）滴定度（titer，T）：有两种表示方法。

①每毫升标准溶液中所含溶质的质量，用符号 TT 表示。

②每毫升标准溶液所能滴定的被测物质的质量，用符号 TT/A 表示。T 表示滴定剂（标准溶液），A 表示被测物质，单位是 g/mL（或 mg/mL）。例如 $T_{NaOH/HCl} = 0.003\ 646$g/mL，表示每毫升 NaOH 标准溶液恰能与 0.003 646g HCl 反应。

例 4-2　用纯 As_2O_3 标定 $KMnO_4$ 浓度。若 0.211 2g As_2O_3 在酸性溶液中恰好与 36.42mL $KMnO_4$ 溶液反应，求该 $KMnO_4$ 溶液的物质的量浓度（已知 $M_{As_2O_3} = 197.8$g・mol^{-1}）。

解：反应方程式为：

$$2MnO_4^- + 5AsO_3^{3-} + 6H^+ = 2Mn^{2+} + 5AsO_4^{3-} + 3H_2O$$

由反应可知：

$$n_{AsO_3^{3-}} : n_{MnO_4^-} = 5 : 2$$

则

$$n_{As_2O_3} : n_{MnO_4^-} = \frac{5}{2} : 2$$

$$n_{MnO_4^-} = \frac{4}{5} n_{As_2O_3} = \frac{4}{5} \times \frac{0.211\ 2}{197.8} = 0.000\ 854\ 1\text{mol}$$

$$c_{KMnO_4} = \frac{0.000\ 854\ 1}{36.42} \times 1\ 000 = 0.023\ 45\text{mol/L}$$

例 4-3　已知一盐酸标准溶液的滴定度 $T_{HCl} = 0.004\ 374$g/mL，试计算：

（1）相当于 NaOH 的滴定度，即 $T_{HCl/NaOH}$。

（2）相当于 CaO 的滴定度，即 $T_{HCl/CaO}$。

（已知：$M_{HCl} = 36.46$g/mol，$M_{NaOH} = 40.00$g/mol，$M_{CaO} = 56.08$g/mol）

解：有关反应方程式如下：

$$HCl + NaOH = NaCl + H_2O$$

$$2HCl + CaO \stackrel{}{=\!\!=\!\!=} CaCl_2 + H_2O$$

$$c_{HCl} = \frac{T_{HCl}}{M_{HCl}} \times 1\,000 = \frac{0.004\,374}{36.46} \times 1\,000 = 0.120\,0\,mol/L$$

(1) $T_{HCl/NaOH} = \dfrac{c_{HCl} \times M_{NaOH}}{1\,000} = \dfrac{0.120\,0 \times 40.00}{1\,000} = 0.004\,800\,g/mL$

(2) $T_{HCl/CaO} = \dfrac{1}{2} \times \dfrac{c_{HCl} \times M_{CaO}}{1\,000} = \dfrac{1}{2} \times \dfrac{0.120\,0 \times 56.08}{1\,000} = 0.003\,365\,g/mL$

练习题

1. 配制盐酸液（1mol/L）1 000mL，应取相对密度为 1.18，含 HCl 37.0%（g/g）的盐酸多少毫升？已知 $M_{HCl} = 36.46\,g/mol$。

2. 称取分析纯试剂 $K_2Cr_2O_7$ 14.709 0g，配成 500.00mL 溶液，试计算 $K_2Cr_2O_7$ 溶液对 Fe_2O_3 和 Fe_3O_4 的滴定度（已知：$M_{K_2Cr_2O_7} = 294.2\,g/mol$，$M_{Fe_2O_3} = 159.7\,g/mol$，$M_{Fe_3O_4} = 231.5\,g/mol$）。

第五节　阅读材料：非水溶液滴定法

非水溶液滴定法是在非水溶剂中进行的滴定分析方法。非水溶剂指的是有机溶剂与不含水的无机溶剂。以非水溶剂作为滴定介质，不仅能增大有机化合物的溶解度，而且能改变物质的化学性质，使在水中不能进行完全的滴定能够顺利进行，从而扩大了滴定分析的应用范围。药物分析中主要用于测定有机碱及其氢卤酸盐、硫酸盐和有机酸盐以及有机酸碱金属盐类的含量，并用于测定某些有机弱酸的含量。另外还用于测定饲料中 L-赖氨酸盐酸盐、氯化胆碱等的含量测定。

一、非水溶剂的种类

1. 酸性溶剂

有机弱碱在酸性溶剂中可显著地增强其相对碱度，最常用的酸性溶剂为冰醋酸。

2. 碱性溶剂

有机弱酸在碱性溶剂中可显著地增强其相对酸度，最常用的碱性溶剂为二甲基甲酰胺。

3. 两性溶剂

兼有酸、碱两种性能，最常用的为甲醇。

4. 惰性溶剂

这一类溶剂没有酸、碱性，如苯、氯仿等。

二、非水滴定法的注意事项

非水滴定法具有简便快速、灵敏准确、既特效又具有选择性等优点，因此应用较为广泛。本节主要指出非水滴定法应用的注意点，只有重视了以下几个环节，才能使测得饲料、药物的含量准确可靠。

1. 温度

温度变化对滴定介质冰醋酸影响较大，冰醋酸的凝固点为 15.6℃，当室温低于 15.6℃，滴定液就会凝结在滴定管中，因此滴定温度应控制在 20℃以上。冰醋酸的膨胀系数较大，为 0.001 1℃，即温度改变 1℃，体积就有 0.11% 的变化，所以当使用与标定温度相差在 ±10℃ 以内，可根据滴定液浓度加以校正，如使用与标定温度相差在 10℃ 以上，或滴定液放置一个月以上，使用时应重新标定。如条件允许，可单独安排或隔出一个房间，安装空调，作为非水溶液滴定室，标定溶液与测定供试品在相同条件下进行，可避免温度影响，使测定结果更加准确。

2. 水分

由于水分的存在，将严重影响电位滴定曲线突跃的指示剂颜色的变化，影响终点的灵敏度，所有仪器、供试品中均不得有水分存在，所用试剂的含水量均应在 0.2% 以下，必要时应加入适量的醋酐以脱水。

冰醋酸在使用前，宜作空白试验。试验方法：取冰醋酸 5～10mL 于 50mL 锥形瓶中，加结晶紫指示液 1 滴，应为紫色，加高氯酸滴定液（0.1mol/L）1 滴即应变为黄绿色，若为蓝色，则表示有水分存在，可加醋酐脱水，或加醋酐后重蒸一次。

3. 挥发

冰醋酸中绝大部分分子是呈氢键缔合成环状的二聚合物，故它的沸点虽高，但却有挥发性，故冰醋酸滴定液应密闭贮存。滴定液装入滴定管后，其上宜用一干燥小烧杯盖上，最好采用自动滴定管进行滴定，以避免与空气中的二氧化碳以及水蒸气直接接触而产生干扰，亦可防止溶剂冰醋酸的挥发。

4. 常温操作

一般滴定操作均应在常温下进行，因加冰醋酸后加热，有的供试品易挥发或微量分解，且指示剂在高温时和常温时，变色范围是不一致。若加冰醋酸后不易很快溶解的供试品，最好采用振摇溶解，或加温加热促使溶解，但需放冷至室温才能进行滴定。

5. 实验器具

滴定管的精度直接影响测定结果，本法滴定消耗滴定液较少，一般约在 9.00mL 以下，故应选用分度值为 0.05mL 的 10mL 的棕色滴定管，以保证滴定的精度。所使用的每支滴定管都应有校正曲线，对滴定的体积进行校正，以保证测定结果的准确性。

滴定中使用的锥形瓶体积以 50～100mL 为宜，若使用的锥形瓶体积过大，瓶壁易沾上较多的液体，影响测定结果。

6. 滴定速度

高氯酸滴定液的表面张力较大，沿着滴定管壁流动时的速度缓慢，因此实际操作中滴定速度非常重要。若滴定速度过快，滴定液呈线状流下，往往会造成到达滴定终点后粘附在滴定管内径上的溶液还未完全流下，这时如果马上读数，读出的体积数会比实际值偏大，所以在实际操作过程中应使滴定速度保持连续的点滴状。

7. 空白试验

在所有的滴定中，均需同时另作空白试验，以消除试剂引入的误差，尤其是在加醋酸汞试液的情况下。

8. 终点判定

由于非水滴定法滴定终点的颜色变化复杂，对不同颜色的描述和感受也因人而异，因此终点判定以电位法为准，同时采用指示液以对照观察终点颜色的变化，待熟练掌握其颜色变化后，即可不必每次均用电位法测定。

9. 安全性

冰醋酸有刺激性，高氯酸与有机物接触，遇热极易引起爆炸，和醋酐混合时易发生剧烈反应放出大量热，因此配制高氯酸滴定液时，应先将高氯酸用冰醋酸稀释后再在不断搅拌下缓缓滴加适量醋酐，量取高氯酸的量筒不得量醋酐，以免引起爆炸。

10. 贮存

高氯酸滴定液应贮于棕色瓶中避光保存，若颜色变黄，即说明高氯酸部分分解，不得应用。

习题

4.1 选择题

(1) 下列情况中属于偶然误差的是（　　）。

(A) 砝码腐蚀　　　　　　　　　(B) 滴定管读数读错

(C) 几次读取滴定管读数不一致？　(D) 读取滴定管读数时总是略偏低

(2) 下列情况属于系统误差的是（　　）。

(A) 操作时溶液溅出　　　　　　(B) 称量时天平零点稍有变动

(C) 滴定管未经校准　　　　　　(D) 几次滴定管读数不一致

(3) 下列叙述正确的是（　　）。

(A) 准确度高，要求精密度高　　(B) 精密度高，准确度一定高

(C) 精密度高，系统误差一定小　(D) 准确度是精密度的前提

(4) 下列关于偶然误差的规律性的说法中，错误的是（　　）。

(A) 正负误差出现的几率相等　　(B) 对测定结果的影响固定

(C) 特别大误差出现的几率极小　(D) 小误差出现的概率大，大误差出现的概率小

(5) 下列说法错误的是（　　）。

(A) 有限次测量值的偶然误差服从 t 分布

(B) 偶然误差在分析中是无法避免的

(C) 系统误差呈正态分布

(D) 系统误差又称可测误差，具有单向性

(6) 某溶液的 $[H^+] = 1.0 \times 10^{-4} \text{mol} \cdot L^{-1}$，则该溶液的 pH 值为（　　）。

(A) 4　　　　(B) 4.0　　　　(C) 4.00　　　　(D) 4.000

(7) 用 NaOH 标准溶液标定盐酸溶液的浓度，移取 25.00mL 0.108mol · L^{-1} NaOH，滴定消耗 31.02mL 盐酸，请问盐酸浓度有效数字位数下列哪一种结果是正确的（　　）。

(A) 二　　　　(B) 三　　　　(C) 四　　　　(D) 五

(8) 提纯粗硫酸铜，平行测定五次，得平均含量为 78.54%，若真实值为 79.01%，则 78.54% − 79.01% = −0.47% 为（　　）。

(A) 标准偏差　(B) 相对偏差　(C) 绝对误差　(D) 相对误差

(9) 某试样要求纯度的技术指标为 ≥99.0%，如下测定结果不符合标准要求的是

（　　）。

(A) 99.05　　(B) 98.96　　　　(C) 98.94　　　　(D) 98.95

(10) 读取滴定管读数时，最后一位数字估计不准属于（　　）。

(A) 系统误差　(B) 偶然误差　　　(C) 过失误差　　(D) 非误差范畴

(11) 测定结果的精密度很高，说明（　　）。

(A) 系统误差大　(B) 系统误差小　(C) 偶然误差大　(D) 偶然误差小

(12) 测定结果的准确度低，说明（　　）。

(A) 误差大　　(B) 偏差大　　　(C) 标准差大　　(D) 平均偏差大

(13) 0.000 8g 的准确度比 8.0g 的准确度（　　）。

(A) 大　　　　(B) 小　　　　　(C) 相等　　　　(D) 难以确定

(14) 下列说法正确的是（　　）。

(A) 准确度越高则精密度越好

(B) 精密度越好则准确度越高

(C) 只有消除系统误差后，精密度越好准确度才越高

(D) 只有消除系统误差后，精密度才越好

(15) 减小随机误差常用的方法是（　　）。

(A) 空白实验　　(B) 对照实验　　(C) 多次平行实验　　(D) 校准仪器

(16) 消除或减小试剂中微量杂质引起的误差常用的方法是（　　）。

(A) 空白实验　　(B) 对照实验　　(C) 平行实验　　(D) 校准仪器

(17) 甲乙两人同时分析一试剂中的含硫量，每次采用试样 3.5g，分析结果的报告为：甲 0.042%；乙 0.041 99%，则下面叙述正确的是（　　）。

(A) 甲的报告精确度高　　　　(B) 乙的报告精确度高

(C) 甲的报告比较合理　　　　(D) 乙的报告比较合理

(18) 下列数据中，有效数字是 4 位的是（　　）。

(A) 0.132　　(B) 1.0×10^3　　(C) 6.023×10^{23}　(D) 0.015 0

(19) $\dfrac{2}{5}$ 含有效数字的位数是（　　）。

(A) 0　　　　(B) 1　　　　　(C) 2　　　　　(D) 无限多

(20) 已知 $\dfrac{4.178 \times 0.003\ 7}{0.04} = 0.386\ 465$，按有效数字运算规则，正确的答案应该是（　　）。

(A) 0.386 5　(B) 0.4　　　　(C) 0.386　　　(D) 0.39

(21) 某小于 1 的数精确到万分之一位，此有效数字的位数是（　　）。

(A) 1　　　　(B) 2　　　　　(C) 4　　　　　(D) 无法确定

(22) 在分析化学实验中要求称量准确度为 0.1% 时，用千分之一天平进行差减法称量至少要称取（　　）g 药品。

(A) 1　　　　(B) 2　　　　　(C) 10　　　　(D) 0.1

(23) 定量分析要求测量结果的误差（　　）。

(A) 越小越好　　　　　　　　(B) =0

(C) 约大于允许误差　　　　　　(D) 在允许的误差范围内

(24) 在滴定分析中，将导致系统误差的是（　　）。

(A) 试样未经充分混匀　　　　　(B) 滴定时有液滴溅出

(C) 砝码未经校正　　　　　　　(D) 沉淀穿过滤纸

(25) $X = 0.312\ 3 \times 48.32 \times (121.25 - 112.10)/0.284\ 5$ 的计算结果应取（　　）位有效数字。

(A) 1　　　　(B) 2　　　　　　(C) 3　　　　　　(D) 4　　　　　(E) 5

4.2　填空题

(1) 根据误差的性质和产生的原因，可将误差分为_____和_____。

(2) 系统误差的正负、大小一定，是_____向性的，主要来源有_____、_____、_____。

(3) 消除系统误差的方法有三种，分别为_____、_____、_____。

(4) 相对误差是指_____在_____中所占的百分率。

(5) 衡量一组数据的精密度，可以用_____，也可以用_____，用_____更准确。

(6) 准确度是表示_____；而精密度是表示_____，即数据之间的离散程度。

(7) 有效数字的可疑值是其_____；某同学用万分之一天平称量时可疑值为小数点后第_____位。

(8) 下列各测定数据或计算结果分别有几位有效数字（只判断不计算）。

pH=8.32 _____；3.7×10^3 _____；18.07% _____；

0.082 0 _____；$\dfrac{0.100\ 0 \times (18.54 - 13.24)}{0.832\ 8} \times 100\%$ _____。

(9) 修约下列数字为 3 位有效数字。

0.566 690 0 _____；6.230 00 _____；1.245 1 _____；7.125 00 _____。

(10) 滴定分析中，化学计量点与滴定终点之间的误差称为_____，它属于_____误差。

4.3　用基准物 Na_2CO_3 标定 HCl 溶液，下列情况对测定结果有何影响

(1) 滴定速度太快，附在滴定管壁上的 HCl 溶液来不及流下来，就读取滴定体积。

(2) 在将 HCl 标准溶液倒入滴定管前，没有用 HCl 溶液润洗滴定管。

(3) 锥形瓶中的 Na_2CO_3 用蒸馏水溶解时，多加了 50mL 蒸馏水。

(4) 滴定管活塞漏出 HCl 溶液。

4.4　计算题

(1) 用邻苯二甲酸氢钾（$KHC_8H_4O_4$）标定浓度为 $0.1mol \cdot L^{-1}$ NaOH 时，要求在滴定时消耗 NaOH 溶液 25～30mL，问应称取 $KHC_8H_4O_4$ 多少克？

(2) 称取纯 $K_2Cr_2O_7$ 0.127 5g，标定 $Na_2S_2O_3$ 滴定液，用去 22.85mL，试计算 $Na_2S_2O_3$ 的浓度。

第五章　化学分析的基本操作技能

第一节　项目一：洗液的配制与仪器的清洗

一、项目目的

1. 训练铬酸洗涤液的配制及使用
2. 能够正确地进行玻璃仪器的洗涤及干燥

二、仪器与试剂

仪器：电子秤、量筒、烧杯、玻璃棒、容量瓶、滴管、玻璃漏斗、磨口玻璃瓶等。

试剂：重铬酸钾粉末、浓硫酸、去污粉等。

三、项目内容

1. 铬酸洗涤液的配制

称取 1g 重铬酸钾粉末，置于 $50\sim100mL$ 烧杯中，加 $2mL$ 水，然后慢慢加入 $20mL$ 浓硫酸（千万不能将水或溶液加入 H_2SO_4 中），边倒边用玻璃棒搅拌，并注意不要溅出，混合均匀，溶液温度将达 $80℃$，待其冷却后贮存于磨口玻璃瓶内备用。新配制的洗液为红褐色，氧化能力很强。

2. 洗涤烧杯、量筒、容量瓶、玻璃漏斗、滴管等玻璃仪器

先用水、去污粉和毛刷将烧杯、量筒、容量瓶、玻璃漏斗、滴管（取下橡胶帽）进行洗刷，然后将以上玻璃仪器与铬酸洗涤液充分接触，用自来水充分清洗 6 次，最后用纯净水清洗 4 次。

3. 干燥玻璃仪器

将烧杯、玻璃漏斗、滴管放在 $105\sim120℃$ 烘箱内烘干备用，烧杯口宜向下放置；量筒、容量瓶倒置晾干或用冷风吹干备用。

练习题

1. 烧杯内壁挂水、移液管挂水应分别如何清洗？
2. 滴定管久盛高锰酸钾管壁上有棕色沉积物应如何清洗？

四、知识链接

在化学分析实验中，洗涤玻璃仪器不仅是一项必须做的实验前的准备工作，也是一项技术性的工作。仪器洗涤是否符合要求。对分析结果的准确、精密度及可靠性均有影响。不同

的分析工作有不同的仪器洗净要求。常用洁净剂介绍如下。

（一）洁净剂及使用范围

最常用的洁净剂是肥皂、肥皂液（特制商品）、洗衣粉、去污粉、洗液、有机溶剂等。

肥皂、肥皂液、洗衣粉、去污粉，用于可以用刷子直接刷洗的仪器；洗液多用于不使用刷子洗刷的仪器，如滴定管、移液管、容量瓶、蒸馏器等特殊形状的仪器，也用于洗涤长久不用的杯皿器具和刷子刷不下的结垢。用洗液洗涤仪器，是利用洗液本身与污物起化学反应的作用，将污物去除。因此需要浸泡一定的时间充分作用；有机溶剂是针对油腻性污物，借助有机溶剂能溶解油脂的作用洗除之或借助某些有机溶剂能与水混合而又发挥快的特殊性。如甲苯、二甲苯、汽油等可以洗油垢，酒精、乙醚、丙酮可以冲洗刚洗净而带水的仪器。

（二）洗涤液的制备及使用注意事项

洗涤液简称洗液，根据不同的要求有各种不同的洗液可供选择。

1. 强酸氧化剂洗液

强酸氧化剂洗液是用重铬酸钾（$K_2Cr_2O_7$）和浓硫酸（H_2SO_4）配成。$K_2Cr_2O_7$ 在酸性溶液中，有很强的氧化能力，对玻璃仪器又极少有侵蚀作用。所以这种洗液在实验室内使用较为广泛。若能用别的洗涤方法洗净的仪器，就不用铬酸洗液，一因铬有一定的毒性，二因成本高。

配制浓度各有不同，从 5%～12% 的各种浓度都有。铬有致癌作用，且此洗涤液具有较强的腐蚀性，易灼伤皮肤和损坏衣服，因此配制和使用洗液时要极为小心。铬酸洗涤液是一种很强的氧化剂。但作用比较慢，因此使用时必须使洗涤器皿与洗涤液充分接触。用洗涤液洗过的器皿，要用自来水充分清洗，一般冲洗 6 次，最后用纯净水清洗 4 次。

用铬酸洗涤液洗过的器皿要特别注意吸附在器皿壁上的铬离子的干扰。

铬酸洗涤液应储存于磨口玻璃瓶中，用后仍倒入瓶中盖严，以防吸水而降低去污能力。多次使用后铬酸洗涤液变成绿褐色，就不能再使用。

洗液倒入要洗的仪器中，应使仪器周壁全浸洗后稍停一会再倒回洗液瓶。第一次用少量水冲洗刚浸洗过的仪器后，废水不要倒在水池里和下水道里，因为长久会腐蚀水池和下水道。应倒在废液缸中，缸满后倒在垃圾里，如果无废液缸，倒入水池时，要边倒边用大量的水冲洗。

2. 碱性洗液

碱性洗液用于洗涤有油污物的仪器，用此洗液是采用长时间（24h 以上）浸泡法，或者浸煮法。从碱洗液中捞取仪器时，要戴乳胶手套，以免烧伤皮肤。

常用的碱性洗液有：碳酸钠（Na_2CO_3，即纯碱）液，碳酸氢钠（Na_2HCO_3，小苏打）液，磷酸钠（Na_3PO_4，磷酸三钠）液，磷酸氢二钠（Na_2HPO_4）液等。

3. 碱性高锰酸钾洗液

碱性高锰酸钾作洗液作用缓慢，适合用于洗涤有油污的器皿或其他有机物质，洗后容器玷污处有褐色二氧化锰析出，可用（1∶1）工业盐酸或草酸、硫酸亚铁、亚硫酸钠等还原剂除去。配法：取高锰酸钾 4g 加少量水溶解后，加入 10g 氢氧化钾，用水稀释至 100mL 而成。

4. 纯酸纯碱洗液

根据器皿污垢的性质，直接用浓盐酸或浓硫酸、浓硝酸浸泡或浸煮器皿（温度不宜太高，否则浓酸挥发）。纯碱洗液多采用 10％以上的浓烧碱（NaOH）、氢氧化钾（KOH）或碳酸钠（Na_2CO_3）液浸泡或浸煮器皿（可以煮沸）。

5. 有机溶剂

带有脂肪性污物的器皿，可以用苯、氯仿、乙醇、汽油、甲苯、二甲苯、丙酮、酒精、三氯甲烷、乙醚等有机溶剂擦洗或浸泡。但用有机溶剂作为洗液浪费较大，能用刷子洗刷的大件仪器应尽量采用碱性洗液。只有无法使用刷子的小件或特殊形状的仪器才使用有机溶剂洗涤，如活塞内孔、移液管尖头、滴定管尖头、滴定管活塞孔、滴管、小瓶等。使用时注意安全，注意溶剂的毒性与可燃性。

6. 洗消液

检验致癌性化学物质的器皿，为了防止对人体的侵害，在洗刷之前应使用对这些致癌性物质有破坏分解作用的洗消液进行浸泡，然后再进行洗涤。

在分析检验中经常使用的洗消液有：1％或5％次氯酸钠溶液、20％HNO_3 和 2％$KMnO_4$ 溶液。

1％或5％次氯酸钠溶液对黄曲霉素有破坏作用。用 1％次氯酸钠溶液对污染的玻璃仪器浸泡半天或用5％次氯酸钠溶液浸泡片刻后，即可达到破坏黄曲霉毒素的作用。配法：取漂白粉 100g，加水 500mL，搅拌均匀，另将工业用 Na_2CO_3 80g 溶于温水 500mL 中，再将两液混合，搅拌，澄清后过滤，此滤液含次氯酸钠为 2.5％；若用漂粉精配制，则 Na_2CO_3 的重量应加倍，所得溶液浓度约为 5％。如需要 1％次氯酸钠溶液，可将上述溶液按比例进行稀释。

20％HNO_3 溶液和 2％$KMnO_4$ 溶液对苯并〔a〕芘有破坏作用，被苯并〔a〕芘污染的玻璃仪器可用 20％HNO_3 浸泡 24h，取出后用自来水冲去残存酸液，再进行洗涤。被苯并〔a〕芘污染的乳胶手套及微量注射器等可用 2％$KMnO_4$ 溶液浸泡 2h 后，再进行洗涤。

7. 其他洗涤液

工业浓盐酸：可洗去水垢或某些无机盐沉淀。

5％草酸溶液：用数滴硫酸酸化，可洗去高锰酸钾的痕迹。

5％～10％磷酸三钠（$Na_3PO_4 \cdot 12H_2O$）溶液：可洗涤油污物。

30％硝酸溶液：洗涤二氧化碳测定仪及微量滴管。

5％～10％乙二胺四乙酸二钠（EDTA－Na_2）溶液：加热煮沸可洗脱玻璃仪器内壁的白色沉淀物。

尿素洗涤液：为蛋白质的良好溶剂，适用于洗涤盛过蛋白质制剂及血样的容器。

（三）玻璃仪器的洗涤方法

1. 常法洗涤仪器

洗刷仪器时，应首先将手用肥皂洗净，免得手上的油污附在仪器上，增加洗刷的困难。如仪器长久存放附有尘灰，先用清水冲去，根据洗涤的玻璃仪器的形状选择合适的毛刷，如试管刷、烧杯刷、瓶刷、滴定管刷等。用毛刷蘸水，可使可溶性物质溶去，再按要求选用洁净剂洗刷或洗涤。如用去污粉，将刷子蘸上少量去污粉，将仪器内外全刷一遍，再边用水冲边刷洗至肉眼看不见有去污粉时，用自来水洗 3～6 次，再用蒸馏水冲三次以上。一个洗干净的玻璃仪器，应该以挂不住水珠为度。如仍能挂住水珠，仍然需要重新洗涤。用蒸馏水冲洗时，要用顺壁冲洗方法并充分震荡，经蒸馏水冲洗后的仪器，用指示剂检查应为中性。

2. 作痕量分析的玻璃仪器

要求洗去所吸附的极微量杂质离子，使用优级纯 1∶1HNO₃ 或 HCl 溶液浸泡几十小时，然后用去离子水洗干净后使用。

3. 进行荧光分析

玻璃仪器应避免使用洗衣粉洗涤（因洗衣粉中含有荧光增白剂，会给分析结果带来误差）。

4. 分析致癌物质

应选用适当洗涤液浸泡，然后再按常法洗涤。

（四）玻璃仪器的干燥

分析实验经常要用到的仪器应在每次实验完毕后洗净干燥备用。用于不同实验对干燥有不同的要求，一般定量分析用的烧杯、锥形瓶等仪器洗净即可使用，而用于分析的仪器很多要求是干燥的，有的要求无水痕，有的要求无水。应根据不同要求进行仪器干燥。

1. 晾干

不急等用的仪器，要求一般干燥的仪器，可在用蒸馏水冲、刷洗后，倒去水分，置于无尘处使其自然干燥。可用安有斜木钉的架子或带有透气孔的玻璃柜放置仪器。

2. 烘干

洗净的仪器控去水分，放在温度为 105～120℃烘箱内烘干。也可放在红外灯干燥箱中烘干。此法适用于一般仪器。称量用的称量瓶等在烘干后要放在干燥器中冷却、保存。带实心玻璃塞的及厚壁仪器烘干时要注意调节烘箱温度缓慢升温，不能直接置于温度高的烘箱内，以免烘裂。玻璃量器不可放于烘箱中烘干。

硬质试管可用酒精灯加热烘干，要从底部烤起，把管口向下，以免水珠倒流把试管炸裂，烘到无水珠后把试管口向上赶净水气。

3. 热（冷）风吹干

对于急于干燥的仪器或不适于放入烘箱的较大的仪器可采用吹干的办法。通常用少量乙醇或丙酮、乙醚将玻璃仪器进行荡洗，荡洗液要注意回收，然后用电吹风机吹，开始用冷风吹 1～2min，当大部分溶剂挥发后，再吹入热风至完全干燥，再用冷风吹去残余蒸汽，不使其又冷凝在容器内。

此法要求通风好，以免中毒。在吹干过程中，不可有明火，否则有机溶剂蒸汽会燃烧爆炸。

练习题

1. 常用洗涤液有哪些类型？
2. 烤干试管时为什么管口要略向下倾斜？

第二节　项目二：固体的称量

一、项目目的

1. 能够正确地使用和维护天平

2. 能够准确地称量

3. 练习用直接法、减量法称量

4. 掌握有效数字的使用

二、仪器与试剂

仪器：电子分析天平、称量瓶、50mL 烧杯、锥形瓶、表面皿、小玻棒等。

试剂：氯化钠。

三、项目内容

1. 准备工作

称量瓶依次用洗液、自来水、蒸馏水洗干净后放入洁净的 100mL 烧杯中，称量瓶盖斜放在称量瓶口上，置于烘箱中，升温 105℃后保持 30min 取出烧杯，稍冷片刻，将称量瓶置于干燥器中，冷至室温后备用。50mL 烧杯、锥形瓶洗净烘干待用。

2. 电子分析天平的操作

（1）检查并调整天平至水平位置。调整地脚螺栓高度，使水平仪内空气气泡位于圆环中央。

（2）事先检查电源电压是否匹配（必要时配置稳压器），按仪器要求通电预热至所需时间。

（3）预热足够时间后打开天平开关，天平则自动进行灵敏度及零点调节。待稳定标志显示后，可进行正式称量。

（4）称量时将洁净称量瓶或称量纸置于称盘上，关上侧门，轻按一下去皮键，天平将自动校对零点，然后逐渐加入待称物质，直到所需重量为止。

（5）被称物质的重量是显示屏左下角出现"g"标志时，显示屏所显示的实际数值。

（6）称量结束应及时除去称量瓶（纸），关上侧门，切断电源，并做好使用情况登记。

3. 称量练习

（1）直接法称量。领取一个洁净的表面皿，记下其编号。先用托盘天平粗称，记录其质量（保留一位小数），再用分析天平准确称量。准确称取小玻棒的重量三份。要求称量绝对误差小于 0.2mg。并记录：

托盘天平粗称：表面皿＋小玻棒重_____g。

分析天平精称：表面皿＋小玻棒_____g；表面皿重_____g；小玻棒重_____g。

（2）减量法称量。用减量法称量试样时，试样应装在称量瓶内。

称量瓶是具有磨口玻璃塞的器皿（图 5-1），有高型和低型两种。高型称量瓶常用来放置在称量过程中容易吸收水分和 CO_2 的试样；低型称量瓶常用来测定试样水分。使用前必须洗净烘干，冷却到室温后，放入称量物。洗净烘干后的称量瓶不能直接用于拿取，以免玷污称量瓶而造成称量误差。可戴干净手套或用叠成两三层的干净纸条套在称量瓶上拿取。（图 5-2）。

操作步骤：

电子分析天平调零。

图 5-1 称量瓶

图 5-2 称量瓶的拿取

按上述方法，在分析天平上称量一只清洁、干燥的三角瓶（又称锥形瓶）。记录三角瓶重 m_1 g。

取清洁、干燥的称量瓶 1 只，装入氯化钠试样至称量瓶 1/3 左右。用宽 2cm、长 10cm 的纸条套住称量瓶，拿住纸条，将称量瓶轻置于天平中央。取出纸条，称重。记下称量瓶和试样共重 m_2 g。

用纸条套住称量瓶从天平上取出，在三角瓶上方取下瓶盖（用纸条套取），轻轻敲击称量瓶口上部（图 5-3），倒出约 0.5g 试样于三角瓶中。勿使试样撒落容器外面。将称量瓶慢慢立起，在三角瓶上方将盖盖好。重新将称量瓶和剩余试样一起称重。若倒出试样不足 0.5g，应继续小心倾出，反复操作至倒出量接近 0.5g 时为止。记下称量瓶和试样（倒出后）重 m_3 g。则倒出试样重为 $(m_2 - m_3)$ g。

图 5-3 减量法示意图

称出三角瓶＋试样的质量，记为 m_4 g。

结果的检验：检查 $(m_2 - m_3)$ 的质量是否等于三角瓶中增加的质量。如不相等，求出差值，分析原因。要求称量的绝对差值小于 0.5mg。

实验结束后，按下表记录数据，并进行讨论。

记录项目	称量次数		
	I	II	III
称量瓶＋试样重（倒出前）m_2（g）			
称量瓶＋试样重（倒出后）m_3（g）			
称出试样重 $(m_2 - m_3)$（g）			
三角瓶＋称出试样重 m_4（g）			
空三角瓶重 m_1（g）			
称出试样重 $(m_4 - m_1)$（g）			
绝对差值（g）			

练习题

1. 什么情况下用直接称量法？什么情况下用减量称量法？

2. 减量法倒出约 1g 左右氯化钠粉末，应如何操作，如何掌握倒出的量约是 1 克？

四、知识链接

在进行固体物质称量时，应注意以下几点：

（1）天平应放置在牢固平稳水泥台或木台上，室内要求清洁、干燥及较恒定的温度，同时应避免光线直接照射到天平上。

（2）称量时应从侧门取放物质，读数时应关闭箱门以免空气流动引起天平摆动。前门仅在检修或清除残留物质时使用。

（3）电子分析天平若长时间不使用，则应定时通电预热，每周一次，每次预热 2h，以确保仪器始终处于良好使用状态。

（4）天平箱内应放置吸潮剂（如硅胶），当吸潮剂吸水变色，应立即高温烘烤更换，以确保其吸湿性能。

（5）挥发性、腐蚀性、强酸强碱类物质应盛于带盖称量瓶内称量，防止腐蚀天平。

练习题

1. 用减量法称取试样，若称量瓶内的试样吸湿，将对称量结果造成什么误差？若试样倾倒入烧杯内以后再吸湿，对称量是否有影响？

2. 称量结果应记录至小数点后几位有效数字？

3. 用减量称量法时，从称量瓶中向器皿中转移样品时，能否用药勺取？为什么？如果转移样品时，有少许样品未转移到器皿中而撒落到外边，此次称量数据还能否使用？

第三节　项目三：固体溶解配制溶液

一、项目目的

1. 掌握固体配制溶液的方法
2. 熟悉有关溶液浓度的计算
3. 学习正确地操作天平、滴管、量筒和容量瓶
4. 掌握减量法准确称取基准物的方法

二、仪器与试剂

仪器：分析天平、台秤、容量瓶（250mL，100mL）、滴管、烧杯、量筒、玻璃棒、试剂瓶等。

试剂：NaOH（固）、NaCl（固）等。

三、项目内容

1. 粗配 0.1mol/L 氢氧化钠溶液

用托盘天平称取固体氢氧化钠 1.0g，迅速置于 100mL 烧杯中；用约 5mL 蒸馏水迅速洗涤

2 次，以除去 NaOH 表面上少量的 Na_2CO_3，加 80mL 蒸馏水，搅拌全部溶解，移入带橡皮塞的试剂瓶中，加水稀释至 250mL，摇匀，贴标签备用。记录氢氧化钠固体和蒸馏水的用量。

2. 精配 0.100 0mol/L 氯化钠溶液

用洁净而干燥的表面皿在分析天平上准确称取 0.142 5gNaCl，迅速置于烧杯中，加少量水溶解，并放至室温。将 NaCl 溶液转移至 250mL 容量瓶中，洗涤烧杯 2 至 3 次，并把洗涤液转移到容量瓶中。向容量瓶中加水到距离刻度线 2 到 3cm 处，改用胶头滴管加水，加到凹液面最低点与刻度线相平，摇匀，装入试剂瓶，贴标签备用。

练习题

NaOH 溶液和 HCl 溶液能否做基准试剂？能否直接在容量瓶中配制 0.100 0mol/L 的 NaOH 溶液？

四、知识链接

滴管、量筒、容量瓶等仪器的正确使用介绍如下。

（一）滴管

正确使用滴管——保持滴管垂直，以中指和无名指夹住管柱，拇指和食指轻轻挤压胶头使液体逐滴滴下。

使用滴管吸取有毒溶液时要小心，松开胶头之前一定要将管尖移离溶液，吸入的空气可防止液体溢散。为了避免交叉污染，不要将溶液吸入胶头或将滴管横放，使用一次性塑料滴管安全性好，可避免污染。

（二）量筒和容量瓶

把量筒和容量瓶放置在水平台面上，保持刻度水平。先将溶液加到所需的刻度以下，再用滴管慢慢滴加，直至液体的弯月面与刻度相平。读数前要静止一定时间，让溶液从器壁上完全流下。

容量瓶是一种细颈梨形平底的容量器，带有磨口玻塞，颈上有标线，表示在所指温度下液体充满到标线时，溶液体积恰好与瓶上所注明的容积相等。容量瓶是用来配制一定体积溶液的容器。

容量瓶的大小不等，小的有 5mL、25mL、50mL、100mL，大的有 250mL、500mL、1 000mL、2 000mL 等。容量瓶使用前应先检查。

（1）瓶塞是否漏水。

（2）标线位置距离瓶口是否太近。

如果漏水或标线距离瓶口太近，则不宜使用。检查的方法是，加自来水至标线附近，盖好瓶塞后，一手用食指按住塞子，其余手指拿住瓶颈标线以上部分，另一手用指尖托住瓶底边缘（图 5-4），倒立两分钟。如不漏水，将瓶直立，将瓶塞旋转 180° 后，再倒过来试一次。在使用中，不可将扁头的玻璃磨口塞放在桌面上，以免玷污和搞错。操作时，可用一手的食指及中指（或中指及无名指）夹住瓶塞的扁头，当操作结束时，随手将瓶盖盖上。也可用橡皮圈或细绳将瓶塞系在瓶颈上，细绳应稍短于瓶颈。操作时，瓶塞系在瓶颈上，尽量不要碰到瓶颈，操作结束后立即将瓶塞盖好。在后一种做法中，特别要注意避免瓶颈外壁对瓶塞的玷污。如果是平顶的塑料盖子，则可将盖子倒放在桌面上。

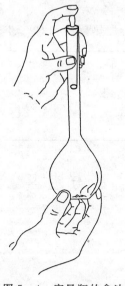

图 5-4　容量瓶的拿法

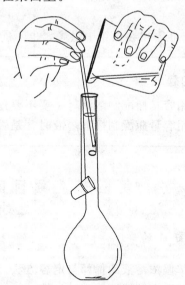

图 5-5　溶液的转移

　　洗涤容量瓶时，先用自来水洗几次，倒出水后，内壁如不挂水珠，即可用蒸馏水洗好备用。否则就必须用洗液洗涤。先尽量倒去瓶内残留的水，再倒入适量洗液，倾斜转动容量瓶，使洗液布满内壁，同时将洗液慢慢倒回原瓶。然后用自来水充分洗涤容量瓶及瓶塞，每次洗涤应充分振荡，并尽量使残留的水流尽。最后用蒸馏水洗三次。

　　用容量瓶配制溶液时，最常用的方法是将待溶固体称出置于小烧杯中，加水或其他溶剂将固体溶解，然后将溶液定量转移入容量瓶中。定量转移时，烧杯口应紧靠伸入容量瓶的搅拌棒（其上部不要碰瓶口，下端靠着瓶颈内壁），使溶液沿玻璃棒和内壁流入（图 5-5）。溶液全部转移后，将玻璃棒和烧杯稍微向上提起，同时使烧杯直立，再将玻璃棒放回烧杯。注意勿使溶液流至烧杯外壁而受损失。用洗瓶吹洗玻璃棒和烧杯内壁，如前将洗涤液转移至容量瓶中，如此重复多次，完成定量转移。当加水至容量瓶的 2/3 左右时，用右手食指和中指夹住瓶塞的扁头，将容量瓶拿起，按水平方向旋转几周，使溶液大体混匀。继续加水至距离标线约 1cm 处，等 1~2min；使附在瓶颈内壁的溶液流下后，再用细而长的滴管加水（注意勿使滴管接触溶液）至弯月面下缘与标线相切。无论溶液有无颜色，一律按照这个标准。即使溶液颜色比较深，但最后所加的水位于溶液最上层，而尚未与有色溶液混匀，所以弯月下缘仍然非常清楚，不会有碍观察。盖上干的瓶塞。用一只手的食指按住瓶塞上部，其余四指拿住瓶颈标线以上部分。用另一只手的指尖托住瓶底边缘，将容量瓶倒转，使气泡上升到顶，此时将瓶振荡数次，正立后，再次倒转过来进行振荡。如此反复多次，将溶液混匀。最后放正容量瓶，打开瓶塞，使瓶塞周围的溶液流下，重新塞好塞子后，再倒转振荡 1~2 次，使溶液全部混匀。

　　若用容量瓶稀释溶液，则用移液管移取一定体积的溶液，放入容量瓶后，稀释至标线，混匀。

　　配好的溶液如需保存，应转移至磨口试剂瓶中。试剂瓶要用此溶液润洗三次，以免将溶液稀释。不要将容量瓶当作试剂瓶使用。

容量瓶用毕后应立即用水冲洗干净。长期不用时，磨口处应洗净擦干，并用纸片将磨口隔开。

容量瓶不得在烘箱中烘烤，也不能用其他任何方法进行加热。

练习题

1. 用容量瓶配制溶液时，要不要把容量瓶干燥？
2. 用容量瓶配制标准溶液时，是否可以用量筒量取溶液？

第四节　项目四：浓溶液的稀释与定容

一、项目目的

1. 掌握浓溶液的稀释与定容方法
2. 熟悉有关溶液浓度的计算
3. 学习正确地操作移液管、移液器等仪器

二、仪器与试剂

仪器：容量瓶（250mL，100mL）、滴管、吸量管、烧杯、玻璃棒、锥形瓶、量筒、试剂瓶等。

试剂：浓盐酸。

三、项目内容

1. 粗配 0.1mol/L 盐酸溶液

用量筒量取浓盐酸 9mL，注入 1 000mL 水中，摇匀。装入试剂瓶中，贴上标签备用。

2. 0.100 0mol/L 盐酸标准溶液的配制

用吸量管量取 0.9mL 浓盐酸，注入 100mL 容量瓶中，加蒸馏水定容，摇匀。装入试剂瓶中，贴上标签。

练习题

1. 如何配制盐酸（0.2mol/L）溶液 1 000mL？
2. 配制盐酸标准溶液时能否用直接配制法？为什么？
3. 直接用于配制标准溶液或标定溶液浓度的物质应是什么级别？它应具备什么条件？

四、知识链接

（一）移液管

移液管是用于准确量取一定体积溶液的量出式玻璃量器，全称"单标线吸量管"，习惯

称为移液管。管颈上部刻有一标线，此标线的位置是由放出纯水的体积所决定的。其容量定义为：在 20℃时按下述方式排空后所流出纯水的体积，单位为 cm³。

（1）使用前用铬酸洗液将其洗干净，使其内壁及下端的外壁不挂水珠。移取溶液前，用待取溶液涮洗 3 次。

（2）移取溶液的正确操作姿势见图 5-6 及图 5-7，移液管插入容量瓶内液面以下 1～2cm 深度，左手拿吸耳球，排空空气后紧按在移液管管口上，然后借助吸力使液面慢慢上升，管中液面上升至标线以上时，迅速用右手食指按住管口，将移液管持直并移出液面，微微松动食指，或用大拇指和中指轻轻转动移液管，使管内液体的弯月面慢慢下降到标线处（注意：视线液面与标线均应在同一水平面上），立即压紧管口。若管尖外挂有液滴，可使管尖与容器壁接触使液滴流下。再将移液管插入准备接收溶液的容器中，如锥形瓶中，使其流液口接触倾斜的器壁，松开食指，使溶液自由地沿壁流下，再等待片刻（约 15s），拿出移液管。

图 5-6　吸取液体

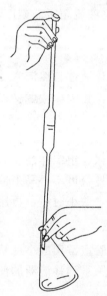

图 5-7　放出液体

为了安全，严禁用嘴吹吸移液管，可使用其他工具如洗耳球。

（二）吸量管

吸量管的全称是分度吸量管，见图 5-8，是带有分度线的量出式玻璃量器，用于移取非固定量的溶液。有以下几种规格：

图 5-8　吸量管

（1）完全流出式。有两种形式，零点刻度在上及零点刻度在下。

（2）不完全流出式。零点刻度在上面（不要把残留在管尖的少量液体吹出）。

（3）规定等待时间式。零点刻度在上面，如使用过程中液面降至流液口处后，要等待 15s，再从受液容器中移走吸量管。

（4）吹出式。有零点在上和零点在下两种，均为完全流出式。使用过程中液面降至流液口并静止时，应随即将最后一滴残留的溶液一次吹出（一般移液管上注有"吹"字）。

目前，市场上还有一种标有"快"的吸量管，与吹出式吸量管相似。

吸量管的刻度规格有 0.1mL、0.2mL、0.5mL、1mL、2mL、5mL 及 10mL 等，供量取 10mL 以下任意体积的液体之用。操作方法如下（清洗、润洗操作同移液管）。

1. 执管

将中指和拇指拿住吸量管上口，以食指控制流速；刻度数字应朝向操作者。

2. 取液

把吸量管插入液体内（切忌悬空，以免液体吸入洗耳球内），用洗耳球吸取液体至所取液量的刻度上端 1～2cm 处，然后迅速用食指按紧吸量管上口，使管内液体不再流出。

3. 调准刻度

将已吸足液体的吸量管提出液面，然后垂直提起吸量管于供器内口（管尖悬离供器内液面）。用食指控制液流至所需刻度，此时液体凹面、视线和刻度应在同一水平面上，并立即按紧吸量管上口。

4. 放液

放松食指，让液体自然流入受器内，（如吸量管标有"吹"字，则应将管口残余液滴吹入受器内）此时，管尖应接触受器内壁，但不应插入受器内的原有液体之中，以免污染吸量管及试剂。

5. 洗涤

吸取血液、尿、组织样品及粘稠试剂的吸量管，用后应及时用自来水冲洗干净。如果吸取一般试剂的吸量管可不必马上冲洗，待实验完毕后，用自来水冲洗干净。晾干水分，再浸泡于铬酸洗液中，数小时后，再用流水冲净，最后用蒸馏水冲洗。晾干备用。

（三）移液器

移液器是实验室常用的小件精密设备。移液器能否正确使用，直接关系到实验的准确性与重复性，同时关系到移液器的使用寿命，下面以连续可调的移液器为例说明移液器的使用方法。

移液器由连续可调的机械装置和可替换的吸头组成，不同型号的移液器吸头有所不同。实验室常用的移液器根据最大吸用量有 $2\mu L$，$10\mu L$，$20\mu L$，$200\mu L$，$1mL$，$5mL$，$10mL$ 等规格。

移液器的正确使用包括以下几个方面：

（1）根据实验精度选用正确量程的移液器（使用可根据移液器生产厂家提供的吸量误差表确定）。当取用体积与量程不一致时，可通过稀释液体，增加吸收体积来减少误差。

（2）移液器的吸量体积调节：移液器调整时，首先调至取用体积的 1/3 处，然后慢慢调至所需的刻度，调整过程中动作要轻缓，切勿超过最大或最小量程。

（3）吸量：将吸头套在移液器的吸杆上，有必要时可用手辅助套紧，但要防止由此可能带来的污染；然后将吸量按钮按至第一挡（first stop），将吸嘴垂直插入待取液体中，深度以刚浸没吸头尖端为宜，然后慢慢释放吸量按钮以吸取液体；释放所吸液体时，先将吸头垂直接触在受液容器壁上，慢慢按压吸量按钮至第一挡，停留 1～2s 后，按至第二挡（second stop）以排出所有液体。

（4）吸头的更换：性能优良的移液器具有卸载吸头的机械装置，轻轻按卸载按钮，吸头就会自动脱落。

注意事项：①连续可调移液器的取用体积调节要轻缓，严禁超过最大或最小量程；②在移液器吸头中含有液体时，禁止将移液器水平放置，平时不用时置移液器于架上；③吸取液体时，动作应轻缓，防止液体随气流进入移液器的上部；④在吸取不同的液体时，要更换吸头；⑤移液器要定期进行校准，一般由专业人员来进行。

（四）注射器

使用注射器时应把针头插入溶液，缓慢拉动活塞至所需刻度处。检查注射器有无吸入气泡。排出液体时要缓慢，最后将针尖靠在器壁上，移去末端黏附的液体。微量注射器在使用前和使用后应在醇溶剂中反复推拉活塞，进行清洗。注射器针尖里的液体是排不出的，该"死体积"占据注射器正常溶剂的 4%，解决这一问题的方法是取样后，在针尖中吸入惰性物质（如硅酮油）。另外，也可使用拉杆占据针尖的注射器（仅用于极微量液体的移取）。

练习题

1. 使用移液管的操作要领是什么？为何要垂直流下液体？为何放完液体后要停一定时间？最后留于管尖的液体如何处理？为什么？

2. 容量瓶是否需要操作液润洗？

第五节　项目五：酸式滴定管的使用

一、项目目的

1. 掌握酸性标准溶液的标定方法
2. 学习正确地操作酸式滴定管

二、仪器与试剂

仪器：25mL 酸式滴定管、烧杯、锥形瓶、洗瓶、玻璃棒等。

试剂：盐酸标准溶液、无水 Na_2CO_3、甲基橙或者溴甲酚绿-甲基红混合液指示剂：量取 30mL 溴甲酚绿乙醇溶液（2g/L），加入 20mL 甲基红乙醇溶液（1g/L），混匀。

三、项目内容

1. 对酸式滴定管进行清洗、检漏

滴定管使用前必须先洗涤。洗涤前，关闭旋塞，倒入约 10mL 洗液，打开旋塞，放出少量洗液洗涤管尖，然后边转动边向管口倾斜，使洗液布满全管。最后从管口放出（也可用铬酸洗液浸洗）。然后用自来水冲净。再用蒸馏水洗三次，每次 10~15mL。

滴定管洗净后，先检查旋塞转动是否灵活，是否漏水。先关闭旋塞，将滴定管充满水，用滤纸在旋塞周围和管尖处检查。然后将旋塞旋转 180°，直立 2min，再用滤纸检查。如漏水，酸式管涂凡士林。

2. 酸式滴定管的滴定练习

在酸式滴定管中装入蒸馏水，通常把酸式滴定管夹在滴定管夹的右边，旋塞柄向外。将滴定管下端伸入烧杯内，左手操纵旋塞，使滴定液逐滴滴入。滴定管下端伸入锥形瓶瓶口约1cm，瓶底离下面白或黑的瓷板2～3cm。左手操作滴定管，右手前三指拿住瓶颈，随滴随摇（以同一方向作圆周运动）。在整个滴定过程中，左手一直不能离开旋塞。在滴定时掌握旋转旋塞的方法，控制旋转旋塞的速度和程度，能够使溶液逐滴滴入，也能只滴加1滴就立即关闭旋塞或使液滴悬而未落。能够熟练进行酸式滴定管滴定后，放完管中的蒸馏水。

3. 酸式滴定管的润洗、装液

滴定管在使用前用盐酸标准溶液润洗三次，每次10～15mL。润洗液弃去。将盐酸标准溶液装入酸式滴定管中。开始滴定前，先将悬挂在滴定管尖端处的液滴除去，读下初读数。

4. 称量和滴定

用分析天平采用"减量法"准确称取0.090 0～0.100 0g于270～300℃灼烧至质量恒定的基准无水碳酸钠，并应迅速将称量瓶加盖密闭，称准至0.000 2g，（至少两份）。快速将称量的基准无水碳酸钠置于锥形瓶，溶于25mL水中，加2～3滴甲基橙作指示剂，用盐酸标准溶液滴定至溶液由黄色变为橙色，记下盐酸溶液所消耗的体积。

滴定过程中注意滴定速度的控制，液体流速由快到慢，起初可以"连滴成线"，之后逐滴滴下，快到终点时则要半滴半滴的加入，小心放下半滴滴定液悬于管口，用锥瓶内壁靠下，然后用洗瓶冲下。

当锥瓶内指示剂指示终点时，立刻关闭活塞停止滴定。洗瓶淋洗锥形瓶内壁。取下滴定管，右手执管上部无液部分，使管垂直，目光与液面平齐，读出读数。读数时应估读一位。

滴定结束，滴定管内剩余溶液应弃去，洗净滴定管，夹在夹上备用。

5. 同时做空白试验

即不加无水碳酸钠的情况下重复上述操作。

6. 数据记录与处理

盐酸标准溶液的浓度按下式计算：

$$c(\mathrm{HCl}) = 2\,\frac{m(\mathrm{Na_2CO_3})}{(V_{\mathrm{HCl}} - V_0) \cdot 106} \times 1\,000$$

式中：$c(\mathrm{HCl})$——盐酸标准溶液的物质的量浓度，mol/L；

　　　m——无水碳酸钠的质量，g；

　　　V——盐酸溶液的用量，mL；

　　　V_0——空白试验盐酸溶液的用量，mL；

　　　106——无水碳酸钠的摩尔质量，g/mol。

记录项目 ＼ 序次	Ⅰ	Ⅱ	Ⅲ
无水碳酸钠（g）			
HCl终读数（mL）			
HCl初读数（mL）			
V_{HCl}(mL)			
V_0(mL)			
c_{HCl}(mol/L)			

练习题

1. 在滴定过程中产生的二氧化碳会使终点变色不够敏锐。在溶液滴定进行至临近终点时，应如何处理消除干扰？

2. 当碳酸钠试样从称量瓶转移到锥形瓶的过程中，不小心有少量试样撒出，如仍用它来标定盐酸浓度，将会造成分析结果偏大还是偏小？

四、知识链接

(一) 酸式滴定管

滴定管是为了放出不确定量液体的容量仪器，可准确测量滴定剂的体积。常量分析用的滴定管容积为 25mL 和 50mL，最小分度值为 0.1mL，读数可估计到 0.01mL。10mL、5mL、2mL 和 1mL 的半微量或微量滴定管，最小分度值分别为 0.05mL、0.02mL 或 0.01mL。

实验室最常用的滴定管有两种：其下部带有磨口玻璃活塞的酸式滴定管，也称具塞滴定管，形状如图 5-9 (a) 所示；另一种是碱式滴定管，也称无塞滴定管，它的下端连接一橡皮软管，内放一玻璃珠，橡皮下端再连一尖嘴玻璃管，见图 5-9 (b)。酸式滴定管只能用来盛放酸性、中性或氧化性溶液，不能盛放碱液，因磨口玻璃活塞会被碱类溶液腐蚀，放置久了会粘连住。碱式滴定管用来盛放碱液，不能盛放氧化性溶液如 $KMnO_4$、I_2 或 $AgNO_3$ 等，避免腐蚀橡皮软管。此外，还有三通活塞滴定管、三通旋塞自动定零位滴定管、侧边旋塞自动滴定管、三通旋塞自动滴定管和座式滴定管等类型。

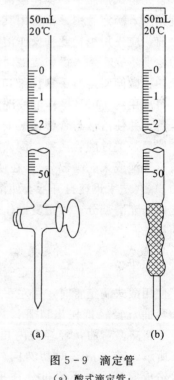

图 5-9　滴定管
(a) 酸式滴定管；
(b) 碱式滴定管

1. **酸式滴定管的洗涤**

无明显油污的滴定管，直接用自来水冲洗。若有油污，则用铬酸洗液洗涤。

用洗液洗涤时，先关闭酸式滴定管的活塞，倒入 10～15mL 洗液于滴定管中，两手平端滴定管，并不断转动，直到洗液布满全管为止。然后打开活塞，将洗液放回原瓶中。若油污严重，可倒入温洗液浸泡一段时间。

洗液洗涤后，先用自来水将管中附着的洗液冲净，再用蒸馏水涮洗几次。洗净的滴定管的内壁应完全被水均匀润湿而不挂水珠，否则，应再用洗液浸洗，直到洗净为止。连续使用的滴定管，若保存得当，是可以保持洁净不挂水珠的，不必每次都用洗液洗。

2. **酸式滴定管活塞涂凡士林和检漏**

酸式滴定管使用前，应检查活塞转动是否灵活、活塞处是否有漏液现象。如不符合要求，则取下活塞，用滤纸将活塞及塞座擦干净。用手指蘸少量（切勿过多）凡士林，在活塞两端沿圆周各涂极薄的一层，把活塞径直插入塞座内，向同一方向转动活塞（不要来回转），直到从外面观察时，凡士林均匀透明为止。若凡士林用量太多，堵塞了活塞中间小孔时，可取下活塞，用细铜丝捅出。如果是滴定管的出口管尖堵塞，可先用水充满全管，将出口管尖浸入热水中，温热片刻后，打开活塞，使管内的水流突然冲下，将熔化的油脂带出。也可用 CCl_4 等有机溶剂浸泡溶解。如仍无效，取下活塞，用细铜丝捅出。

为了避免滴定管的活塞偶然被挤出跌落破损，可在活塞小头的凹槽处，套一橡皮圈（可从橡皮管上剪一窄段），或用橡皮筋缠在塞座上。

滴定管使用之前必须严格检查，确保不漏。检查时，将酸式滴定管装满蒸馏水，把它垂直夹在滴定管架上，放置 5min。观察管尖处是否有水滴滴下，活塞缝隙处是否有水渗出。若不漏，将活塞旋转 $180°$，静置 5min，再观察一次，无漏水现象即可使用。

检查发现漏液的滴定管，必须重新装配，直至不漏，才能使用。检漏合格的滴定管，需用蒸馏水洗涤 3～4 次。

3. 滴定管的装液操作

首先将试剂瓶中的操作溶液摇匀，使凝结在瓶内壁上的液珠混入溶液。操作溶液应小心地直接倒入滴定管中，不得用其他容器（如烧杯、漏斗等）转移溶液。其次，在加满操作溶液之前，应先用少量此种操作溶液洗滴定管数次，以除去滴定管内残留的水分，确保操作溶液的浓度不变。倒入操作溶液时，关闭活塞，用左手大拇指和食指与中指持滴定管上端无刻度处，稍微倾斜，右手拿住细口瓶往滴定管中倒入操作溶液，让溶液沿滴定管内壁缓缓流下。每次用约 10mL 操作溶液洗滴定管。用操作溶液洗滴定管时，要注意务必使操作溶液洗遍全管，并使溶液与管壁接触 1～2min，每次都要冲洗滴定管出口管尖，并尽量放尽残留溶液。然后，关好酸管活塞，倒入操作溶液至 "0" 刻度以上为止。为使溶液充满出口管（不能留有气泡或未充满部分），在使用酸式滴定管时，右手拿滴定管上部无刻度处，滴定管倾斜约 $30°$，左手迅速打开活塞使溶液冲出，从而使溶液充满全部出管口。如出口管中仍留有气泡或未充满部分，可重复操作几次。如仍不能使溶液充满，可能是出口管部分没洗干净，必须重洗。

4. 酸式滴定管的滴定操作

将滴定管垂直地夹于滴定管架上的滴定管夹上。

使用酸式滴定管时，用左手控制活塞，无名指和小指向手心弯曲，轻轻抵住出口管，大拇指在前，食指和中指在后，手指略微弯曲，轻轻向内扣住活塞，手心空握，如图 5-10 所示。转动活塞时切勿向外（右）用力，以防顶出活塞，造成漏液。也不要过分往里拉，以免造成活塞转动困难，不能自如操作。

要能熟练自如地控制滴定管中溶液流速的技术：

（1）使溶液逐滴流出。

（2）只放出一滴溶液。

（3）使液滴悬而未落（当在瓶上靠下来时即为半滴）。

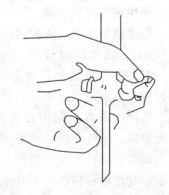

图 5-10　酸式滴定管的操作

滴定通常在锥形瓶中进行，锥形瓶下垫一白瓷板作背景，右手拇指、食指和中指捏住瓶颈，瓶底离瓷板约 2～3cm。调节滴定管高度，使其下端伸入瓶口约 1cm。左手按前述方法操作滴定管，右手运用腕力摇动锥形瓶，使其向同一方向做圆周运动，边滴加溶液边摇动锥形瓶（图 5－11）。

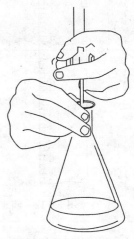

在整个滴定过程中，左手一直不能离开活塞任溶液自流。摇动锥形瓶时，要注意勿使溶液溅出、勿使瓶口碰滴定管口，也不要使瓶底碰白瓷板，不要前后振动。一般在滴定开始时，无可见的变化，滴定速度可稍快，一般为 10mL/min，即 3～4滴/s。滴定到一定时候，滴落点周围出现暂时性的颜色变化。在离滴定终点较远时，颜色变化立即消逝。临近终点时，变色甚至可以暂时地扩散到全部溶液，不过再摇动 1～2 次后变色又完全消逝。此时，应改为滴 1 滴，摇几下。等到必须摇 2～3 次后，颜色变化才完全消逝时，表示离终点已经很近。微微转动活塞使溶液悬在出口管嘴上形成半滴，但未落下，用锥形瓶内壁将其沾下。然后将瓶倾斜把附于壁上的溶液洗入瓶中，再摇匀溶液。如此重复直到刚刚出现达到终点时应出现的颜色而又不再消逝为止。一般 30s 内不再变色即到达滴定终点。

图 5－11　滴定操作

每次滴定最好都从读数 0.00 开始，也可以从 0.00 附近的某一读数开始，这样在重复测定时，使用同一段滴定管，可减小误差，提高精密度。

滴定完毕，弃去滴定管内剩余的溶液，不得倒回原瓶。用自来水、蒸馏水冲洗滴定管，并装入蒸馏水至刻度以上，用一小玻璃管套在管口上，保存备用。

5. 滴定管读数

滴定开始前和滴定终了都要读取数值。读数时可将滴定管夹在滴定管夹上，也可以从管夹上取下，用右手大拇指和食指捏住滴定管上部无刻度处，使滴定管自然下垂，两种方法都应使滴定管保持垂直。在滴定管中的溶液由于附着力和内聚力的作用，形成一个弯液面，即待测容量的液体与空气之间的界面。无色或浅色溶液的弯液面下缘比较清晰，易于读数。读数时，使弯液面的最低点与分度线上边缘的水平面相切，视线与分度线上边缘在同一水平面上，以防止视差。因为液面是球面，改变眼睛的位置会得到不同的读数（图 5－12）。

为了便于读数，可在滴定管后衬一读数卡。读数卡可用黑纸或涂有黑长方形（约 30cm×1.5cm）的白纸制成。读数时，手持读数卡放在滴定管背后，使黑色部分在弯液面下约 1mm 处，此时即可看到弯液面的反射层成为黑色，然后读此黑色弯液面下缘的最低点（图 5－13）。

颜色太深的溶液，如 $KMnO_4$、I_2 溶液等，弯液面很难看清楚，可读取液面两侧的最高点，此时视线应与该点成水平。

必须注意，初读数与终读数应采用同一读数方法。刚刚添加完溶液或刚刚滴定完毕，不要立即调整零点或读数，而应等 0.5～1min，以使管壁附着的溶液流下来，使读数准确可靠。读数须准确至 0.01mL。读取初读数前，若滴定管尖悬挂液滴时，应该用锥形瓶外壁将液滴沾去。在读取终读数前，如果出口管尖悬有溶液，此次读数不能取用。

（二）盐酸标准溶液的标定原理

由于浓盐酸容易挥发，不能用它们来直接配制具有准确浓度的标准溶液，因此，配制 HCl 标准溶液时，只能先配制成近似浓度的溶液，然后用基准物质标定它们的准确浓度，或者用另

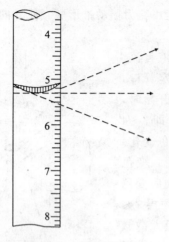

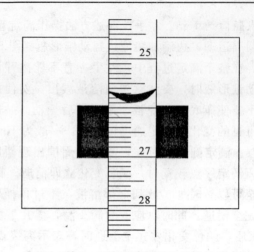

图 5-12　滴定管读数　　　　　　　　图 5-13　利用读数卡读数

一已知准确浓度的标准溶液滴定该溶液，再根据它们的体积比计算该溶液的准确浓度。

标定 HCl 溶液的基准物质常用的是无水 Na_2CO_3，其反应式如下：

$$Na_2CO_3 + 2HCl = 2NaCl + CO_2 \uparrow + H_2O$$

滴定至反应完全时，溶液 pH 为 3.89，通常选用溴甲酚绿-甲基红混合液或甲基橙作指示剂。

练习题

1. 配制好的溶液如何保存？
2. 滴定用的锥形瓶是否要用盐酸标准溶液润洗或烘干？为什么？

第六节　项目六：碱式滴定管的使用

一、项目目的

1. 掌握碱性溶液的标定方法
2. 学习正确地操作碱式滴定管

二、仪器与试剂

仪器：25mL 碱式滴定管、50mL 烧杯、锥形瓶、玻璃棒等。

试剂：0.1mol/L NaOH 溶液、邻苯二甲酸氢钾、草酸、酚酞指示剂。

三、项目内容

1. 对碱式滴定管进行清洗、检漏

碱式滴定管的洗涤方法与酸式滴定管不同，碱式滴定管可以将管尖与玻璃珠取下，放入洗液浸洗。管体倒立入洗液中，用吸耳球将洗液吸上洗涤。然后用自来水冲净。再用蒸馏水

洗三次，每次 10～15mL。

碱式滴定管使用前应先检查橡皮管是否老化，检查玻璃珠是否大小适当，若有问题，应及时更换。

2. 碱式滴定管的滴定练习

在碱式滴定管中装入蒸馏水，以左手握住滴定管，拇指在前，食指在后，用其他指头辅助固定管尖。用拇指和食指捏住玻璃珠所在部位，向前挤压胶管，使玻璃珠偏向手心，蒸馏水即从空隙中流出。在滴定练习时，掌握拇指和食指捏住玻璃珠的力度，控制液体流出的速度，能够使溶液逐滴滴入，也能只滴加 1 滴就立即停止或使液滴悬而未落。能够熟练进行碱式滴定管滴定后，放完管中的蒸馏水。

3. 碱式滴定管的润洗、装液

滴定管在使用前用 0.1mol/L 氢氧化钠溶液润洗三次，每次 10～15mL。润洗液弃去。将 0.1mol/L 氢氧化钠溶液装入碱式滴定管中。

4. 邻苯二甲酸氢钾作基准物质的配制与 NaOH 溶液的标定

在分析天平上，用减量法准确称取 0.200 0～0.300 0g 已烘干的邻苯二甲酸氢钾三份，分别放入三个已编号的 250mL 锥形瓶中，加 20～30mL 蒸馏水溶解（可稍加热以促进溶解），加 2～3 滴酚酞指示剂，用 0.1mol/L 氢氧化钠溶液滴定至溶液呈粉红色且 30s 内不褪色，平行滴定 3 次同时作空白试验（空白试验即不加邻苯二甲酸氢钾的情况下重复上述操作）。记录 NaOH 的用量，计算 NaOH 的浓度。

用 $H_2C_2O_4 \cdot 2H_2O$ 作基准物质：

在分析天平上，用减量法准确称取 0.130 0～0.170 0g 的 $H_2C_2O_4 \cdot 2H_2O$ 三份，分别放入三个已编号的 250mL 锥形瓶中，加 20～30mL 蒸馏水溶解，加 2～3 滴酚酞指示剂，用 0.1mol/L 氢氧化钠溶液滴定至溶液呈粉红色且 30s 内不褪色，平行滴定 3 次同时作空白试验（空白试验即不加 $H_2C_2O_4 \cdot 2H_2O$ 的情况下重复上述操作）。记录 NaOH 的用量，计算 NaOH 的浓度。

滴定时，液体流速由快到慢，起初可以"连滴成线"，之后逐滴滴下，快到终点时则要半滴半滴地加入。

5. 数据记录与处理

NaOH 溶液的浓度按下式计算：

$$C_{NaOH} = \frac{(\frac{m}{M})_{邻苯二甲酸氢钾} \times 1\,000}{V_{NaOH}} \, mol \cdot L^{-1}$$

式中：m——邻苯二甲酸氢钾，单位，g；

V_{NaOH}，单位，mL。

或

$$C_{NaOH} = \frac{2\,(\frac{m}{M})_{草酸} \times 1\,000}{V_{NaOH}} \, mol \cdot L^{-1}$$

式中：m——草酸，单位，g；

V_{NaOH}，单位，mL。

溶液的浓度要保留 4 位有效数字。

项目 \ 次数	I	II	III
m（邻苯二甲酸氢钾）（0.2～0.3 g）			
NaOH 初读数（mL）			
NaOH 终读数（mL）			
V_{NaOH}（mL）			
c_{NaOH}（mol·L^{-1}）			
c_{NaOH} 平均值（mol·L^{-1}）			
相对偏差			
平均相对偏差			

练习题

1. NaOH 因吸收 CO_2 而混有少量的 Na_2CO_3，以致在实验中导致误差，必须设法除去 CO_3^{2-} 离子，如何配制不含 CO_3^{2-} 的 NaOH 溶液？

2. 在做完第一次比较滴定时，滴定管中溶液已差不多用去一半，问做第二次滴定时继续用余下溶液好，还是将滴定管中标准溶液添加至零点附近再滴定为好？为什么？

四、知识链接

（一）碱式滴定管

1. 碱式滴定管的洗涤

无明显油污的滴定管，直接用自来水冲洗。若有油污，则用铬酸洗液洗涤。

碱式滴定管洗涤时，要注意不能使铬酸洗液直接接触橡皮管。除可按前面所介绍的方法清洗外，还可如下处理：将碱式滴定管倒立于装有铬酸洗液的烧杯中，橡皮管接在抽水泵上，打开抽水泵，轻捏玻璃珠，待洗液徐徐上升到接近橡皮管处即停止。让洗液浸泡一段时间后，将洗液放回原瓶中。

洗液洗涤后，先用自来水将管中附着的洗液冲净，再用蒸馏水涮洗几次。洗净的滴定管的内壁应完全被水均匀润湿而不挂水珠。否则，应再用洗液浸洗，直到洗净为止。连续使用的滴定管，若保存得当，是可以保持洁净不挂水珠的，不必每次都用洗液洗。

2. 碱式滴定管的检漏

挤捏碱式滴定管玻璃珠周围的橡皮管时，便会形成一条狭缝，溶液即可流出（图 5-14）。应选择大小合适的玻璃珠与橡皮管。玻璃珠太小，溶液易漏出，并且玻璃珠易于滑动；若太大，则放出溶液时手指会很吃力，极不方便。

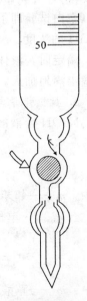

图 5-14　碱式
滴定管

滴定管使用之前必须严格检查，确保不漏。检查时，碱式滴定管只需装满蒸馏水直立5min，若管尖处无水滴滴下即可使用。

检查发现漏液的滴定管，必须重新装配，直至不漏，才能使用。检漏合格的滴定管，需用蒸馏水洗涤 3～4 次。

3. 碱式滴定管的装液操作

装液操作同酸式滴定管。为使溶液充满出口管（不能留有气泡或未充满部分），对于碱式滴定管应注意玻璃珠下方的洗涤。用操作溶液洗完后，将其装满溶液垂直地夹在滴定管架上，左手拇指和食指放在稍高于玻璃珠所在的部位，并使橡皮管向上弯曲（图 5-15），出口管斜向上，往一旁轻轻挤捏橡皮管，使溶液从管口喷出，再一边捏橡皮管，一边将其放直，这样可排除出口管的气泡，并使溶液充满出口管。注意，应在橡皮管放直后，再松开拇指和

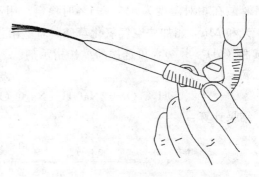

图 5-15　碱式滴定管排除气泡

食指，否则出口管仍会有气泡。排尽气泡后，加入操作溶液使之在"0"刻度以上，再调节液面在 0.00mL 刻度处，备用。如液面不在 0.00mL 时，则应记下初读数。

4. 碱式滴定管的滴定操作

将滴定管垂直地夹于滴定管架上的滴定管夹上。

使用碱式滴定管时，左手拇指在前，食指在后，捏住橡皮管中玻璃珠所在部位稍上的地方，向右方挤橡皮管，使其与玻璃珠之间形成一条缝隙，从而放出溶液（图 5-14）。注意不能捏玻璃珠下方的橡皮管，以免当松开手时空气进入而形成气泡，也不要用力捏压玻璃珠，或使玻璃珠上下移动，那样做并不能放出溶液。

随后的滴定操作同酸式滴定管滴定操作。

（二）NaOH 标准溶液的标定原理

由于 NaOH 固体易吸收空气中的 CO_2 和水分，故只能选用标定法（间接法）来配制，即先配成近似浓度的溶液，再用基准物质或已知准确浓度的标准溶液标定其准确浓度。通常配制 $0.1mol \cdot L^{-1}$ 的溶液。

标定：用基准物质准确标定出 NaOH 溶液的浓度。

常用基准物质：邻苯二甲酸氢钾、草酸。

1. 邻苯二甲酸氢钾

优点：易制得纯品，在空气中不吸水，易保存，摩尔质量大，与 NaOH 反应的计量比为 1：1。在 100～125℃下干燥 1～2h 后使用。

滴定反应为：

$$\text{C}_6\text{H}_4\binom{\text{COOH}}{\text{COOK}} + NaOH \longrightarrow \text{C}_6\text{H}_4\binom{\text{COONa}}{\text{COOK}} + H_2O$$

化学计量点时，溶液呈弱碱性（pH≈9.20），可选用酚酞作指示剂。

结果计算：

$$C_{NaOH} = \frac{(\frac{m}{M})_{邻苯二甲酸氢钾} \times 1\,000}{V_{NaOH}} \text{mol} \cdot L^{-1}$$

式中：m——邻苯二甲酸氢钾，单位，g；

　　　　V_{NaOH}，单位，mL。

2. 草酸 $H_2C_2O_4 \cdot 2H_2O$

草酸在相对湿度为 5%～95% 时稳定。用不含 CO_2 的水配制草酸溶液，且暗处保存。注意：光和 Mn^{2+} 能加快空气氧化草酸，草酸溶液本身也能自动分解。化学计量点时，溶液呈弱碱性（pH≈8.4），可选用酚酞作指示剂。

滴定反应为：

$$H_2C_2O_4 + 2NaOH = Na_2C_2O_4 + 2H_2O$$

结果计算：

$$C_{NaOH} = \frac{2\,(\frac{m}{M})_{草酸} \times 1\,000}{V_{NaOH}} \text{mol} \cdot L^{-1}$$

式中：m——草酸，单位，g；

　　　　V_{NaOH}，单位，mL。

练习题

1. 滴定管在装标准溶液前需要用该溶液淋洗几次？其目的是什么？

2. 为什么在滴定练习时，酸碱用量可取 10mL，而比较滴定时用量需大于 20mL？

第七节　阅读材料：溶液的配制和储存

一、溶液配制的基本方法

无机化学实验通常配制的溶液有一般溶液和标准溶液。

（一）一般溶液的配制

一般溶液常用以下三种方法配制。

1. 直接水溶法

对一些易溶于水而不易水解的固体试剂，如 KNO_3、KCl、NaCl 等，先算出所需固体试剂的量，用台秤或分析天平称出所需量，放入烧杯中，以少量蒸馏水搅拌使其溶解后，再稀释至所需的体积。若试剂溶解时有放热现象，或以加热促使其溶解的，应待其冷却后，再移至试剂瓶或容量瓶，贴上标签备用。

2. 介质水溶法

对易水解的固体试剂如 $FeCl_3$、$SbCl_3$、$BiCl_3$ 等，配制其溶液时，称取一定量的固体，加入适量一定浓度的酸（或碱）使之溶解，再以蒸馏水稀释至所需体积，摇匀后转入试剂瓶。

在水中溶解度较小的固体试剂，先选用适当的溶剂溶解后，再稀释，摇匀转入试剂瓶中。如 I_2（固体），可先用 KI 水溶液溶解，再用水稀释。

3. 稀释法

对于液态试剂，如盐酸、硫酸等，配制其稀溶液时，用量筒量取所需浓溶液的量，再用适量的蒸馏水稀释。配制硫酸溶液时，需特别注意，应在不断搅拌下将浓硫酸缓缓倒入盛水的容器中，切不可颠倒操作顺序。

（二）标准溶液的配制

标准溶液是已确定其主体物质浓度或其他特性量值的溶液。化学实验中常用的标准溶液有滴定分析用标准溶液、仪器分析用标准溶液和 pH 测量用标准缓冲溶液。其配制方法如下。

1. 由基准试剂或标准物质直接配制

用分析天平或电子天平准确称取一定量的基准试剂和标准物质，溶于适量的水中，再定量转移到容量瓶中，用水稀释至刻度。根据称取的质量和容量瓶的体积，计算它的准确浓度。

2. 标定法

很多试剂不宜用直接法配制标准溶液，而要用间接的方法，即标定法。先配制出近似所需浓度的溶液，再用基准试剂或已知浓度的标准溶液标定其准确浓度。

3. 稀释法

当需要通过稀释法配制标准溶液的稀溶液时，可用移液管或吸量管准确吸取其浓溶液至适当的容量瓶中，用蒸馏水稀释至刻度，摇匀。

二、化学试剂和溶液变质因素与储存方法

（一）化学试剂和溶液变质的因素

化学试剂和溶液的变质，主要是储存过程中外界因素造成的。比如空气中原有的 O_2、HCl、CO_2、微生物及扩散到空气中的 NO_2、Br_2、H_2S、SO_3、有机尘埃，以及环境的温度、酸度、光照等，可使化学试剂发生潮解、稀释、渗漏、析晶、风化、发霉、聚合、氧化、还原、锈蚀、分解、熔化、挥发、升华、变色、燃爆等变化。当然这些物理或化学变化的本质原因主要还是取决于试剂本身的化学结构、化学和物理性质。

1. 空气的影响

（1）空气中氧化性和还原性物质。空气中除氧气外，常含有 NO_2、Br_2、蒸汽、SO_2 以及 H_2S 和有机尘埃等。无机试剂中大多数"亚"化合物、某些含低价离子的化合物、活泼的金属和非金属以及有机试剂中具有强还原性的化合物等，容易被空气中的氧化物所氧化；无机试剂中的强氧化剂则容易被空气中的还原物所还原。受到上述因素影响的试剂会降低甚至丧失其原有的氧化、还原能力。

（2）空气中的二氧化碳。二氧化碳是一种非金属氧化物，与空气中水蒸气化合而显弱酸性。试剂如若封闭不严，就会被二氧化碳侵蚀而变质，如氢氧化钠（钾）及其水溶液吸收空气中 CO_2 变成碳酸盐，从而降低了氢氧化钠（钾）的碱度。

（3）空气中的水蒸气。当空气中的水蒸气含量太高时，经过煅烧或脱水的试剂、干燥

剂、硝酸盐、碳酸盐等容易吸湿而变质。有些试剂遇水后则发生燃烧以至爆炸，如金属钠、金属钾等。当空气过于干燥时，有的含结晶水的化合物易风化失去结晶水，使试剂变为干燥的粉末或不透明的块状结晶等。

（4）空气中的微生物。含动物蛋白的试剂、某些糖类（如琼脂）、醇类（如甘露醇），以及某些有机酸、有机酸盐等都属于微生物培养基。这些试剂极易促进微生物繁殖而变质。如有机化学中的一些糖类化合物，夏季一定要保存在冰箱内，特别是配制的溶液。

2. 温度的影响

温度对试剂的质量影响很大，储存试剂和溶液的适宜温度环境一般室温为 20～25℃，阴凉处温度不超过 15℃，冷藏温度为－10～10℃。温度增高会使某些试剂挥发，风化过程加速，使试剂损耗。如氯化亚铁溶液冬季室温 10～15℃能保存一周不致失效，但在炎热的夏季室温 30～35℃ 条件下 2～3 天即变质失效。在实验室中通常可以看到这种现象：盐酸的瓶子外面经常有一层薄白霜，即是挥发的缘故。温度越高挥发越快，这样就会改变试剂和溶液原来的浓度，如氨水、乙醚等。温度较低也能使一些试剂、溶液发生沉淀、凝固而变质。有些试剂若稍加热仍可恢复原状，但乳剂却无法再恢复原状。温度稍高可使某些试剂及溶液生长霉菌而腐败变质，如淀粉及蛋白质溶液到了夏季易发生霉变。

3. 光的影响

光对试剂质量的影响不是孤立的，而是伴随着其他因素如氧气、水分、温度、介质等共同进行的，光能促使化学反应进行。如碘化钾溶液在直射日光的作用下，被空气氧化的速度比无直射作用时大 10 倍；升汞溶液在光的作用下水解，生成甘汞的白色沉淀；在有空气存在时，苯甲醛受光作用可氧化成苯甲酸等。试剂受光作用时，可以发生分解反应、自氧化还原反应，以及在有空气存在的条件下发生氧化还原反应。如常用的过氧化氢（H_2O_2）溶液，见光分解成水和氧气。

4. 储存时间的影响

某些试剂即使封口再严，但因储存日久，受溢散到空气中的氧化物、酸性物以及其他物质的影响，也可变质，如钼酸铵溶液容易聚合为大分子，甚至可以析出沉淀。实践证明，存放四个月的钼酸铵能析出钼酸的黄色结晶；存放六个月时则析出白色结晶的四钼酸铵。氧化亚汞储存日久就会分解为氧化汞和金属汞。淀粉溶液则因微生物的作用更易变质。当储存环境的酸性物质增多时，久存的氰化钾能逐渐分解为甲酸和氨，甚至还能生成褐色的聚合物。因此，在使用试剂时，要先查看试剂的出厂日期，以免因试剂日久变质而得不到正确的实验结果。

（二）试剂及溶液的储存方法

实验室内的试剂和配制溶液的储存，如果不重视外界因素对试剂的影响、不遵守试剂的储存条件，试剂就会迅速地变质和失效。储存好试剂和溶液的方法有物理方法和化学方法两种。

1. 物理方法

物理方法主要是干燥储存、低温储存和避光储存。

（1）需干燥储存的试剂。

A. 防止吸水变质的试剂有碳酸盐类、碳酸铵、碳酸氢钠等。此类试剂须保存在密闭的瓶内，封口要严，放置在阴凉处。

B. 防止潮解的试剂有氢氧化钠（钾）、硝酸盐类、碘化钾（贵重药品）、氯化钙、氯化锌等。以上试剂吸潮后便结成硬块，称量困难，用量不准确。此类试剂应储存于密塞的瓶内，放置于干燥处，最好盖子外面包扎塑料袋。

C. 防止风化的试剂有硫酸盐类，如硫酸铜、硫酸亚铁、碳酸盐类等。易风化的试剂应储存于密闭的瓶内，放置于凉爽处。空气温度不宜过高，也不宜过于干燥，以防失去水分。

D. 防止吸收 CO_2 的试剂有氢氧化物、氧化物及硫酸盐类等。此类试剂特别是其水溶液，吸收 CO_2 以后会改变其原来的浓度。例如实验室中由 NaOH 配制的标准溶液必须严格防止其吸收空气中的 CO_2，以免影响测定结果。这类溶液配制好后要用塞子塞紧，最好是现配现用，同时计算好使用量。

E. 防止挥发的试剂有氨水、乙醚、丙酮、盐酸、硝酸、碘及其溶液等。上述试剂多数应储存于玻璃瓶、塑料瓶内，瓶内均有内盖，放在阴凉处。

（2）需低温储存的试剂。

A. 要求温度不超过 15℃ 的试剂，如氨基酸类，最好放在冰箱中保存，外面用一塑料布包扎，避免吸潮。

B. 要求温度不超过 25℃ 的试剂，如乙酸乙酯、异丙醇、乙醚等。最好放在低温的库房储存或放在冷库中存放。

C. 要求温度不超过 35℃ 的试剂，如指示剂类、过氧化氢、浓碘溶液等。

（3）需避光保存的试剂。

遇光变色变质的原因很多，除光线的直接影响外，还伴随着氧化、还原、水解等反应，但是光线至少起着催化作用。

A. 遇光易发生变色的试剂，如苯酚见光后变成浅红色、间苯二酚见光后变成棕色、连苯三酚见光后变成红棕色。

B. 遇光易氧化的试剂，如乙醚、氯仿、甲醛等，还有铁的盐类，如硫酸亚铁、硫酸高铁等。

C. 遇光易还原的试剂，如硝酸银见光还原析出黑色的金属银。

以上怕光的试剂和溶液应储存于避光的容器内，使波长 290～450nm 的光线不得透入，减少光化学的作用。因此必须储存在棕色玻璃瓶内，并放置于暗处。

2. 化学方法

化学方法是在制备液中添加防腐剂、抗氧化剂和化学稳定剂以延长使用期限。

（1）添加防腐剂的目的是抑制霉菌的生长。常用的防腐剂有水杨酸、硼酸、苯甲酸、氯化汞、碘化汞、氯仿等。同时，在不影响实验结果的情况下，注意添加防腐剂的极限量，往往是千分之几到万分之几。

（2）添加抗氧化剂。抗氧化剂有还原性氧化剂和固定金属氧化剂，如亚硫酸钠、EDTA及其盐类，在水溶液中能与多数金属离子络合生成稳定的水溶性络合物。又如氯化亚铁溶液中加入少量的铁粒可防止氧化。

（3）加化学稳定剂。在酸性介质中为阻止 H_2 的分解，所以常加入少量的硫酸酸化过氧化氢溶液。

第六章　酸碱滴定法

酸碱滴定法是以水溶液中的质子转移反应即酸碱反应为基础的滴定分析法，又称中和法。酸碱滴定法的特点是：①反应速度快；②反应过程简单，副反应少；③反应关系明确；④滴定终点易判断，有多种指示剂指示终点。酸碱滴定法是滴定分析法中最重要、应用最广泛的方法之一。在酸碱滴定法中，标准溶液一般是强酸或强碱，用以测定各种具有酸碱性的物质。如胃液、尿液、血液等人体液的酸度、蛋白质的含氮量以及酸碱性药物的含量等，都可利用酸碱滴定法来测定。在酸碱滴定的实际操作中，常用酸碱指示剂来确定滴定终点。

第一节　项目一：食用醋中酸总量的测定

一、项目目的

1. 学会用酸碱滴定法直接测定酸性物质
2. 掌握食用醋中酸总量的测定方法

二、项目原理

食醋是混合酸，其主要成分是 HAc（有机弱酸，$K_a = 1.8 \times 10^{-5}$），与 NaOH 的反应如下：

$$HAc + NaOH = NaAc + H_2O$$

HAc 与 NaOH 反应产物为弱酸强碱盐 NaAc，$C_{sp}K_a \geqslant 10^{-8}$ 可以直接准确滴定，化学计量点时 pH≈8.7，滴定突跃在碱性范围内（如：0.1mol·L^{-1}NaOH 滴定 0.1mol·L^{-1}HAc 突跃范围为 pH：7.74～9.70），在此若使用在酸性范围内变色的指示剂如甲基橙，将引起很大的滴定误差（该反应化学计量点时溶液呈弱碱性，酸性范围内变色的指示剂变色时，溶液呈弱酸性，则滴定不完全）。因此应选择在碱性范围内变色的指示剂酚酞（pH 为 8.0～9.6）。

指示剂的选择主要以滴定突跃范围为依据，指示剂的变色范围全部或一部分在滴定突跃范围内，则终点误差小于 0.1%。因此可选用酚酞作指示剂，利用 NaOH 标准溶液测定 HAc 含量。食醋中总酸度用 HAc 的含量来表示。

三、仪器与试剂

仪器：滴定常用玻璃仪器。

试剂：0.1mol/L NaOH 标准滴定溶液、酚酞指示剂、食醋试样。

四、项目内容

用移液管吸取 10.00mL 食醋置于 100mL 容量瓶中，用蒸馏水稀释至刻度，充分摇匀。

再用移液管吸出 25.00mL 放在 250mL 锥形瓶中，加酚酞指示剂 2 滴，用 NaOH 标准溶液滴定，不断振摇，当滴至溶液呈粉红色且在半分钟内不褪色即达终点。记录消耗的氢氧化钠标准滴定溶液的体积。平行测定三次，同时做空白实验。整个操作过程中注意消除 CO_2 的影响。

按下式计算食醋中总酸量：

$$\rho(HAc) = \frac{c(NaOH)\left[V(NaOH)-V(空白)\right]\times10^{-3}\times M(HAc)]}{10.00\times\dfrac{25}{100}}\times100$$

式中：$\rho(HAc)$——HAc 的质量浓度，g/100mL；

$\quad$ $c(NaOH)$——NaOH 标准滴定溶液的浓度，mol/L；

$\quad$ $V(NaOH)$——滴定时消耗 NaOH 标准滴定溶液的体积，mL；

$\quad$ $V(空白)$——空白实验滴定时消耗 NaOH 标准滴定溶液的体积，mL；

$\quad$ $M(HAc)$——HAc 的摩尔质量，g/mol。

五、数据记录与处理

	Ⅰ	Ⅱ	Ⅲ
吸取醋样/mL			
吸取醋样稀释液 V/mL			
$V(NaOH)$/mL			
$V(空白)$/mL			
$c(NaOH)$/mol·L^{-1}			
$\rho(HAc)$/g·100mL^{-1}			

六、注意事项

（1）食醋中的主要成分是醋酸，此外还含有少量的其他弱酸如乳酸等，用 NaOH 标准溶液滴定，选用酚酞作指示剂，测得的是总酸度，以乙酸（g/100mL）来表示。

（2）食醋中乙酸含量一般为 3%～5%，浓度较大时，滴定前要适当地稀释。稀释会使食醋本身颜色变浅，便于终点颜色观察，也可以选择白醋作试样。

（3）CO_2 的存在干扰测定，因此稀释食醋试样用的蒸馏水应该煮沸。

七、思考题

1. 为什么要做空白试验？
2. 若蒸馏水中含有 CO_2，对测定结果有何影响？
3. 食醋中乙酸含量为 6% 时，对测定结果有何影响？如何处理？

第二节　知识链接

酸碱滴定法是化学定量分析中"四大滴定"之一，是我们学习化学定量分析首先应该掌握的一种滴定分析方法。学习本章内容另一个重要的意义在于逐渐领会和掌握滴定分析中的一般规律和处理问题的一般思路及方法。

本节在介绍有关酸碱平衡的一般原理基础上，进一步学习酸碱滴定法的操作过程，有关酸碱滴定法理论及应用。

本节重点介绍酸碱指示剂、酸碱的标准溶液的配制、酸碱滴定曲线与适用范围、酸碱滴定法的方法误差及酸碱滴定法的应用实例。

一、酸碱指示剂

质子转移反应（中和反应）一般无外观变化，需借助指示剂颜色的变化确定化学计量点，由于不同类型的酸碱反应在计量点的 pH 值范围各异，为了正确确定化学计量点，需选择一个能在计量点附近变色的指示剂。因此，在学习酸碱滴定法时，一方面要了解各种不同类型的酸碱滴定过程中溶液 pH 值的变化规律，另一方面要了解指示剂的性质、变色原理和变色范围，以及指示剂的选择原则，以便能正确选择合适的指示剂，获得准确的分析结果。

（一）作用原理

酸碱指示剂一般是弱的有机酸或有机碱，其酸式及其共轭碱式具有不同的颜色。当溶液的 pH 值改变时，指示剂失去质子或得到质子发生酸式和碱式型体变化，由于结构上的变化，从而引起颜色的变化。

（二）变色 pH 范围

以弱酸型指示剂 HIn 为例，在溶液中

$$HIn \Longrightarrow H^+ + In^-$$

　　（酸式）　　　　　（碱式）

$$K_{HIn} = \frac{[H^+][In^-]}{[HIn]} \Rightarrow [H^+] = \frac{[HIn]}{[In^-]} K_{HIn}$$

即

$$pH = pK_{HIn} + \log \frac{[In^-]}{[HIn]}$$

当 $[In^-] = [HIn]$ 时，$pH = pK_{HIn}$ 称为理论变色点，一般而言，当 $\frac{[In^-]}{[HIn]} \leqslant \frac{1}{10}$ 时，只能观察出酸式颜色；当 $\frac{[In^-]}{[HIn]} \geqslant \frac{1}{10}$ 时，只能观察出碱式颜色，故其变色的范围为 $pH = pK_{HIn} \pm 1$，应该指出，指示剂的实际变色范围只有 $1.6 \sim 1.8$ 个 pH 单位，并且由于人对颜色的敏感程度不同，其理论变色点也不是变色范围的中点。它更靠近于人较敏感的颜色的一端（表 6-1）。

表 6-1　指示剂的理论范围与实际范围对比

指示剂	pK_{HIn}	理论范围	实际范围
甲基橙	3.4	2.4～4.4	3.1～4.4
甲基红	5.1	4.1～6.1	4.4～6.2
酚酞	9.1	8.1～10.1	8.0～10.0
百里酚酞	10.0	9.0～11.0	9.4～10

指示剂的变色范围越窄，指示变色越灵敏，因为 pH 值稍有改变，指示剂就可立即由一

种颜色变成另一种颜色，即指示剂变色敏锐，有利于提高测定结果的准确度（表 6 - 2、表 6 - 3）。实际与理论的变色范围有差别，深色比浅色灵敏。

表 6 - 2　常用的酸碱指示剂

名称	变色范围 pH	pK_{HIn}	酸色	碱色	过渡色	用量（滴/10mL 溶液）
百里酚蓝	1.2～2.8	1.65	红	黄	橙	1～2
甲基橙	3.1～4.4	3.45	红	黄	橙	1
溴酚蓝	3.1～4.6	4.10	黄	紫	蓝紫	1
甲基红	4.4～6.2	5.10	红	黄	橙	1
溴百里酚蓝	6.2～7.6	7.30	黄	蓝	绿	1
中性红	6.8～8.0	7.40	红	黄橙	橙	1
酚酞	8.0～10.0	9.10	无	红	粉红	1～3
百里酚酞	9.4～10.6	10.0	无	蓝	淡蓝	1～2

表 6 - 3　常用指示剂的配制方法

序号	指示剂	配制方法
1	酚酞	0.10g 溶于 60mL 乙醇中，稀释至 100mL
2	甲基橙	0.10g 溶于 100mL 水
3	甲基红	0.1g 甲基红溶于 100mL 乙醇
4	百里酚酞	0.10g 溶于 100mL 乙醇
5	溴酚蓝	0.040g 溶于乙醇，用乙醇稀释至 100mL
6	中性红	0.10g 溶于 70mL 乙醇，稀释至 100mL

（三）影响指示剂变色范围的因素

1. 指示剂用量的影响

（1）指示剂用量过多（或浓度过大）会使终点颜色变化不明显，且指示剂本身也会多消耗一些滴定剂，从而带来误差。这种影响无论是对单色指示剂还是对双色指示剂都是共同的。因此在不影响指示剂变色灵敏度的条件下，一般以用量少一点为佳。

（2）指示剂用量的改变，会引起单色指示剂变色范围的移动，但对于两色指示剂，如甲基橙等，由指示剂的解离可以看出，指示剂量多一点少一点，不会影响指示剂的变色范围。下面以酚酞为例来说明。

单色指示剂酚酞在溶液中存在如下离解平衡：$HIn \rightleftharpoons In^- + H^+$

（无色）（红色）

变色点 pH 取决于 C_{HIn}；$C_{HIn}\uparrow$ 则 pH↓ 变色点酸移 $\dfrac{K_{In}}{[H^+]}=\dfrac{[In^-]}{[HIn]}=\dfrac{a}{C-a}$，2～3 滴，pH＝9 变色，15～20 滴，pH＝8 变色。

2. 溶剂的影响

极性→介电常数→K_{In}→变色范围，例如甲基橙在水溶液中 pK_{HIn}＝3.4。在甲醇中 pK_{HIn}＝3.8。

3. 温度的影响

温度主要引起指示剂离解常数 K_{HIn} 的变化，从而影响变色范围。例：甲基橙 18℃变色范围 pH＝3.1～4.4，而在 100℃变色范围 pH－2.5～3.7。因此一般滴定应在室温下进行。

4. 中性电解质

盐类的存在对指示剂的影响有两个方面：

一是影响指示剂颜色的深度，这是由于盐类具有吸收不同波长光波的性质所引起的，指示剂颜色深度的改变，势必影响指示剂变色的敏锐性。

二是影响指示剂的离解常数，从而使指示剂的变色范围发生移动。

5. 滴定程序

由于浅色到深色变化明显，易被肉眼辨认，所以指示剂变色最好由无色到有色，浅色到深色。例如碱滴定酸指示剂选酚酞，由无色变到粉红色，颜色变化明显易于辨认；如果改用甲基橙作指示剂，溶液颜色由红色到橙黄色，变色不明显，难以辨认，易滴过量。因此碱滴定酸一般用酚酞，酸滴定碱一般应选甲基橙为指示剂。

（四）混合指示剂

一般单一指示剂变色范围过宽（约 2 个 pH 单位），且颜色变化不敏锐，甚至其中有些指示剂，例如甲基橙，变色过程中还有过渡颜色更不易于辨别颜色的变化，混合指示剂是用颜色的互补作用而形成的，可克服这些缺点（表 6-4）。

表 6-4　混合酸碱指示剂

序号	指示剂名称	浓度	组成	变色点 pH 值	酸色	碱色
1	甲基黄	0.1%乙醇溶液	1:1	3.28	蓝紫	绿
	亚甲基蓝	0.1%乙醇溶液				
2	甲基橙	0.1%水溶液	1:1	4.3	紫	绿
	苯胺蓝	0.1%水溶液				
3	溴甲酚绿	0.1%乙醇溶液	3:1	5.1	酒红	绿
	甲基红	0.2%乙醇溶液				
4	溴甲酚绿钠盐	0.1%水溶液	1:1	6.1	黄绿	蓝紫
	氯酚红钠盐	0.1%水溶液				
5	中性红	0.1%乙醇溶液	1:1	7.0	蓝紫	绿
	亚甲基蓝	0.1%乙醇溶液				
6	中性红	0.1%乙醇溶液	1:1	7.2	玫瑰	绿
	溴百里酚蓝	0.1%乙醇溶液				
7	甲酚红钠盐	0.1%水溶液	1:3	8.3	黄	紫
	百里酚蓝钠盐	0.1%水溶液				
8	酚酞	0.1%乙醇溶液	1:2	8.9	绿	紫
	甲基绿	0.1%乙醇溶液				
9	酚酞	0.1%乙醇溶液	1:1	9.9	无色	紫
	百里酚酞	0.1%乙醇溶液				
10	百里酚酞	0.1%乙醇溶液	2:1	10.2	黄	绿
	茜素黄	0.1%乙醇溶液				

注：混合酸碱指示剂要保存在深色瓶中。

混合指示剂的配制方法有两种：一是由两种指示剂按一定比例混配，利用颜色之间的互补作用，使变色更加敏锐。另一种是在某种指示剂中加入一种不变色染料（如次甲基蓝、靛蓝二磺酸钠）作背衬，同样是利用颜色之间的互补作用，使变色更加敏锐。

二、酸碱的标准溶液的配制

酸碱滴定法中常用的标准溶液是 HCl 和 NaOH 溶液，有时也用 H_2SO_4 和 KOH。HNO_3 具有氧化性，一般不用。标准溶液的浓度一般配成 $0.1mol \cdot L^{-1}$，有时也需要至 $1mol \cdot L^{-1}$ 和低至 $0.01mol \cdot L^{-1}$。实际工作中应根据需要配制合适浓度的标准溶液。

（一）酸标准溶液

由于浓盐酸容易挥发，不能用它们来直接配制具有准确浓度的标准溶液，因此，配制 HCl 标准溶液时，只能先配制成近似浓度的溶液，然后用基准物质标定它们的准确浓度，或者用另一已知准确浓度的标准溶液滴定该溶液，再根据它们的体积比计算该溶液的准确浓度。

1. 无水碳酸钠

其优点是易制的纯品。但由于 Na_2CO_3 易吸收空气中的水分，因此使用前应在 $180\sim200℃$ 下干燥，然后密封于瓶内，保存在干燥箱备用。用时称量要快，以免吸收水分而引入误差。

标定 HCl 溶液的基准物质常用的是无水 Na_2CO_3，其反应式如下：
$$Na_2CO_3 + 2HCl = 2NaCl + CO_2 + H_2O$$

滴定至反应完全时，溶液 pH 为 3.89，通常选用溴甲酚绿-甲基红混合液或甲基橙作指示剂。

2. 硼砂（$Na_2B_4O_7 \cdot 10H_2O$）

其优点是易制得纯品，不易吸水，摩尔质量大，称量误差小。但在空气中易风化失去部分结晶水，因此应保存在相对湿度为 60% 的恒器中（装有食盐和蔗糖饱和溶液的干燥器，其上部空气相对湿度为 60%）。

标定反应：$Na_2B_4O_7 + 2HCl + 5H_2O = 2NaCl + 4H_3BO_3$

选甲基红作为指示剂，终点变色明显。

（二）碱标准溶液

由于 NaOH 固体易吸收空气中的 CO_2 和水分，故只能选用标定法（间接法）来配制，即先配成近似浓度的溶液，再用基准物质或已知准确浓度的标准溶液标定其准确浓度。通常配制 $0.1mol \cdot L^{-1}$ 的溶液，标准溶液的浓度要保留 4 位有效数字。

常用基准物质：邻苯二甲酸氢钾、草酸（表 6-5）。

1. 邻苯二甲酸氢钾

优点：易制得纯品，在空气中不吸水，易保存，摩尔质量大，与 NaOH 反应的计量比为 1：1。在 $100\sim125℃$ 下干燥 $1\sim2h$ 后使用。

滴定反应为：

表 6-5　常用酸碱基准物质的干燥条件和应用

基准物质		干燥后的组成	干燥条件℃	标定对象
名称	化学式			
碳酸氢钠	$NaHCO_3$	Na_2CO_3	270~300	酸
十水合碳酸钠	$Na_2CO_3 \cdot 10H_2O$	Na_2CO_3	270~300	酸
硼砂	$Na_2B_4O_7 \cdot 10H_2O$	Na_2B_4O	放在装有 NaCl 和蔗糖饱和溶液的密闭器皿中	酸
二水合草酸	$H_2C_2O_4 \cdot 2H_2O$	$H_2C_2O_4$	室温空气干燥	碱或 $KMnO_4$
邻苯二甲酸氢钾	$KHC_8H_4O_4$	$KHC_8H_4O_4$	110~120	碱

化学计量点时，溶液呈弱碱性（pH≈9.20），可选用酚酞作指示剂。

结果计算：

$$C_{NaOH} = \frac{(\frac{m}{M})_{邻苯二甲酸氢钾} \times 1\,000}{V_{NaOH}} mol \cdot L^{-1}$$

式中：m——邻苯二甲酸氢钾，单位，g；

　　　　V_{NaOH}，单位，mL。

2. 草酸 $H_2C_2O_4 \cdot 2H_2O$

草酸在相对湿度为 5%～95% 时稳定。用不含 CO_2 的水配制草酸溶液，且暗处保存。注意：光和 Mn^{2+} 能加快空气氧化草酸，草酸溶液本身也能自动分解。

化学计量点时，溶液呈弱碱性（pH≈8.4），可选用酚酞作指示剂。

滴定反应为：

$$H_2C_2O_4 + 2NaOH = Na_2C_2O_4 + 2H_2O$$

结果计算：

$$C_{NaOH} = \frac{2 (\frac{m}{M})_{草酸} \times 1\,000}{V_{NaOH}} mol \cdot L^{-1}$$

式中：m——草酸，单位，g；

　　　　V_{NaOH}，单位，mL。

三、酸碱滴定曲线与适用范围

（一）强酸（碱）的滴定

强酸强碱滴定的基本反应为：

$$H^+ + OH^- \rightleftharpoons H_2O \qquad K = \frac{1}{K_w} = 1.0 \times 10^{14}$$

现以 0.100 0mol/L 的 NaOH 滴定 20.00mL0.100 0mol/LHCl 为例，讨论分析滴定的全过程。

1. 滴定前（加入的碱 $V_b = 0$）

此时 $[H^+] = 0.100\,0mol/L$　　　pH = 1.00

2. 滴定开始到化学计学计量点前：（pH 值用剩余 HCl 计算）

令 V_a 是 HCl 的体积，则有：

$$[H^+] = \frac{V_a - V_b}{V_a + V_b} \cdot Ca$$

若滴到 99.9% 时，即还有 0.1%（0.002mL 未滴）时：

$$[H^+] = \frac{20.00 - 19.98}{20.00 + 19.98} \times 0.100\ 0 = 5.00 \times 10^{-5} \ (mol/L)$$

$$pH = 4.30$$

3. 化学计量点时（$V_b = V_a$）

$$[H^+] = 1.0 \times 10^{-7} mol/L$$

$$pH = 7.00$$

4. 化学计量点后（pH 值用过量的 NaOH 计算）

$$[OH^-] = \frac{V_a - V_b}{V_a + V_b} \cdot Cb$$

若过量 0.1%，即加入 NaOH 20.02mL，则有：

$$[OH^-] = \frac{20.02 - 20.00}{20.02 + 20.00} \times 0.100\ 0 = 5.0 \times 10^{-5} \ (mol/L)$$

$$pH = 14.00 - pOH = 9.70$$

如果以 NaOH 溶液的滴加量为横坐标，对应溶液的 pH 为纵坐标作图，可得图 6-1 所示的曲线称滴定曲线。从图 6-1 中可以看出，从 $V_b = 0$ 到 $V_b = 19.98mL$ NaOH 的变化，pH 只变化了 3.30 个 pH 值，而从 19.98 到 20.02mL，只加 1 滴 NaOH，pH 由 4.30 变化到 9.70，近 5.40 个 pH 单位。我们将计量点前后 ±0.1% 的 pH 值的变化叫滴定突跃。这一变化范围为酸碱滴定的 pH 突跃范围。

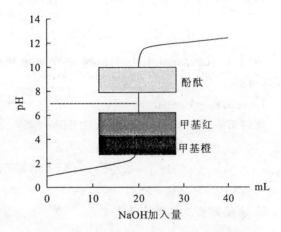

图 6-1　0.100 0mol/L 的 NaOH 滴定
20.00mL 0.100 0mol/LHCl 的滴定曲线

滴定突跃是选择指示剂的依据，所选用的指示剂的变色点必须在滴定突跃范围之内，其变色点越接近化学计量点越好。0.100 0mol/L 的 NaOH 滴定 0.100 0mol/LHCl 时，可以选用甲基橙、甲基红、酚酞等指示剂来指示终点。加入用甲基橙作为指示剂，滴定到由红色变为黄色时，终点的 pH 值约 4.4，这离化学计量点不到半滴，滴定误差不超过 −0.1%，符合滴定分析要求。如果用酚酞，终点时 pH 值略大于 8.0，这时离化学计量点也不到半滴，滴定误差也不超过 0.1%，符合滴定分析要求。

同理，如果用 0.100 0mol/LHCl 滴定 0.100 0mol/L 的 NaOH 时，滴定曲线与图 6-1 对称，pH 值变化方向相反，也可以用甲基橙、甲基红、酚酞等指示剂来指示终点。

突跃范围的大小与酸碱的浓度有关。图 6-2 是三种不同浓度的 NaOH 滴定不同浓度的 HCl 溶液的滴定曲线。由图可见，溶液浓度的改变，化学计量点时 pH 值依然是 7，但其附近 pH 突跃的大小则不相同，浓度越大，突跃越大，选择指示剂的范围就越广。

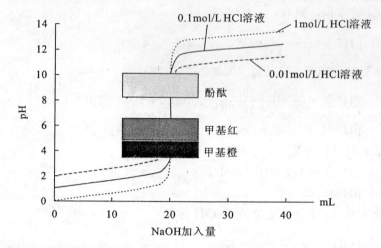

图 6-2　三种不同浓度的 NaOH 滴定不同浓度的 HCl 溶液的滴定曲线

（二）强酸（碱）滴定一元弱碱（酸）

基本反应：$OH^- + HA \Longrightarrow A^- + H_2O \quad K = \dfrac{K_a}{K_w}$

$$H^+ + B^- \Longrightarrow HB \quad K = \dfrac{K_b}{K_w}$$

现以 0.100 0mol/LNaOH 滴定 0.100 0mol/LHAc 为例，对滴定过程（$V_{HAc} = 20.00mL$）。

1. 滴定前（$V_b = 0$）

此时溶液即为 0.100 0mol/L 的 HAc 溶液

$\because cK_a > 25K_w，c/K_a > 500 \qquad$ 则有

$$[H^+] = \sqrt{cK_a} = \sqrt{0.100\ 0 \times 1.8 \times 10^{-5}} = 1.35 \times 10^{-3} \ (mol/L)$$

$$pH = 2.87$$

2. 滴定开始至化学计量点前

在滴定到 −0.1% 时，此时加入 NaOH 为 V_b，生成 NaAc 即为 V_b，还有剩余 HAc，因此此时为一缓冲体系。

$$pH = pK_a + \log \frac{[AC^-]}{[HAc]}$$

$$pH = 4.74 + \log \frac{19.98}{20.00 - 19.98} = 7.74$$

3. 化学计量点时（$V_b = V_a$）

此时就是浓度为 0.050 00mol/L 的 NaAc 溶液，$K_b = 5.6 \times 10^{-10}$，$\dfrac{c}{K_b} > 500$，$cK_b > 25K_w$。

$$\therefore \quad [OH^-] = \sqrt{cK_a} = 5.3 \times 10^{-6}$$

$$pH = 14.00 - pOH = 14.00 - 5.28 = 8.72$$

4. 化学计量点后（$V_b > V_a$）

溶液的酸度决定于 NaOH，其计算公式与强碱滴强酸相同，当滴至＋0.1％时，

$$[OH^-] = \frac{20.02 - 20.00}{40.02} = 5.00 \times 10^{-5} \ (mol/L)$$

$$\therefore \quad pH = 14.00 - 4.30 = 9.70$$

NaOH 的加入量相差仅 0.04mL 时，溶液 pH 值从 7.74 骤然升高到 9.70，因此滴定突跃范围在 7.70～9.70，可以选指示剂酚酞或者百里酚酞，不能选择甲基橙、甲基红等在酸性区域变色的指示剂。

0.100 0mol/L NaOH 滴定不同强度酸（0.100 0mol/L）的滴定曲线，如图 6-3 所示。

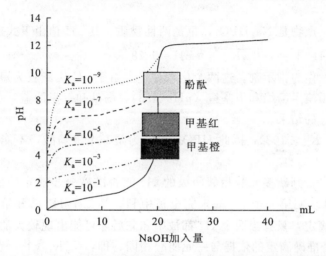

图 6-3　0.100 0mol/L NaOH 滴定 0.100 0mol/L 不同强度的酸的滴定曲线

从前面的曲线可知突跃范围的大小与浓度和 K_a 值有关，当酸的浓度一定时，K_a 越小，滴定的 pH 突跃范围越小。当 $K_a \leqslant 10^{-9}$ 时，已无明显突跃，无法选用一般的指示剂确定滴定终点，所以无法在水溶液中直接滴定。但可以用非水滴定法以及电位滴定法的测定。

当弱酸的 K_a 一定时，酸的浓度越大，pH 突跃范围越大。如果弱酸的 K_a 或浓度都很小，达到一定限度，就不能准确滴定了。对于弱酸的滴定，一般要求 $C_{sp}K_a \geqslant 10^{-8}$，才有可能直接准确滴定，若不能准确滴定，有时可采取强化酸碱的办法来滴定。如 H_3BO_3 的 $K_a = 5.7 \times 10^{-10}$，$C_{sp}K_a \leqslant 10^{-8}$，就无法用 NaOH 标液直接准确滴定，若加入甘油后可生成 $K_a = 3.0 \times 10^{-7}$ 的甘油硼酸，就可以准确滴定。

同理，强酸滴定弱碱，对于弱碱，只有当 $C_{sp}K_b \geqslant 10^{-8}$ 时，才能被强酸准确滴定。

必须指出，弱酸和弱碱之间不能滴定，因为这种滴定无明显突跃，无法用一般指示剂确定滴定终点。故在酸碱滴定中，一般以强碱或强酸作为滴定剂。

练习题

氯化铵（NH_4Cl）是否能用 NaOH 标准溶液直接滴定，为什么？

(三) 强碱滴定多元弱酸的滴定

以 0.100 0mol/L NaOH 标准溶液滴定 0.10mol/L H_3PO_4 溶液为例，H_3PO_4 是三元酸，分三级解离。

$$K_{a1}=7.6\times10^{-3}, \qquad K_{a2}=6.3\times10^{-8} \qquad K_{a3}=4.4\times10^{-13},$$
$$c_{sp1}K_{a1}\geqslant10^{-8} \qquad c_{sp2}K_{a2}=0.21\times10^{-8} \qquad c_{sp3}K_{a3}<10^{-8}$$

第一计量点时，产物：NaH_2PO_4，是两性物质，其 pH 值由下式近似算出：

$$[H^+]=\sqrt{K_{a1}K_{a2}}=\sqrt{7.6\times10^{-3}\times6.3\times10^{-8}}=2.2\times10^{-5}$$

pH=4.66 附近出现一个突跃，可选择甲基橙作指示剂，并采用同浓度的 NaH_2PO_4 溶液作参比。

第二计量点时：产物是 Na_2HPO_4，也是两性物质，其 pH 值由下式近似算出：

$$[H^+]=\sqrt{K_{a2}K_{a3}} \qquad pH=9.78$$

可以选择用酚酞作为指示剂。这两个化学计量点由于 pH 突跃较为短小，终点时变色不明显。如果分别改用溴甲酚绿和甲基橙（pH=4.3）、酚酞和百里酚蓝，（pH=9.9）混合指示剂，可以获得较好的结果。

由于 H_3PO_4 的 $K_{a3}\leqslant10^{-8}$，因此 HPO_4^- 可认为是一个极弱酸，不能用标准溶液直接滴定。

由此可以推断出，判断多元酸相邻两级的 H^+ 能否准确分步滴定的依据是：$K_{a1}/K_{a2}\geqslant10^4$，若 $K_{a1}/K_{a2}\leqslant10^4$ 则第一个 H^+ 尚未完全被中和，第二个 H^+ 已开始中和，两步中和交叉进行，不能分步滴定，只有当两个 H^+ 都被中和完后才可能出现较大的突跃；判断多元酸各级电离的 H^+ 能否准确滴定的依据与一元弱酸相同，即：$C_{sp}K_a\geqslant10^{-8}$。如 H_3PO_4 第三级解离的 H^+ 不能被直接滴定，虽然 $K_{a2}/K_{a3}\geqslant10^4$，但因为 $C_{sp}K_{a3}\leqslant10^{-8}$，达不到 $C_{sp}K_a\geqslant10^{-8}$ 的要求。

四、酸碱滴定法的方法误差

酸碱滴定分析中，主要的方法误差来自于指示剂。一方面是人眼对指示剂变色敏感程度的偏移所造成的误差；另一方面是指示剂本身性质所导致的误差。利用指示剂颜色变化来确定的滴定终点与化学计量点不一致，即滴定不在化学计量点结束，则带来了误差，这种误差称作"滴定误差"，又称"终点误差"。

二氧化碳的干扰也是酸碱滴定误差中一个重要的因素。二氧化碳的来源很多，如水中溶解的 CO_2、标准碱液或配制碱液的试剂本身吸收了 CO_2、滴定过程中溶液不断吸收空气中的 CO_2 等。它对滴定的影响也是多方面的，其中最重要的是 CO_2 可能参加与碱的反应。由于 CO_2 溶于水后达到平衡时，每种存在形式的分布系数随溶液 pH 值不同而不同，因而终点时溶液 pH 值不同，CO_2 带来的误差大小也不一样。显然，终点时 pH 值越低，CO_2 的影响可以忽略不计。

强酸强碱之间的互相滴定，如 NaOH 与 HCl，在它们浓度不太低的情况下，选甲基橙作为指示剂，终点时 pH=4.0，这时 CO_2 基本上不与碱作用，而碱标准溶液中 CO_3^{2-} 也基本上被作为 CO_2，即 CO_2 的影响可以忽略。当强酸强碱浓度很低时，由于突跃减小，再用甲基橙作为指示剂可能不太合适，应选用甲基红，但此时 CO_2 的影响较大。在这种情况下，通常应煮沸溶液，除去水中溶解的 CO_2，并重新配制不含 CO_3^{2-} 的标准碱溶液。

对于弱酸的滴定，终点落在碱性范围内，CO_2 的影响较大。但采用同一指示剂在同一条件下进行标定和测定，则 CO_2 的影响可以部分抵消。

对于其他各类酸碱滴定过程中 CO_2 的影响，可以根据 CO_2 的性质进行判断。

五、滴定误差的计算

酸碱滴定时，如果终点与化学计量点不一致，说明溶液中剩余的酸或碱未被完全中和，或者多加入了酸/碱。因此剩余的或过量的酸或碱的物质的量，除以应加入的酸或碱的物质的量，即得出滴定误差，用 TE% 表示。

例 6-1　在用 0.100 0mol/L NaOH 溶液滴定 20.00mL0.100 0mol/L HCl 溶液中，用甲基橙作为指示剂，滴定到橙色（pH=4.0）时为终点；或用酚酞作为指示剂滴定到粉红色（pH=9.0）时为终点，分别计算滴定误差。

解：强酸滴定强碱，化学计量点应等于 7.00。如果用甲基橙，其终点 pH=4.0，说明终点过早，即加入的 NaOH 溶液不足，属于负误差。这时溶液仍呈酸性，因 $c_a \approx 10^{-4}$ mol/L $\geqslant 10^{-6}$ mol/L，所以 $c_{(H^+)} \approx c_a$。终点体积约为 40mL。所以滴定误差（TE）为：

$$TE\% = \frac{10^{-4} \times 40}{0.1 \times 20} \times 100 = 0.2$$

用酚酞作为指示剂，终点 pH=9.0，终点过迟，说明加入的 NaOH 溶液过量，属于正误差。这时溶液呈碱性，$c_b \approx 10^{-5}$ mol/L $\geqslant 10^{-6}$ mol/L，所以 $c_{(OH^-)} \approx c_b$，终点误差为：

$$TE\% = \frac{10^{-5} \times 40}{0.10 \times 20} \times 100 = 0.02$$

上述计算说明指示剂用酚酞比用甲基橙滴定误差小，一般滴定误差应控制在 3% 以内，这样更符合滴定分析要求。

有关强碱滴定弱酸/多元酸等的滴定误差计算——林邦公式，这里不作介绍，如有需要可参阅有关书籍。

第三节　项目二：铵盐中氮的测定（甲醛法）

一、项目目的

1. 掌握间接法测定铵盐中氮含量的原理和方法
2. 学会除去试剂中的甲酸和试样中的游离酸的方法

二、项目原理

铵盐中 NH_4^+ 离子的酸性很弱（$K_a=5.7 \times 10^{-10}$），$C_{sp}K_a \leqslant 10^{-8}$，就无法用 NaOH 标液直接准确滴定，只能间接滴定。铵盐与甲醛作用，可生成一定量的强酸，然后以酚酞为指示剂，用 NaOH 标准溶液滴定反应中生成的酸。甲醛法测定铵盐中氮含量的反应方程式如下：

$$4NH_4^+ + 6HCHO = (CH_2)_6N_4 + 4H^+ + 6H_2O$$

由反应式可知，1mol（NaOH）可间接的同 1mol（NH_4^+）完全反应。

由于溶液中存在的六亚甲基四胺是一种很弱的碱（$K_b = 1.4 \times 10^{-9}$），等量点时，溶液的 pH 值约为 8.7，故选酚酞为指示剂。

铵盐与甲醛的反应在室温下进行较慢，加甲醛后，需放置几分钟，使反应完全。

甲醛中常含有少量甲酸，使用前必须先以酚酞为指示剂，用 NaOH 溶液中和，否则会使测定结果偏高。

有时铵盐中含有游离酸，应利用中和法除去，即以甲基红为指示剂，用 NaOH 标准溶液滴定铵盐溶液至橙色，记录 NaOH 溶液用量 V_1 mL；另取等量铵盐溶液，加甲醛溶液和酚酞指示剂，用 NaOH 标准溶液滴定至粉红色，在半分钟内不褪色，即为终点，记录 NaOH 溶液用量 V_2 mL。两次滴定所耗 NaOH 溶液的体积之差（$V_2 - V_1$），即为测定铵盐中氮含量所需的 NaOH 溶液的体积。

若在一份试液中，用两种指示剂连续滴定，溶液颜色变化复杂，终点不易观察。

三、仪器与试剂

仪器：50mL 碱式滴定管 1 支、25mL 锥形瓶 3 只、100mL 烧杯 1 只、250mL 容量瓶 1 只、25mL 移液管 1 支。

试剂：$(NH_4)_2SO_4$ 样品、$0.1 mol \cdot L^{-1}$ NaOH 标准溶液、0.2% 甲基红乙醇溶液、0.2% 酚酞乙醇溶液、18% 中性甲醛溶液（将 37% 甲醛溶液用等体积的去离子水稀释后，加 2 滴酚酞指示剂，滴加 $0.1 mol \cdot L^{-1}$ NaOH 标准溶液至溶液呈粉红色）。

四、项目内容

准确称取硫酸铵样品 G g 约 0.5～0.6g 于烧杯中，加 30mL 去离子水溶解，然后把溶液定量转移到 100mL 容量瓶中，定容。用移液管移取 25.00mL 试液于锥形瓶中，加入 2 滴甲基红指示剂，如呈红色，表示有游离酸，需用 NaOH 标准溶液滴定至橙色，记下 NaOH 用量 V_1 mL。另取 25.00mL 试液于锥形瓶中，加入 5mL 18% 中性甲醛溶液，摇匀，放置 5min 后，加 2 滴酚酞指示剂，用标准 NaOH 溶液滴至粉红色，半分钟内不褪色，即为终点。记录 NaOH 溶液用量 V_2 mL。平行测定三次。按下式计算硫酸铵试样中的含氮量：

$$N\ 的含量 = \frac{c(\text{NaOH}) \times (V_2 - V_1) \times \dfrac{M(\text{N})}{1\,000}}{G \times \dfrac{25}{100}} \times 100\%$$

五、思考题

1. $(NH_4)_2SO_4$ 试样溶于水后，能否用 NaOH 标准溶液直接测定氮含量？为什么？

2. NaOH 标准溶液中和 $(NH_4)_2SO_4$ 样品中的游离酸时，能否选用酚酞作为指示剂？为什么？

第四节　项目三：阿司匹林的含量测定

一、项目目的

掌握阿司匹林含量测定原理及操作。

二、项目原理

阿司匹林（乙酰水杨酸）是常用的解热镇痛药，其结构中有一个羧基，呈酸性。在25℃时 $K_a = 3.27 \times 10^{-4}$，$C_{sp}K_a \geqslant 10^{-8}$，可用 NaOH 标准溶液在乙醇溶液直接滴定测其含量。计量点时，则生成物是其共轭碱，溶液呈碱性，可选用酚酞做指示剂。

$$\underset{\text{（结构式）}}{\text{—OCOCH}_3 \atop \text{—COOH}} + NaOH \longrightarrow \underset{\text{（结构式）}}{\text{—OCOCH}_3 \atop \text{—COONa}} + H_2O$$

三、仪器与试剂

仪器：分析天平、烧杯、锥形瓶、25mL 碱式滴定管等。

试剂：阿司匹林样品、0.1mol/L NaOH 标准溶液、酚酞指示剂。

四、项目内容

取 1～2 片阿司匹林，精密称定，加中性乙醇（对酚酞指示剂显中性）20mL，溶解后，加酚酞指示剂 2 滴，在 25℃ 温度下，用 0.1mol/L NaOH 标准溶液滴定至溶液显粉红色为止，记录所用 NaOH 的体积，计算阿司匹林的百分含量。

$$C_9H_8O_4\% = \frac{C_{NaOH} \cdot V_{NaOH} \cdot \dfrac{M_{(C_9H_8O_4)}}{1\,000}}{W_s} \times 100\%$$

W_s 每 1mL 0.1mol/L NaOH 标准溶液相当于 18.02mg $C_9H_8O_4$。

五、注意事项

中性乙醇的制备：量取需要量的乙醇，加酚酞指示剂 2 滴，用 0.1mol/L NaOH 标准溶液滴定至刚显粉红色，即得。

六、思考题

1. 何谓中性乙醇？如何配制中性乙醇？为什么要用中性乙醇溶解阿司匹林？
2. 测定时为什么要控制温度在 25℃ 以下？

第五节 项目四：药物碱的检验——双指示剂法

一、项目目的

掌握利用双指示剂法测定药物碱中各组分含量的原理和方法。

二、项目原理

用盐酸标准溶液滴定 NaOH 和 Na_2CO_3 混合液时，可用酚酞及甲基橙来分别指示终点。当酚酞变色时，NaOH 已全部被中和，而 Na_2CO_3 只被滴定到 $NaHCO_3$，即只中和了一半。设此时用去盐酸体积为 amL，在此溶液中再加入甲基橙指示剂，继续滴定至甲基橙变色时，

$NaHCO_3$ 被进一步中和为 CO_2，若此时又消耗盐酸体积为 bmL，则可由 $(a-b)$ 计算 $NaOH$ 含量，再由 b 可计算 Na_2CO_3 含量。

$NaOH$ 和 Na_2CO_3 混合药用碱示意图：

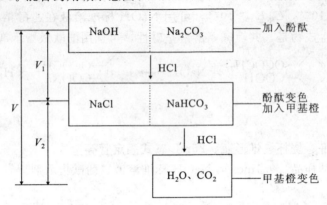

用盐酸标准溶液滴定 $NaHCO_3$ 和 Na_2CO_3 混合液时，可用酚酞及甲基橙来分别指示终点。当酚酞变色时，$NaHCO_3$ 未参与反应，而 Na_2CO_3 只被滴定到 $NaHCO_3$，即只中和了一半，设此时用去盐酸体积为 amL；在此溶液中再加入甲基橙指示剂，继续滴定盐酸溶液至甲基橙变色时，$NaHCO_3$ 被进一步中和为 CO_2，若此时又消耗盐酸体积为 bmL，则可由 $(b-a)$ 计算 $NaHCO_3$ 含量，再由 a 可计算出 Na_2CO_3 含量。

$NaHCO_3$ 和 Na_2CO_3 混合药用碱示意图：

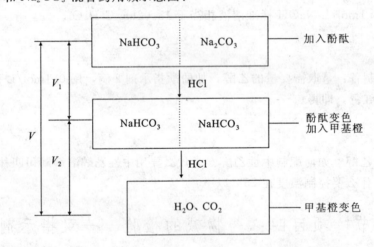

三、仪器与试剂

仪器：25mL 移液管、250mL 锥形瓶、烧杯、25mL 酸式滴定管等。

试剂：混合碱（$NaOH+Na_2CO_3$）溶液样品。

甲基橙指示剂、酚酞指示剂、0.1mol/L 盐酸标准溶液。

四、实验内容

精密移取 25mL 样品溶液，置 250mL 锥形瓶中，加 25mL 纯化水，2 滴酚酞指示剂，用

0.1mol/L 的盐酸标准溶液滴定，至溶液由红色刚变为无色为第一个终点，读取消耗 0.1mol/L 盐酸标准溶液的体积 V_1。然后再加入 2 滴甲基橙指示剂于此溶液中，此时溶液呈黄色，继续滴定，直至溶液刚出现橙色，煮沸 2 min，冷却至室温，继续滴定至溶液出现橙色为第二终点，读取 0.1mol/L 盐酸标准溶液消耗的总体积 V_2。作三次平行测定。

计算：
$$\omega(NaOH) = \frac{c_{HCl}(V_1 - V_2)\dfrac{M_{(NaOH)}}{1\,000}}{m} \times 100\%$$

$$\omega(Na_2CO_3) = \frac{c_{HCl}V_2\dfrac{M_{(Na_2CO_3)}}{1\,000}}{m} \times 100\%$$

$$m = m(NaOH + Na_2CO_3) \times 25/500$$

五、注意事项

（1）样品溶液中含有较大量的 OH^- 离子，滴定前不应久置空气中，否则容易吸收 CO_2 使 NaOH 的量减少而 Na_2CO_3 的量增多。

（2）双指示剂法达到第一计量点之前，不应有 CO_2 的损失。如果溶液中盐酸局部过量，可能会引起 CO_2 损失，带来很大的误差。因此，加酸时宜慢些，摇动要均匀，但滴定也不能太慢，以免溶液吸收空气中的 CO_2。

六、思考题

1. 在移取、配制溶液及滴定样品时，移液管、容量瓶、滴定管、锥形瓶是否要干燥？为什么？

2. 用盐酸标准溶液滴定至甲基橙指示剂变橙色后为什么还要煮沸、冷却，继续滴定至终点，对测定结果有何影响？

第六节　阅读材料：酸碱指示剂的发展史

我们想要了解指示剂发展的历史，就要追溯到 17 世纪。这种物质在那个古老的年代就已经有许多搞实际工作的化学家在运用了，他们在实验过程中将植物的汁液（即指示剂）浸渍在一小片纸上，然后再在这种试纸上滴一滴他们所研究的溶液，以此来判断他们所研究的化学反应的某些性质。就现今已有的记载看，波义耳是第一个把各种天然植物的汁液用作指示剂的科学家。在这些指示剂中，有的被配成溶液，有的做成试纸，几乎和我们现在所用的方法完全一样。在 16 世纪或者更早一点，人们就已经认识到某些植物的汁液具有着色剂的功效，在那个时候，法国人就已经用这些植物的汁液来染丝织品。也有一些人观察到许多植物汁液在某种物质的作用下可改变它们的颜色，例如有人观察到酸能使某些汁液转变成红色，而碱则能够把它们变成绿色和蓝色。但是，因为在那个时候还没有任何人对酸和碱的概念下过确切的定义，所以这些酸和碱能够改变汁液的颜色的化学现象并未受到人们的注意和重视。

一直到了 17 世纪，科学家才真正开始阐述一些基本的化学概念，其中一个非常重要的概念就是把化合物划分成为酸、碱、盐三大类别，最早和最明确的有关酸的定义便是波义耳作出的，他所描绘的酸的各种特性中，有一条就是酸能够改变某些植物的汁液的颜色，这也就是人类对指示剂这种物质的最原始的认识。波义耳在他的《颜色的试验》一书中曾描写了怎样用植物的汁液来做指示剂。他曾经使用过的植物的种类很多，其中有紫罗兰、玉米花、玫瑰花、雪米、苏木（即巴西木）、樱草、洋红和石蕊。在书中还介绍了用指示剂制作试纸的方法，以及怎样使用这些试纸："采用上好的紫罗兰的浆汁（即由这种花里浸渍出来的染料），把这种浆汁滴在一张白纸上，然后再在汁液上滴上 2～3 滴酒精，以后，当醋或者几乎所有的其他的带酸性溶液（当时已经制出的酸并不多）滴在这种浸有植物的浆汁和酒精的混合物的纸上时，你就会发现浸有植物浆汁的纸立即由蓝色转变成红色。这种发明的生命力是如此的长久，直到今天我们的实验室还仍然在经常性地使用这种原始的方法。

在波义耳之后，很多化学家都陆续发表了不少报告，报告都是描述如何把植物的浆汁作为指示剂。像布尔哈夫（1668—1738）在他的报告中叙述了怎样利用指示剂来鉴别碱性化合物，他最常使用的指示剂便是紫罗兰和石蕊的汁液。随着指示剂使用的日趋广泛，大家对它的研究更加深入。例如在 18 世纪，许多人发现，各种酸并不能使这些指示剂精确地显示出相同的颜色变化。也就是说，各种指示剂的灵敏度不一样，颜色的变化范围不同，各种酸的强度也不相同，因此才造成这种情况。1775 年瑞典的贝格曼（1735—1784）就曾经指出："蓝色植物的汁液的变色对各种酸的灵敏程度是不同的，硝酸能使某种蓝色的试纸变成红色；而醋则不能使同一种试纸变色。有的酸能够使蓝色的石蕊汁液变红色，却不能将紫罗兰的汁液转变成红色。由此可以知道，必须对所有的植物汁液（可以用作指示剂的）的灵敏性进行鉴定，然后才可找到一系列合适的指示剂来测定各种酸的相对浓度。"从这一段叙述我们可以看到，当时对指示剂的研究已经到相当深入和细致的阶段了。

指示剂的另一种重要的运用领域便是酸碱滴定。1767 年路易斯曾经假定酸碱中和反应的终点能够运用植物的汁液来显示和标记出来，他在《对美洲草木灰的试验和观察》一书中描述了这样一种简单的测定方法："在酸碱中和的反应过程中，中和碱液所需要的酸可以一滴一滴地加进去，过去一直是利用发泡现象来观察反应的终点，但是这种方法最终还是存在着一定的缺陷，这种方法不但观察起来很困难，而且也达不到相当高的精确性。如果我们能利用植物的浆汁或者被这些浆汁着色的纸所发生的颜色变化来指示酸碱中和反应的终点，那么就能得到比较明显的结果，这就代替了那种含糊不清的现象（指发泡现象）。"路易斯紧接着介绍了具体的使用方法："我主要使用的方法是一种十分敏锐的方法。利用一张厚的写字纸，在纸的一端浸渍上石蕊的浆汁，使它沾上蓝色；在纸的另一端又浸渍了石蕊的浆汁和盐酸的混合溶液，正好变成了红色。这时，如果将某些酸一滴一滴地加到碱溶液中去，每加一滴以后就用玻璃棒将溶液搅拌均匀，并用上那种着了颜色的试纸进行检测。如果这种溶液使试纸的红色的一端变成蓝色，那么便说明溶液此时还是呈碱性的，因此需要继续加酸；如果它刚好能够使试纸的蓝色的一端变成红色，则说明酸液已经加够了。"很显然，路易斯所描绘的滴定方法与我们现在所用的方法是基本一致的，只是当时还没有滴定管和移液管这些精确的仪器而已。

在以后的一百多年内，化学家在酸碱滴定中能使用的天然植物的浆汁的种类不多，并且他们常常认为这些浆汁（例如紫罗兰和石蕊的浆汁）的颜色变化不够清晰和灵敏。因此很多人都想改变这种状况，并且为此而进行了不懈的努力，最后导致了合成指示剂的产生和发展。

在 19 世纪后半期，有机合成化学以惊人的速度发展起来，其中尤以合成染料工业的兴起最为引人注目。在这些合成染料中，很多化合物都能够起到指示剂的作用。第一个可供实用并且真正获得成功的合成指示剂便是酚酞，1877 年吕克首先提出在酸碱中和反应过程中可以使用酚酞做指示剂，第二年伦奇又提出在酸碱滴定中使用甲基橙。到了 1893 年，有论文记载的合成指示剂已经增加到了十四种之多，随着这些合成剂的数量和品种的增加，以及它们所具备的各种各样的功能，为进一步扩大指示剂的应用范围，为发展当今的理论打下了良好的基础。

习题

6.1　下列各酸，哪些能用 NaOH 溶液直接滴定？哪些不能？如能直接滴定，各应采用什么指示剂？

（1）甲酸（HCOOH）。

（2）硼酸（H_3BO_3）。

（3）醋酸（CH_3COOH）。

（4）氨水（$NH_3 \cdot H_2O$）。

（5）碳酸氢钠（$NaHCO_3$）。

6.2　标定 HCl 溶液时，若采用①部分风化的 $Na_2B_4O_7 \cdot 10H_2O$；②部分吸湿的 Na_2CO_3；③在 110℃烘过的 Na_2CO_3。则标定所得的浓度偏低、偏高，还是准确？为什么？

6.3　为什么用盐酸可滴定硼砂而不能直接滴定醋酸钠？又为什么用氢氧化钠可滴定醋酸而不能直接滴定硼酸？

6.4　酸碱指示剂的变色原理是什么？什么是变色范围？选择指示剂的原则是什么？

6.5　有一碱液，可能含有 NaOH，Na_2CO_3，或 $NaHCO_3$，也可能是其中两者的混合物。今用盐酸溶液滴定，以酚酞为指示剂，消耗 HCl 体积为 V_1；后用甲基橙指示剂，继续用 HCl 溶液滴定，又消耗 HCl 体积为 V_2。当出现下列情况时，溶液各由哪些物质组成？

（1）$V_1 > V_2$，$V_2 > 0$；　　　　　（2）$V_2 > V_1$，$V_1 > 0$；　　　　　（3）$V_1 = V_2$；

（4）$V_1 = 0$，$V_2 > 0$；　　　　　（5）$V_1 > 0$，$V_2 = 0$

6.6　在 0.281 5g 含 $CaCO_3$ 及中性杂质的石灰石里加入 HCl 溶液（0.117 5mol/L）20.00mL，滴定过量的酸用去 5.60mLNaOH 溶液，1mLNaOH 溶液相当于 0.975mLHCl，计算石灰石的纯度及 CO_2 的百分含量。（30.37%；13.35%）

6.7　$NaCO_3$ 液（0.1mol/L）20mL 两份，用 HCl 液（0.2mol/L）滴定，分别用甲基橙和酚酞为指示剂，问变色时所用盐酸的体积各为多少？（甲基橙变色：20mL；酚酞变色：10mL）

6.8　粗铵盐 1.000g 加过量 NaOH 溶液，产生的氨经蒸馏吸收 50.00mL（0.500 0mol/L）的酸中，过量的酸用 NaOH 溶液（0.500 0mol/L）回滴，消耗 1.56mL，计算试样中 NH_3 的百分含量。（41.25%）

6.9　某一弱酸 HA 试样 1.250g 用水溶液稀释至 50.00mL，可用 41.20mL0.090 00mol/L NaOH 滴定至计量点。当加入 8.24mLNaOH 时溶液的 pH＝4.30。

（1）求该弱酸的摩尔质量；（2）计算弱酸的解离常数 K_a 和计量点的 pH；选择何种指示剂？

6.10　称取钢样 2.000g，充分燃烧后产生的 SO_2 通入 50.00mL 0.010 00mol/L NaOH 溶液中吸收，过量的 NaOH 用 0.010 00mol/L HCl 溶液返滴定至酚酞终点，消耗 30.00mL，则钢样中硫的质量分数为多少？

第七章　沉淀滴定法

沉淀滴定法是以沉淀反应为基础的一种滴定分析方法。沉淀滴定法必须满足以下条件：①溶解度小，且能定量完成；②反应速度快；③有适当指示剂指示终点；④吸附现象不影响终点观察。

在实际应用中生成沉淀的反应很多，但符合容量分析条件的却很少。实际上应用最多的是银量法，即利用 Ag^+ 与卤素离子的反应来测定 Cl^-、Br^-、I^-、SCN^- 和 Ag^+。银量法共分三种，分别以创立者的姓名来命名。本章详细介绍与沉淀滴定法相关的一系列知识。

第一节　项目一：测定自来水中氯离子含量

一、项目目的

1. 检测水质中氯的含量是否达到国家标准
2. 掌握沉淀滴定法中莫尔法测定氯离子的原理和方法

二、仪器与试剂

仪器：25mL 酸式滴定管 1 支、1mL 移液管 1 支、250mL 容量瓶和 100mL 锥形瓶各 2 只、50mL 量筒 1 个、100mL 烧杯 2 只、25mL 移液管 2 支。

试剂：K_2CrO_4 指示剂（50g/L）：称取 5.0g K_2CrO_4，溶于适量水中，稀释至 100mL、固体 NaCl（A. R.）：在 $500\sim600℃$ 灼烧至恒重，放在干燥器中备用；自来水、$AgNO_3$（A. R.）固体，固体样品 NaCl。

三、项目内容

1. 0.02mol/L $AgNO_3$ 标准溶液的配制

称取 3.4g $AgNO_3$，溶于 1 000mL 不含 Cl^- 的蒸馏水中，储于棕色瓶，摇匀，置暗处保存，待标定。

2. $AgNO_3$ 标准溶液的标定

准确称取基准物 NaCl 固体 0.24~0.28g，放入烧杯中，加少量水溶解，转移至 250mL 容量瓶中，稀释至刻度。再用移液管移取稀释过的 NaCl 溶液 25.00mL 于锥形瓶中，加 25mL 蒸馏水稀释，再加 K_2CrO_4 指示液 2mL。在充分摇动下，用配好的 $AgNO_3$ 溶液滴定至溶液由黄色变为淡橙色（即白色沉淀中出现砖红色），即为终点。平行测定三次。

计算 $AgNO_3$ 标准溶液的浓度：

$$c_{AgNO_3}=\frac{m_{NaCl}\times\dfrac{25}{250}}{V_{(AgNO_3)}m_{NaCl}}\times1\,000$$

3. 固体样品 NaCl 中质量分数的测定

准确称取 0.1g 左右 NaCl 粉末样品，加水溶解于烧杯中，然后定容至 100mL 容量瓶中；再用移液管移取 NaCl 溶液 25.00mL 于锥形瓶中，加 25mL 蒸馏水稀释，再加 K_2CrO_4 指示液 2mL。在充分摇动下，用标定好的 $AgNO_3$ 溶液滴定至溶液由黄色变为淡橙色（即白色沉淀中出现砖红色），即为终点。平行测定三次。

4. 自来水中氯离子含量的测定

准确移取水样 100mL 放入锥形瓶中，加 K_2CrO_4 溶液 2mL，在充分摇动下，用 $c(AgNO_3)=0.02mol/L$ 的 $AgNO_3$ 标准溶液滴定至溶液由黄色变为淡橙色（应与标定 $AgNO_3$ 溶液时颜色一致），即为终点。平行测定三次，同时做空白试验。

计算水中氯离子的含量。

四、注意事项

（1）用 $AgNO_3$ 滴定 NaCl 时，在滴定过程中，要充分摇动溶液，如果不充分摇动溶液，AgCl 会强烈吸附 Cl^-，使终点过早出现，测定结果偏低。

（2）K_2CrO_4 指示剂的浓度要控制。浓度过大终点提前；浓度过低，终点推迟。

（3）溶液的 pH 值需控制在 6.5～10.5。酸度过高不能生成 Ag_2CrO_4 沉淀；碱性过高又将出现 Ag_2O 沉淀，故滴定要在中性或弱碱性介质中进行。

（4）由于 $AgNO_3$ 价格昂贵，标定时 $AgNO_3$ 标准溶液的浓度降低至 0.02mol/L，既节约了成本，标定时平行样的精密度又容易控制，减小了系统误差。增加了测定的准确度。

五、思考题

1. 当测定的溶液中有含有 NH_4^+ 离子时，溶液的 pH 值应保持在 6.5～7.2 之间，这是为什么？

2. 对指示剂的用量是否有要求，为什么？

第二节　知识链接：沉淀的生成和滴定

一、沉淀的生成

在水中绝对不溶的物质是不存在，通常把溶解度小于 0.01g/100g 水的物质称为难溶物；溶解度大于 1g/100g 水的物质称为易溶物；介于两者之间的物质称之为微溶物。

当水中存在有难溶化合物 MA 时，则 MA 将有部分溶解，当其达到饱和状态时，即建立如下平衡关系：

$$MA（固）\rightleftharpoons MA（水）\rightleftharpoons M^+ + A^-$$

难溶电解质的溶解平衡是一个动态平衡，当外界条件发生改变时，平衡发生移动，沉淀会生成或溶解。在难溶电解质溶液中，引入离子积，将溶液中两种离子实际浓度的系数幂的乘积称为离子积，用 Q_B 表示。比较 Q_B 与 K_{SP} 的关系，可以判断沉淀的生成或溶解。

若 $Q_B > K_{SP}$，过饱和溶液，有沉淀析出，直到溶液呈饱和状态。

若 $Q_B = K_{SP}$，饱和溶液，无沉淀析出，沉淀和溶解处于平衡状态。

若 $Q_B < K_{SP}$，溶液未饱和，无沉淀析出，如果有沉淀，则沉淀溶解，直至溶液呈饱和状态。

以上结论统称为溶度积规则，运用这个规则可以判断沉淀溶解平衡移动的方向。

例 7-1　50mL 含 Ba^{2+} 离子浓度为 0.1mol/L 的溶液中加入 30mL 浓度为 0.02mol/L 的 Na_2SO_4，是否会产生 $BaSO_4$ 沉淀？

解：混合后溶液的总体积为 $50+30=80$mL，混合后各物质浓度为：

$$c_{Ba^{2+}} = (0.01 \times 50)/80 = 0.006\ 25\text{mol/L}$$

$$c_{SO_4^{2-}} = (0.02 \times 30)/80 = 0.007\ 5\text{mol/L}$$

$Q_b = c_{Ba^{2+}} \cdot c_{SO_4^{2-}} = 0.006\ 25 \times 0.007\ 5 > K_{SP(Ba_2SO_4)} = 1.1 \times 10^{-10}$

所以有 $BaSO_4$ 沉淀生成。

练习题

现有 10mL0.001mol/L$BaCl_2$ 溶液与 5mL0.02mol/LH_2SO_4 溶液混合后，有无 $BaSO_4$ 沉淀生成？

（一）溶度积常数与溶解度

在一定温度下，将难溶电解质放入水中，会发生沉淀和溶解两个相反的过程，例如 AgCl 尽管为难溶电解质，在水中仍然有微量 AgCl 溶于水而电离出 Ag^+ 和 Cl^-，这个过程为溶解；生成的 Ag^+ 和 Cl^- 又可以互相结合，回到固体表面，这个过程为沉淀。当沉淀和溶解两个过程达到平衡时，溶液中离子浓度不再改变，溶液为饱和溶液，其公式表现如下：

$$AgCl（水）\rightleftharpoons Ag^+ + Cl^-$$

当水中存在有难溶化合物 AgCl 时，则 AgCl 将有部分溶解，当其达到饱和状态时，即建立如下平衡关系：

$$K_{SP} = c_{Ag^+} \cdot c_{Cl^-} \tag{7-1}$$

K_{SP} 称为溶度积常数。一定温度下，难溶电解质饱和溶液中以化学计量数为指数的离子浓度的乘积为一常数，称为溶度积常数，简称溶度积。它只与难溶电解质的本性和温度有关，与浓度无关。

对于一般难溶电解质 A_mB_n，其沉淀溶解平衡表示为：

$$K_{SP}（A_mB_n） \rightleftharpoons (c_{A^{n+}})^m \cdot (c_{B^{m+}})^n \tag{7-2}$$

溶解度的定义是在一定的温度下，某固体物质在 100g 溶剂里达到饱和状态时所溶解的克数，其单位是 "g/100g"。但是在实际应用中，常常将溶解度换算成浓度的形式，单位统一为 mol/L。

一般情况下，换算成为：$S = c_{AgCl} = c_{Ag^+} = c_{Cl^-}$ \tag{7-3}

溶解度和溶度积都可以表示难溶电解质溶解能力的大小。溶解度是浓度的一种形式，而溶度积则是平衡常数的一种形式，虽概念不同，但是他们之间可以相互换算，换算时注意单位统一为 mol/L。对于同类型的难溶电解质，K_{SP} 越大，说明溶解度越大，其溶解能力越强。但是不同类型的难溶电解质，不能简单利用 K_{SP} 判断其溶解能力，而是需要比较溶解度的大小。

例 7 - 2 已知 25℃时，AgCl 的 $K_{SP} = 1.56 \times 10^{-10}$，$Ag_2CrO_4$ 的 $K_{SP} = 9.0 \times 10^{-12}$，通过计算说明哪一种银盐在水中的溶解度较大。

解：AgCl 的溶解平衡：$AgCl\ (S) \Longrightarrow Ag^+ + Cl^-$

设 AgCl 溶解度为 S_1（mol/L），则

$$K_{SP} = S_1^2$$

解得 $S_1 = \sqrt{K_{SP}} = \sqrt{1.56 \times 10^{-10}} = 1.24 \times 10^{-5}\ mol/L$

同理 Ag_2CrO_4 的溶解平衡：$Ag_2CrO_4\ (S) \Longrightarrow 2Ag^+ + CrO_4^{2-}$

设 Ag_2CrO_4 溶解度为 S_2（mol/L），则

$$K_{SP} = c_{Ag^+}^2 \cdot c_{CrO_4^{2-}} = 4S_2^3$$

$$c_{Ag^+} = 2S_2\ ;\quad c_{CrO_4^{2-}} = S_2$$

$$S_2 = \sqrt[3]{\frac{K_{SP}}{4}} = \sqrt[3]{\frac{9.0 \times 10^{-12}}{4}} = 1.3 \times 10^{-4}$$

因为 $S_1 < S_2$，说明 Ag_2CrO_4 在水中的溶解度比 AgCl 大。

综上所述，对于不同类型的难溶强电解质 A_mB_n，K_{SP} 与 S 的关系归纳如下：

(1) 对于 1:1 型，如 AgCl、$BaSO_4$ 等：$K_{SP} = S^2$。

(2) 对于 1:2 型，如 $Mg(OH)_2$、$AgCrO_4$：$K_{SP} = 4S^3$。

(3) 对于 1:3 型，如 $Fe(OH)_3$：$K_{SP} = 27S^4$。

依次类推，可以通过 K_{SP} 与 S 的关系进行难溶电解质的相关计算：

$$S = \sqrt[m+n]{\frac{K_{SP}}{m^m n^n}} \tag{7 - 4}$$

练习题

$BaSO_4$ 和 $Mg(OH)_2$ 的 K_{SP} 分别是 1.1×10^{-10} 和 1.8×10^{-11}，问两者的溶解度哪个大？

（二）影响沉淀溶解度的因素

影响沉淀溶解度的因素主要是同离子效应、盐效应、酸效应和配位效应。此外，温度、介质、沉淀颗粒大小等因素对溶解度都有一定的影响。

1. 同离子效应

因加入具有相同离子的强电解质，而使难溶电解质的溶解度降低的效应称为同离子效应。

例 7 - 3 在 25℃时 $BaSO_4$ 的 $K_{SP} = 1.1 \times 10^{-10}$，比较在纯水和 0.1mol/L 的 $NaSO_4$ 溶液中的溶解度。

解：设 $NaSO_4$ 在纯水中的溶解度为 S_1 mol/L

则 $S_1 = c_{Ba^{2+}} = c_{SO_4^{2-}} = \sqrt{1.1 \times 10^{-10}} = 1.05 \times 10^{-5}\ mol/L$

设 $BaSO_4$ 在 0.1mol/L $NaSO_4$ 溶液中的溶解度为 S_2 mol/L

则　　　　　　$c_{Ba^{2+}} = S_2\ ;\quad c_{SO_4^{2-}} = S_2 + 0.1$

故　　　　　　$c_{Ba^{2+}} \cdot c_{SO_4^{2-}} = S_2(S_2 + 0.1) = 1.1 \times 10^{-10}$

又因为 K_{SP} 很小，故 $S_2 + 0.1 \approx 0.1$

$$S_2 = \frac{1.1 \times 10^{-10}}{0.1} = 1.1 \times 10^{-9}$$

可见，$BaSO_4$ 在纯水中的溶解度比在 $0.1mol/L$ 的 $NaSO_4$ 溶液中的溶解度要大得多，同离子效应可以降低难溶电解质的溶解度。

2. 盐效应

溶液中存在着非共同离子的强电解质盐类，而引起沉淀溶解度增大的现象，称为盐效应。产生盐效应的原因是，随着强电解质盐的加入，溶液中离子总浓度增大，离子间相互牵制作用增强，使得难溶电解质解离的阴、阳离子结合形成分子的机会减小，难溶电解质分子浓度减小，离子浓度相应增大，即溶解度增大。因此，从上述讨论可看出，在进行沉淀时，应当尽量避免其他强电解质的存在。

由于盐效应的存在，所以在利用同离子效应降低沉淀溶解度时，应考虑到盐效应的影响，即沉淀剂不能过量太多，否则，将使沉淀的溶解度增大，反而不能达到预期的效果。

3. 酸效应

溶液的酸度对某些难溶弱酸盐及难溶氢氧化物的溶解度影响称为酸效应，控制溶液 pH 值可以使得沉淀生成或溶解。

对于沉淀

$$MA \Longrightarrow M^{x+} + A^{x-}$$

$$+ \qquad +$$

$$xOH^- \quad xH^+$$

$$\downarrow \qquad \downarrow$$

$$M(OH)_x \quad H_xA$$

增大溶液酸度，c_{H^+} 增大，有利于弱酸 H_xA 的生成；降低溶液酸度（OH^- 浓度增大），有利于 $M(OH)_x$ 的生成。不论哪种情况，都能使沉淀溶解平衡发生移动。

例 7-4 计算 $0.1mol/L$ Fe^{3+} 开始沉淀时溶液的 pH，已知 K_{SP}（$Fe(OH)_3$）$= 1.1 \times 10^{-36}$。

解： $$Fe(OH)_3 \Longrightarrow Fe^{3+} + 3OH^-$$

$$K_{SP} = c_{Fe^{3+}} \cdot c_{OH^-}^3$$

$$c_{OH^-} = \sqrt[3]{\frac{K_{SP}}{c_{Fe^{3+}}}} = \sqrt[3]{\frac{1.1 \times 10^{-36}}{0.1}} = 2.2 \times 10^{-12}$$

即 $$c_{OH^-} = 2.2 \times 10^{-12} mol/L$$

$$pH = 14 - pOH = 2.34$$

在无机盐工业中，除去含 Fe^{3+} 的杂质常利用调溶液 pH 的方法，使 Fe^{3+} 生成 $Fe(OH)_3$ 沉淀而除去。

练习题

$0.1mol/L$ 的 $ZnCl_2$ 溶液中通入 H_2S 至饱和，控制酸度在什么范围能使 ZnS 开始沉淀？

4. 配位效应

当溶液中存在某离子能与沉淀的组成离子形成络合物，则沉淀的溶解度增大，甚至完全溶解，这种现象称为配位效应。

例如用 HCl 或 NaCl 作沉淀剂沉淀 Ag^+ 时，生成的 AgCl 沉淀，这种白色沉淀又可以与过量的 Cl^- 形成 $AgCl_2^-$、$AgCl_4^{2-}$、$AgCl_4^{3-}$ 等配离子，此时沉淀消失，说明增大了 AgCl 的溶解度。对于这种情况，既要考虑同离子效应，又要考虑配位效应。

5. 影响沉淀溶解度的其他因素

(1) 温度的影响。溶解反应一般是吸热反应，因此，沉淀的溶解度一般是随着温度的升高而增大。所以对于溶解度不很小的晶形沉淀，如 $MgNH_4PO_4$ 应在室温下进行过滤和洗涤。若沉淀的溶解度很小，如 $Fe(OH)_3$、$Al(OH)_3$ 和其他氢氧化物，或者受温度的影响很小，在热溶液中过滤，可加快速度。

(2) 溶剂的影响。多数无机化合物沉淀为离子晶体，它们在有机溶剂中的溶解度要比在水中小，在沉淀分析法中，可采用向水中加入乙醇、丙酮等有机溶剂的办法来降低沉淀的溶解度。

(3) 沉淀颗粒大小的影响。沉淀的溶解度与颗粒大小有关系。小颗粒的溶解度大于大颗粒的溶解度。因此，在进行沉淀时，总是希望得到较大的沉淀颗粒，这样不仅沉淀的溶解度小，而且也便于过滤和洗涤。

结晶的数目和颗粒大小是由成核速率和生长速率控制。缓慢冷却会引起较低程度的过冷，成核速率较低而生长速率较高，会产生颗粒较大的晶体。同理，较快的冷却会引起较大程度的过冷，成核速率较高而生长速率较低，会产生大量颗粒很小的晶体。

练习题

比较 $BaSO_4$ 在 (1) 水，(2) $1.0mol/L\ Na_2SO_4$，(3) $2.0mol/L\ BaCl_2$ 三种情况下的溶解度大小。

（三）沉淀的转化

在含有沉淀的溶液中加入适当的试剂而使一种沉淀转化为另一种沉淀的过程称为沉淀的转化。例如在盛有白色 $PbSO_4$ 的试管中，加入 Na_2S，搅拌后可观察到白色沉淀变成黑色，反应式为：

$$PbSO_4（白色）+S^{2-} \Longrightarrow PbS（黑色）+SO_4^{2-}$$

又如，在含有 $BaCO_3$ 的溶液中加铬酸钾溶液后，沉淀由白色转化为黄色，反应式为：

$$BaCO_3（白色）+CrO_4^{2-} \Longrightarrow BaCrO_4（黄色）+CO_3^{2-}$$

沉淀的转化在工业和科学研究上均有重要的意义，如工业锅炉的锅垢（主要成分为 $CaCO_3$ 和 $CaSO_4$），它的存在不仅浪费能源，而且还会引起锅炉受热不均而爆炸，造成危害。针对这种情况可以通过把 $CaSO_4$ 转化为疏松而且易除去的 $CaCO_3$，避免事故发生。

反应式为：　　$CaSO_4(s)+CO_3^{2-} \Longrightarrow CaCO_3(s)+SO_4^{2-}$

（四）分步沉淀

向盛有 Cl^-、I^- 溶液的试管中，逐滴加入硝酸银溶液，首先析出是 AgCl 白色沉淀，然后才生成 AgI 的黄色沉淀。为什么会出现这种现象？

若溶液中存在多种离子，选用某种沉淀剂可使某一种离子先沉淀析出，而与其他离子分离的现象就称为分步沉淀。

当一种试剂能沉淀溶液中几种离子时，生成沉淀所需要试剂离子浓度越小的越先沉淀，如果生成各个沉淀所需试剂离子浓度相差较大，就能分步沉淀，从而达到分离目的。对于同类型沉淀而言，K_{SP} 越小的某种离子形成的难溶电解质会越先沉淀，K_{SP} 越大的那些会随后沉淀。

在混合离子溶液中，加入沉淀剂后，若第二种离子刚开始沉淀时，第一种离子浓度已经降至 10^{-5} mol·L^{-1} 以下，则说明已达到分离效果。

二、沉淀滴定法

沉淀滴定法（precipitation titration）：是以沉淀反应为基础的一种滴定分析方法。沉淀反应很多，但不是所有的沉淀反应都能进行定量分析。用作沉淀滴定的沉淀反应必须满足以下条件：①沉淀反应必须迅速；②反应按一定的化学计量关系定量进行；③有适当的方法指示滴定终点；④生成的沉淀溶解度要小，且沉淀的吸附现象不妨碍终点的确定。

目前用得较广泛的是生成难溶银盐，称为银量法。用银量法可以定量测定 Cl^-、Br^-、I^-、CN^-、SCN^-、Ag^+ 等离子。银量法根据滴定终点所采用的指示剂不同，分为以下三种。

（一）莫尔法——铬酸钾作指示剂法

莫尔法是以 K_2CrO_4 为指示剂，在中性或弱碱性介质中用 $AgNO_3$ 标准溶液测定卤素混合物含量的方法。

1. $AgNO_3$ 标准溶液

将优级纯或分析纯的 $AgNO_3$ 在 110℃ 下烘 1～2h，可用直接法配制。一般情况下 $AgNO_3$ 标准溶液采用间接法配制，先粗配成所需浓度的溶液，再用基准物 NaCl 标定出准确的浓度。

2. 指示剂的作用原理

以测定 Cl^- 为例，K_2CrO_4 作指示剂，用 $AgNO_3$ 标准溶液滴定，其反应为：

$$Ag^+ + Cl^- \Longrightarrow AgCl\downarrow \quad 白色$$
$$2Ag^+ + CrO_4^{2-} \Longrightarrow Ag_2CrO_4\downarrow \quad 砖红色$$

这个方法的依据是多级沉淀原理，由于 AgCl 的溶解度比 Ag_2CrO_4 的溶解度小，因此在用 $AgNO_3$ 标准溶液滴定时，AgCl 先析出沉淀，当滴定剂 Ag^+ 与 Cl^- 达到化学计量点时，微过量的 Ag^+ 与 CrO_4^{2-} 反应析出砖红色的 Ag_2CrO_4 沉淀，指示滴定终点的到达。

3. 滴定条件

（1）指示剂用量。用 $AgNO_3$ 标准溶液滴定 Cl^-，指示剂 K_2CrO_4 的用量对于终点指示有较大的影响，CrO_4^{2-} 浓度过高或过低，Ag_2CrO_4 沉淀的析出就会过早或过迟，就会产生一定的终点误差。因此要求 Ag_2CrO_4 沉淀应该恰好在滴定反应的化学计量点时出现。化学计量点时 $[Ag^+]$ 为：

$$[Ag^+] = [Cl^-] = \sqrt{K_{SP,AgCl}} = \sqrt{3.2\times10^{-10}} \text{ mol/L} = 1.8\times10^{-5} \text{ mol/L}$$

若此时恰有 Ag_2CrO_4 沉淀，则

$$[CrO_4^{2-}] = \frac{K_{SP,Ag_2CrO_4}}{[Ag^+]^2} = 5.0\times10^{-12} / (1.8\times10^{-5})^2 \text{ mol/L} = 1.5\times10^{-2} \text{ mol/L}$$

在滴定时，由于 K_2CrO_4 显黄色，当其浓度较高时颜色较深，不易判断砖红色的出现。为了能观察到明显的终点，指示剂的浓度以略低一些为好。实验证明，滴定溶液中 $c(K_2CrO_4)$ 为 $5 \times 10^{-3} mol/L$ 是确定滴定终点的适宜浓度。

显然，K_2CrO_4 浓度降低后，要使 Ag_2CrO_4 析出沉淀，必须多加些 $AgNO_3$ 标准溶液，这时滴定剂就过量了，终点将在化学计量点后出现，但由于产生的终点误差一般都小于 0.1%，不会影响分析结果的准确度。但是如果溶液较稀，如用 $0.010\ 00 mol/L\ AgNO_3$ 标准溶液滴定 $0.010\ 00 mol/LCl^-$ 溶液，滴定误差可达 0.6%，影响分析结果的准确度，应做指示剂空白试验进行校正。

(2) 滴定时的酸度。在酸性溶液中，CrO_4^{2-} 有如下反应：

$$2CrO_4^{2-} + 2H^+ \Longrightarrow 2HCrO_4^- \Longrightarrow Cr_2O_7^{2-} + H_2O$$

因而降低了 CrO_4^{2-} 的浓度，使 Ag_2CrO_4 沉淀出现过迟，甚至不会沉淀。

在强碱性溶液中，会有棕黑色 $Ag_2O \downarrow$ 沉淀析出：

$$2Ag^+ + 2OH^- \Longrightarrow Ag_2O \downarrow + H_2O$$

因此，莫尔法只能在中性或弱碱性（$pH = 6.5 \sim 10.5$）溶液中进行。若溶液酸性太强，可用 $Na_2B_4O_7 \cdot 10H_2O$ 或 $NaHCO_3$ 中和；若溶液碱性太强，可用稀 HNO_3 溶液中和；而在有 NH_4^+ 存在时，滴定的 pH 范围应控制在 $6.5 \sim 7.2$ 之间。

(3) 干扰离子。凡是能与 Ag^+ 生成沉淀或配合物的阴离子或能与 CrO_4^{2-} 生成沉淀的阳离子都干扰测定。有色离子，如 Cu^{2+}、Ni^{2+}、Co^{2+} 等的存在会影响终点的观察，在中性或碱性溶液中发生水解的离子，如 Fe^{3+}、Al^{3+}、Bi^{3+}、Sn^{4+} 也干扰测定，应对它们进行预先分离。由此可见，莫尔法的选择性比较差。

4. 应用范围

莫尔法主要用于测定 Cl^-、Br^- 和 Ag^+，如氯化物、溴化物纯度测定以及天然水中氯含量的测定。

(1) 直接滴定法。直接测定 Cl^-、Br^-，当 Cl^- 或 Br^- 单独存在时，测的是各自的含量；当两者共存时，滴定的是总量。直接滴定法不能用于 I^- 和 SCN^- 的测定，因为 AgI、$AgSCN$ 沉淀具有强烈的吸附作用，使终点变色不明显，误差较大。

例 7-5 测定氯化钠含量时，准确称取试样 $4.123\ 0g$，加水溶解后置于 $250mL$ 容量瓶中，用水稀释至刻度，摇匀。准确吸取 $10mL$ 于 $250mL$ 锥形瓶中，加 $40mL$ 水，15 滴铬酸钾指示剂，在充分摇动下，用 $0.100\ 0mol/L$ 硝酸银滴定剂滴定到浑浊溶液突变为微红色，消耗 $26.10mL$。求试样中 $NaCl$ 的质量分数。已知 $M(NaCl) = 58.44g/mol$。

解： 由题可知，测定氯化钠含量采用莫尔法直接滴定。

$$\omega(NaCl) = \frac{c(AgNO_3) \times V(AgNO_3) \times M(NaCl)}{m \times \dfrac{10.00mL}{250mL}} \times 100\%$$

$$= \frac{0.100\ 0mol/L \times 26.10 \times 10^{-3}L \times 58.44g/mol}{4.123\ 0g \times \dfrac{10.00mL}{250mL}} \times 100\%$$

$$= 92.49\%$$

(2) 返滴定法（测定 Ag^+）。测定 Ag^+ 时，在溶液中加入一定量过量的 $NaCl$ 标准溶液，然后用 $AgNO_3$ 标准溶液滴定过量的 Cl^-。若以 $NaCl$ 标准溶液直接滴定 Ag^+ 时，试液中加入指示剂后，先形成的 Ag_2CrO_4 沉淀转化为 AgCl 的速率缓慢，而滴定过程中 Cl^- 要从 Ag_2CrO_4 中夺取 Ag^+ 比较慢，而使滴定误差较大。

莫尔法的选择性较差，凡能与 CrO_4^{2-} 或 Ag^+ 生成沉淀的阳、阴离子均干扰滴定。前者如 Ba^{2+}、Pb^{2+}、Hg^{2+} 等；后者如 SO_3^{2-}、PO_4^{3-}、AsO_4^{3-}、S^{2-}、$C_2O_4^{2-}$ 等。

（二）佛尔哈德法——铁铵矾作指示剂

佛尔哈德法是在酸性介质中，以铁铵矾 $[NH_4Fe(SO_4)_2·12H_2O]$ 作指示剂，用 NH_4SCN 标准溶液为滴定剂来确定滴定终点的一种银量法。NH_4SCN 试剂往往含有杂质，并且容易吸潮，只能用间接法配制，再以 $AgNO_3$ 标准溶液进行标定。根据滴定方式的不同，佛尔哈德法分为直接滴定法和返滴定法两种。

1. 直接滴定法测定 Ag^+

以铁铵矾作指示剂，用 NH_4SCN 标准溶液直接滴定，当滴定到化学计量点时，微过量的 SCN^- 与 Fe^{3+} 结合生成红色的 $[FeSCN]^{2+}$ 即为滴定终点。其反应是：

$$Ag^+ + SCN^- =\!=\!= AgSCN\downarrow （白色） \qquad K_{SP,AgSCN} = 2.0\times10^{-12}$$

$$Fe^{3+} + SCN^- =\!=\!= [FeSCN]^{2+} （红色） \qquad K = 200$$

由于指示剂中的 Fe^{3+} 在中性或碱性溶液中将形成 $Fe(OH)^{2+}$、$Fe(OH)_2^+$……等深色配合物，碱度再大，还会产生 $Fe(OH)_3$ 沉淀，因此滴定应在酸性（$0.3\sim1mol/L$）溶液中进行。

用 NH_4SCN 溶液滴定 Ag^+ 溶液时，生成的 AgSCN 沉淀能吸附溶液中的 Ag^+，使 Ag^+ 浓度降低，以致红色的出现略早于化学计量点。因此在滴定过程中需剧烈摇动，使被吸附的 Ag^+ 释放出来。

此法的优点在于可用来直接测定 Ag^+，并可在酸性溶液中进行滴定。

2. 返滴定法测定卤素离子

佛尔哈德法测定卤素离子（如 Cl^-、Br^-、I^- 和 SCN^-）时应采用返滴定法。即在酸性（HNO_3 介质）待测溶液中，先加入已知过量的 $AgNO_3$ 标准溶液，再用铁铵矾作指示剂，用 NH_4SCN 标准溶液回滴剩余的 Ag^+（HNO_3 介质）。反应如下：

$$Ag^+ + Cl^- =\!=\!= AgCl\downarrow \qquad （白色）$$

（过量）

$$Ag^+ + SCN^- =\!=\!= AgSCN\downarrow \qquad （白色）$$

（剩余量）

终点指示反应：$Fe^{3+} + SCN^- =\!=\!= [FeSCN]^{2+} \qquad （红色）$

用佛尔哈德法测定 Cl^-，滴定到临近终点时，经摇动后形成的红色会褪去，这是因为 AgSCN 的溶解度小于 AgCl 的溶解度，加入的 NH_4SCN 将与 AgCl 发生沉淀转化反应：

$$AgCl + SCN^- =\!=\!= AgSCN\downarrow + Cl^-$$

沉淀的转化速率较慢，滴加 NH_4SCN 形成的红色随着溶液的摇动而消失。这种转化作用将继续进行到 Cl^- 与 SCN^- 浓度之间建立一定的平衡关系，才会出现持久的红色，无疑滴定已多消耗了 NH_4SCN 标准滴定溶液。为了避免上述现象的发生，通常采用以下措施：

（1）试液中加入一定过量的 $AgNO_3$ 标准溶液之后，将溶液煮沸，使 AgCl 沉淀凝聚，以减少 AgCl 沉淀对 Ag^+ 的吸附。滤去沉淀，并用稀 HNO_3 充分洗涤沉淀，然后用

NH_4SCN 标准滴定溶液回滴滤液中过量的 Ag^+。

（2）在滴入 NH_4SCN 标准溶液之前，加入有机溶剂硝基苯或邻苯二甲酸二丁酯或 1，2 －二氯乙烷。用力摇动后，有机溶剂将 AgCl 沉淀包住，使 AgCl 沉淀与外部溶液隔离，阻止 AgCl 沉淀与 NH_4SCN 发生转化反应。此法方便，但硝基苯有毒。

（3）提高 Fe^{3+} 的浓度以减小终点时 SCN^- 的浓度，从而减小上述误差（实验证明，一般溶液中 $c(Fe^{3+})=0.2mol/L$ 时，终点误差将小于 0.1%）。

3. 应用范围不足

佛尔哈德法可以测定 Br^-、I^- 和 SCN^-，也可以测定有机卤化物，如测农药 666（$C_6H_6O_6$）中的 Cl^-，将试样与 KOH 乙醇溶液一起加热回流煮沸，使有机氯以氯离子形式存在。

而且佛尔哈德法的选择性高，许多弱酸根离子如 SO_3^{2-}、PO_4^{3-}、AsO_4^{3-}、CO_4^{2-} 等不干扰测定。

但是在测定碘化物时，必须加入过量 $AgNO_3$ 溶液之后再加入铁铵矾指示剂，以免 I^- 对 Fe^{3+} 的还原作用而造成误差。强氧化剂和氮的氧化物以及铜盐、汞盐都与 SCN^- 作用，因而干扰测定，必须预先除去。

例 7-6　称取烧碱试样 2.425 0g，溶解后酸化转移至 250mL 容量瓶中稀释至刻度。移取 25.00mL 于锥形瓶中，加入 $c(AgNO_3)=0.050\ 40mol/L$ 的 $AgNO_3$ 标准溶液 25.00mL，用 $c(NH_4SCN)=0.049\ 52mol/L$ 的 NH_4SCN 标准溶液返滴定过量的 $AgNO_3$ 标准溶液，消耗了 20.30mL，计算烧碱中氯化钠的质量分数。已知 $W(NaCl)=58.44g/mol$。

解：依题意该烧碱试样的测定采用佛尔哈德法返滴定。

$$Ag^+（过量）+Cl^-\longrightarrow AgCl\downarrow（白色）$$
$$Ag^+（剩余量）+SCN^-\longrightarrow AgSCN\downarrow（白色）$$

终点时：　　　$$Fe^{3+}+SCN^-=FeSCN^{2+}（红色）$$

$$\omega(NaCl)=\frac{[c(AgNO_3)\times V(AgNO_3)-c(NH_4SCN)\times V(NH_4SCN)]M(NaCl)}{m\times\dfrac{25.00mL}{250mL}}\times100\%$$

$$=\frac{(0.050\ 40\times0.025\ 00-0.049\ 52\times0.020\ 30)mol\times58.44g/mol}{2.425\ 0g\times\dfrac{25.00mL}{250mL}}\times100\%$$

$$=6.14\%$$

（三）法扬司法——吸附指示剂法

法扬司法是以吸附指示剂确定滴定终点的一种银量法。吸附指示剂吸附后发生颜色变化来指示终点。该反应的滴定剂可以是 $AgNO_3$ 标准溶液或者 NaCl 标准溶液。

1. 吸附指示剂的作用原理

吸附指示剂是一类有机染料，它的阴离子在溶液中易被带正电荷的胶状沉淀吸附，吸附后结构改变，从而引起颜色的变化，指示滴定终点的到达。

现以 $AgNO_3$ 标准溶液滴定 Cl^- 为例，说明荧光黄指示剂的作用原理。

荧光黄是一种有机弱酸，用 HFI 表示，在水溶液中可离解为荧光黄阴离子 FI^-，呈黄绿色：

$$HFI \rightleftharpoons FI^- + H^+$$

在化学计量点前，生成的 AgCl 沉淀在过量的 Cl^- 溶液中，AgCl 沉淀吸附 Cl^- 而带负电荷，形成的（AgCl）· Cl^- 不吸附指示剂阴离子 FI^-，溶液呈黄绿色。达化学计量点时，微过量的 $AgNO_3$ 可使 AgCl 沉淀吸附 Ag^+ 形成（AgCl）· Ag^+ 而带正电荷，此带正电荷的（AgCl）· Ag^+ 吸附荧光黄阴离子 FI^-，结构发生变化呈现粉红色，使整个溶液由黄绿色变成粉红色，指示终点的到达。

$$(AgCl) \cdot Ag^+ + FI^- \xrightarrow{\text{吸附}} (AgCl) \cdot Ag \cdot FI$$
$$\text{（黄绿色）　　　　（粉红色）}$$

如果用 NaCl 标准溶液滴定 Ag^+，指示剂颜色变化相反。

2. 使用吸附指示剂的注意事项

为了使终点变色敏锐，应用吸附指示剂时需要注意以下几点。

（1）保持沉淀呈胶体状态。由于吸附指示剂的颜色变化发生在沉淀微粒表面上，因此，应尽可能使卤化银沉淀呈胶体状态，具有较大的表面积。为此，在滴定前应将溶液稀释，并加糊精或淀粉等高分子化合物作为保护剂，以防止卤化银沉淀凝聚。

（2）控制溶液酸度。常用的吸附指示剂大多是有机弱酸，而起指示剂作用的是它们的阴离子。酸度大时，H^+ 与指示剂阴离子结合成不被吸附的指示剂分子，无法指示终点。酸度的大小与指示剂的离解常数有关，离解常数大，酸度可以大些。例如荧光黄其 $pK_a \approx 7$，适用于 $pH = 7 \sim 10$ 的条件下进行滴定，若 $pH < 7$ 荧光黄主要以 HFI 形式存在，不被吸附。

（3）避免强光照射。卤化银沉淀对光敏感，易分解析出银使沉淀变为灰黑色，影响滴定终点的观察，因此在滴定过程中应避免强光照射。

（4）吸附指示剂的选择。沉淀胶体微粒对指示剂离子的吸附能力，应略小于对待测离子的吸附能力，否则指示剂将在化学计量点前变色。但不能太小，否则终点出现过迟。卤化银对卤化物和几种吸附指示剂的吸附能力的次序如下：

$$I^- > SCN^- > Br^- > 曙红 > Cl^- > 荧光黄$$

因此，滴定 Cl^- 不能选曙红，而应选荧光黄。表 7-1 中列出了几种常用的吸附指示剂及其应用。

表 7-1　常用吸附指示剂

指示剂	被测离子	滴定剂	滴定条件	终点颜色变化
荧光黄	Cl^-、Br^-、I^-	$AgNO_3$	pH7～10	黄绿→粉红
二氯荧光黄	Cl^-、Br^-、I^-	$AgNO_3$	pH4～10	黄绿→红
曙红	Br^-、SCN^-、I^-	$AgNO_3$	pH2～10	橙黄→红紫
溴酚蓝	生物碱盐类	$AgNO_3$	弱酸性	黄绿→灰紫
甲基紫	Ag^+	NaCl	酸性溶液	黄红→红紫

3. 应用范围

法扬司法可用于测定 Cl^-、Br^-、I^- 和 SCN^- 及生物碱盐类（如盐酸麻黄碱）等。测定

Cl⁻ 常用荧光黄或二氯荧光黄作指示剂，而测定 Br⁻、I⁻ 和 SCN⁻ 常用曙红作指示剂。此法终点明显，方法简便，但反应条件要求较严，应注意溶液的酸度、浓度及胶体的保护等。

练习题

设计对照实验用法扬司法测定自来水中氯的含量，将测定结果与项目一的数据进行对比，看其是否相同。

第三节　项目二：佛尔哈德法测定氯化物的氯含量

一、项目目的

1. 学习 NH_4SCN 标准溶液的配制和标定
2. 掌握用佛尔哈德法返滴定测定氯化物中氯含量的原理和方法

二、项目原理

在含 Cl⁻ 的酸性试液中，加入一定量的 Ag^+ 标准溶液，定量生成 AgCl 沉淀后，过量 Ag^+ 以铁铵矾为指示剂，用 NH_4SCN 标准溶液回滴，由 Fe (SCN)²⁺ 络离子的红色，指示滴定终点。

$$Ag^+ + Cl^- \text{===} AgCl \downarrow \text{（白色）}$$

（过量）

$$Ag^+ + SCN^- \text{===} AgSCN \downarrow \text{（白色）}$$

（剩余量）

终点指示反应：$Fe^{3+} + SCN^- \text{===} [FeSCN]^{2+}$ （红色）

指示剂用量大小对滴定有影响，一般控制 Fe^{3+} 浓度为 0.015mol/L 为宜。

滴定时，控制氢离子浓度为 0.1～1mol/L，激烈摇动溶液，并加入硝基苯或石油醚保护 AgCl 沉淀，使其与溶液隔开，防止 AgCl 沉淀与 SCN⁻ 发生交换反应而消耗滴定剂。

滴定时，能与 SCN⁻ 生成沉淀、络合物或能氧化 SCN⁻ 的物质均有干扰。PO_4^{3-}、AsO_4^{3-}、CrO_4^{2-} 等离子，由于酸效应的作用而不影响测定。

佛尔哈德法常用于直接测定银合金和矿石中的银的质量分数。

三、仪器与试剂

仪器：25mL 酸式滴定管 1 支、1mL 移液管 1 支、250mL 容量瓶和 100mL 锥形瓶各 2 只、50mL 量筒 1 个、100mL 烧杯 2 只、25mL 移液管 2 支。

试剂：$AgNO_3$（0.1mol/L）溶液、NH_4SCN（0.1mol/L）溶液、铁铵矾指示剂溶液、1：1HNO₃ 溶液、硝基苯、NaCl 试样。

四、项目内容

1. NH₄SCN (0.1mol/L) 溶液的标定

用移液管移取 AgNO₃ 标准溶液 25.00mL 于 250mL 锥形瓶中，加入 5mL（1∶1）HNO₃，铁铵矾指示剂 1.0mL，然后用 NH₄SCN 溶液滴定。滴定时，激烈振荡溶液，当滴至溶液颜色为淡红色稳定不变时即为终点。平行测 3 次，计算 NH₄SCN 溶液浓度。

2. 试样测定

准确称取 0.4g 左右 NaCl 粉末样品，加水溶解于烧杯中，然后定容至 100mL 容量瓶中；再用移液管移取 NaCl 溶液 25.00mL 于锥形瓶中，加 25mL 蒸馏水稀释和 1∶1HNO₃ 溶液，由滴定管加入 AgNO₃ 标准溶液至过量 5～10mL（加入 AgNO₃ 标准溶液时，生成白色沉淀，接近计量点时，氯化银要凝聚，振荡溶液，再让其静置片刻，使沉淀沉降，然后加入几滴 AgNO₃ 溶液至清液层，如果不生成沉淀，说明 AgNO₃ 已经过量，这时，再适当加入 5～10mLAgNO₃ 标准溶液即可）。然后，加入 2mL 硝基苯，用橡皮塞塞住瓶口，剧烈振荡半分钟，使 AgCl 沉淀进入硝基苯而与溶液隔开。加入铁铵矾指示剂 1.0mL，用 NH₄SCN 标准溶液至淡红色的 $Fe(SCN)^{2+}$ 络合物稳定不变时即为终点。平行测定 3 份。计算 NaCl 试样中氯的含量。

练习题

1. 佛尔哈德法测氯时，为什么要加入石油醚或硝基苯？当用此法测定溴离子、碘离子时，还需加入石油醚或硝基苯吗？

2. 试讨论酸度对佛尔哈德法测定卤素离子含量时的影响。

3. 本实验为什么用 HNO₃ 酸化？可否用 HCl 溶液或 H₂SO₄ 酸化？为什么？

第四节　阅读材料：重量分析法

重量分析法是称取一定重量的供试品，用适当的方法将被测组分与试样中其他组分分离，称定其重量，根据被测组分和供试品的重量以计算组分含量的定量分析方法。

重量分析法是化学分析法中经典的方法，它通过使用分析天平称量来获得分析结果，在分析过程中一般不需与基准物质进行比较，也没有容量器皿引起的数据误差，所以重量分析法准确度好，精密度高；但是重量分析法需经溶解、沉淀、过滤、洗涤、干燥或灼烧和称量等步骤，操作较繁，需时较长，对低含量组分的测定误差较大。

在重量分析中，一般是将被测组分与试样中的其他组分分离后，转化为一定的称量形式，然后用称重方法测定该组分的含量。根据被测组分与试样中组分分离的方法不同，重量分析法又可分为沉淀法和挥发法。

利用沉淀反应使被测组分生成溶解度很小的沉淀，将沉淀过滤、洗涤后，烘干或灼烧成为组成一定的物质，然后称其质量，再计算被测组分的含量。例如：测定试样中的 Ba 时，可以在制备好的溶液中，加入过量的稀 H₂SO₄，使生成 BaSO₄ 沉淀，根据所得沉淀的重量，即可求出试样中 Ba 的百分含量。

　　挥发法一般是通过加热或其他方法使试样中的被测组分挥发逸出，然后根据试样重量的减轻计算该组分的含量；或者当该组分逸出时，选择一吸收剂将其吸收，然后根据吸收剂重量的增加计算该组分的含量。例如：测定试样中的吸湿水或结晶水时，可将试样烘干至恒重，试样减少的重量，即所含水分的重量。也可将加热后产生的水气吸收在干燥剂里，干燥剂增加的重量，即所含水分的重量。根据称量结果，可求得试样中吸湿水或结晶水的含量。

　　重量分析法广泛应用于药物分析中，下面举例说明用重量分析法对药物中甲磺酸酚妥拉明含量的测定。

　　取样品约 0.2g，精密称定，加水 20mL 溶解后，在搅拌下缓缓加入 10％三氯醋酸溶液 40mL，放置 2h，析出的沉淀用干燥至恒重的垂熔玻璃坩埚滤过，沉淀先用少量 10％三氯醋酸溶液洗涤，再用 10℃以下的冷水 20mL 分三次洗涤后，置五氧化二磷干燥器中减压干燥至恒重，精密称定，所得沉淀的重量与换算因数 0.848 7 相乘，即得供试品中含有甲磺酸酚妥拉明（$C_{17}H_{19}N_3O \cdot CH_4O_3S$）的重量。

　　甲磺酸酚妥拉明为酚妥拉明的甲磺酸盐，酚妥拉明可以与三氯醋酸形成沉淀，据此用重量法测定含量。沉淀反应如下：

$$C_{17}H_{19}N_3 \cdot CH_4O_3S + CCl_2COOH \Longrightarrow C_{17}H_{19}N_3 \cdot CCl_2COOH \downarrow + CH_4O_3S$$

换算因数为：

$$F = \frac{M_{C_{17}H_{19}N_3 \cdot CH_4O_3S}}{M_{C_{17}H_{19}N_3 \cdot CCl_3COOH}} = \frac{377.46}{444.75} = 0.848\ 7$$

习题

7.1　是非判断题

（1）$CaCO_3$ 和 PbI_2 的溶度积非常接近，皆约为 10^{-8}，故两者的饱和溶液中，Ca^{2+} 及 Pb^{2+} 离子的浓度近似相等。

（2）用水稀释 AgCl 的饱和溶液后，AgCl 的溶度积和溶解度都不变。

（3）在常温下，Ag_2CrO_4 和 $BaCrO_4$ 的溶度积分别为 2.0×10^{-12} 和 1.6×10^{-10}，前者小于后者，因此 Ag_2CrO_4 要比 $BaCrO_4$ 难溶于水。

（4）MnS 和 PbS 的溶度积分别为 1.4×10^{-15} 和 3.4×10^{-28}，欲使 Mn^{2+} 与 Pb^{2+} 分离开，只要在酸性溶液中适当控制 pH 值，通入 H_2S。

（5）为使沉淀损失减小，洗涤 $BaSO_4$ 沉淀时不用蒸馏水，而用稀 H_2SO_4。

（6）一定温度下，AB 型和 AB_2 型难溶电解质，溶度积大的，溶解度也大。

（7）向 $BaCO_3$ 饱和溶液中加入 Na_2CO_3 固体，会使 $BaCO_3$ 溶解度降低，溶度积减小。

（8）同类型的难溶电解质，K_{SP} 较大者可以转化为 K_{SP} 较小者，如两者 K_{SP} 差别越大，转化反应就越完全。

（9）当难溶电解质的离子积等于其溶度积时，该溶液为其饱和溶液。

（10）AgCl 在 $1.0 mol \cdot L^{-1}$ NaCl 溶液中溶解度要小于在纯水中的溶解度。

7.2　选择题

（1）在 NaCl 饱和溶液中通入 HCl（g）时，NaCl（s）能沉淀析出的原因是（　　　　）。

A. HCl 是强酸，任何强酸都导致沉淀

B. 共同离子 Cl^- 使平衡移动，生成 NaCl（s）

C. 酸的存在降低了 $K_{SP(NaCl)}$ 的数值

D. $K_{SP(NaCl)}$ 不受酸的影响，但增加 Cl^- 离子浓度，能使 $K_{SP(NaCl)}$ 减小

(2) 对于 A、B 两种难溶盐，若 A 的溶解度大于 B 的溶解度，则必有（　　）。

A. K_{sp}^{θ} （A） $>K_{sp}^{\theta}$ （B）　　　　　　B. K_{sp}^{θ} （A） $<K_{sp}^{\theta}$ （B）

C. K_{sp}^{θ} （A） $\approx K_{sp}^{\theta}$ （B）　　　　　　D. 不一定

(3) 已知 $CaSO_4$ 的溶度积为 2.5×10^{-5}，如果用 $0.01mol\cdot L^{-1}$ 的 $CaCl_2$ 溶液与等量的 Na_2SO_4 溶液混合，若要产生硫酸钙沉淀，则混合前 Na_2SO_4 溶液的浓度（$mol\cdot L^{-1}$）至少应为（　　）。

A. 5.0×10^{-3}　　　　B. 2.5×10^{-3}　　　　C. 1.0×10^{-2}　　　　D. 5.0×10^{-2}

(4) $AgCl$ 与 AgI 的 K_{SP} 之比为 2×10^{-6}，若将同一浓度的 Ag^+（$10^{-5}mol\cdot L^{-1}$）分别加到具有相同氯离子和碘离子（浓度为 $10^{-5}mol\cdot L^{-1}$）的溶液中，则可能发生的现象是（　　）。

A. Cl^- 及 I^- 以相同量沉淀　　　　　　B. I^- 沉淀较多

C. Cl^- 沉淀较多　　　　　　　　　　　D. 不能确定

(5) 不考虑各种副反应，微溶化合物 M_mA_n 在水中溶解度的一般计算式是（　　）。

A. $\sqrt{\dfrac{K_{SP}^{\theta}}{m+n}}$　　　　B. $\sqrt{\dfrac{K_{SP}^{\theta}}{m^m+n^n}}$　　　　C. $\sqrt{\dfrac{K_{SP}^{\theta}}{m^m\cdot n^n}}$　　　　D. $\sqrt[m+n]{\dfrac{K_{SP}^{\theta}}{m^m\cdot n^n}}$

(6) CaF_2 沉淀的 $K_{SP}^{\theta}=2.7\times10^{-11}$，$CaF_2$ 在纯水中的溶解度（$mol\cdot L^{-1}$）为（　　）。

A. 1.9×10^{-4}　　　　B. 9.1×10^{-4}　　　　C. 1.9×10^{-3}　　　　D. 9.1×10^{-3}

(7) 微溶化合物 Ag_2CrO_4 在 $0.0010mol\cdot L^{-1}$ $AgNO_3$ 溶液中的溶解度比在 $0.0010mol\cdot L^{-1}$ K_2CrO_4 溶液中的溶解度（　　）。

A. 较大　　　　　　B. 较小　　　　　　C. 相等　　　　　　D. 大一倍

(8) 下列叙述中，正确的是（　　）。

A. 由于 $AgCl$ 水溶液的导电性很弱，所以它是弱电解质

B. 难溶电解质溶液中离子浓度的乘积就是该物质的溶度积

C. 溶度积大者，其溶解度就大

D. 用水稀释含有 $AgCl$ 固体的溶液时，$AgCl$ 的溶度积不变，其溶解度也不变

(9) 已知 $AgCl$、Ag_2CrO_4、$Ag_2C_2O_4$ 和 $AgBr$ 的溶度积常数分别为 1.56×10^{-10}、1.1×10^{-12}、3.4×10^{-11} 和 5.0×10^{-13}。在下列难溶银盐的饱和溶液中，Ag^+ 离子浓度最大的是（　　）。

A. $AgCl$　　　　B. Ag_2CrO_4　　　　C. $Ag_2C_2O_4$　　　　D. $AgBr$

(10) 下列叙述中正确的是（　　）。

A. 混合离子的溶液中，能形成溶度积小的沉淀者一定先沉淀

B. 某离子沉淀完全，是指其完全变成了沉淀

C. 凡溶度积大的沉淀一定能转化成溶度积小的沉淀

D. 当溶液中有关物质的离子积小于其溶度积时，该物质就会溶解

(11) 在含有同浓度的 Cl^- 和 CrO_4^{2-} 的混合溶液中，逐滴加入 $AgNO_3$ 溶液，会发生的现象是（　　）。

A. $AgCl$ 先沉淀　　　　　　　　　　B. Ag_2CrO_4 先沉淀

C. AgCl 和 Ag_2CrO_4 同时沉淀　　　　　D. 以上都错

(12) NaCl 是易溶于水的强电解质，但将浓盐酸加到它的饱和溶液中时，也会析出沉淀，对此现象的正确解释应是（　　　）。

A. 由于 Cl^- 离子浓度增加，使溶液中 $c(Na^+) \cdot c(Cl^-) > K_{SP}(NaCl)$，故 NaCl 沉淀出来

B. 盐酸是强酸，故能使 NaCl 沉淀析出

C. 由于 $c(Cl^-)$ 增加，NaCl 的溶解平衡向析出 NaCl 方向移动，故有 NaCl 沉淀析出

D. 酸的存在降低了盐的溶度积常数

7.3　填空题

(1) 在含有相同浓度 Cl^- 和 I^- 离子的溶液中，逐滴加入 $AgNO_3$ 溶液时，　　　离子首先沉淀析出，当第二种离子开始沉淀时 Cl^- 和 I^- 离子的浓度之比为＿＿＿＿。已知 $K_{SP}^{\theta} = 1.5 \times 10^{-16}$，$K_{SP}^{\theta} = 1.56 \times 10^{-10}$

(2) 以系数为次方的离子浓度乘积与 K_{SP}^{θ} 的区别是＿＿＿＿。

(3) 只有当＿＿＿＿条件下，对 M_mA_n 型化合物才有如下的简单关系 $S = \sqrt[(m+n)]{\dfrac{K_{SP}^{\theta}}{m^m \cdot n^n}}$

(4) 已知 $PbCl_2$、PbI_2 和 PbS 的溶度积常数分别为 1.6×10^{-5}、8.3×10^{-9} 和 7.0×10^{-29}。欲依次看到白色的 $PbCl_2$、黄色的 PbI_2 和黑色的 PbS 沉淀，往 Pb^{2+} 溶液中滴加试剂的次序是＿＿＿＿。

(5) 离子积 Q_B 和溶度积 K_{SP} 的区别：前者是＿＿＿＿时溶液离子浓度幂之乘积，而后者是＿＿＿＿时溶液离子浓度幂之乘积。在一定温度下，后者为一＿＿＿＿。

7.4　计算题

(1) NaCl 试液 20.00mL，用 0.102 3mol/L $AgNO_3$ 标准滴定溶液滴定至终点，消耗了 27.00mL。求 NaCl 溶液中含 NaCl 多少？

(2) 称取可溶性氯化物 0.226 6g，加入 0.112 0mol/L $AgNO_3$ 标准溶液 30.00mL，过量的 $AgNO_3$ 用 0.115 8mol/L NH_4SCN 标准溶液滴定，用去 6.50mL，计算试样中氯的质量分数。

(3) 称取烧碱样品 0.503 8g，溶于水中，用硝酸调节 pH 值后，溶于 250mL 容量瓶中，摇匀。吸取 25.00mL 置于锥形瓶中，加入 25.00mL 0.104 1mol/L NH_4SCN 溶液 21.45mL，计算烧碱中 NaCl 的质量分数。

(4) 将纯 KCl 和 KBr 的混合物 0.300 0g 溶于水后，用 0.100 2mol/L $AgNO_3$ 溶液 30.85mL 滴定至终点，计算混合物中 KCl 和 KBr 的含量。

(5) 法扬司法测定某试样中碘化钾含量时，称样 1.652 0g，溶于水后，用 $c(AgNO_3) = 0.050\ 00$mol/L $AgNO_3$ 标准溶液滴定，消耗 20.00mL。试计算试样中 KI 的质量分数。

第八章 氧化还原滴定法与电位分析法

第一节 项目：过氧化氢含量的测定

一、项目目的

1. 掌握 $KMnO_4$ 标准溶液的配制和标定方法
2. 学习 $KMnO_4$ 法测定 H_2O_2 含量的方法，思考该测定方法的理论依据

二、仪器与试剂

仪器：25mL 酸式滴定管 1 支、250mL 容量瓶 1 只、250mL 锥形瓶 3 只、1mL 移液管 1 支、25mL 移液管 1 支、500mL 烧杯 1 只、500mL 棕色试剂瓶 2 只、100mL 量筒 1 个、3 号（或 4 号）微孔玻璃漏斗 1 个。

试剂：$Na_2C_2O_4$ 固体（A. R.）、$KMnO_4$ 固体、3mol/L 硫酸溶液、30% H_2O_2。

三、项目内容

1. 0.02mol/L $KMnO_4$ 标准溶液的配制与标定

（1）0.02mol/L $KMnO_4$ 标准溶液的配制。称取约 0.8g 高锰酸钾，置于 500mL 烧杯中，加 250mL 去离子水，用玻璃棒搅拌，使之溶解。然后将配好的溶液加热至微沸并保持 1h，冷却后倒入棕色试剂瓶中，于暗处静置 2~3 天。然后再用 3 号微孔玻璃漏斗过滤，滤液贮于棕色试剂瓶中。

（2）0.02mol/L $KMnO_4$ 标准溶液的标定。准确称取已烘干的 $Na_2C_2O_4$（在 110℃ 下烘干约 2h，然后置于干燥器中冷却备用）3 份（每份 0.08~0.10g），分别置于 250mL 锥形瓶中，加新煮沸过的去离子水 25mL 和 3mol/L 硫酸 10mL 使之溶解。待 $Na_2C_2O_4$ 溶解后，加热至 75~85℃，趁热用待标定的高锰酸钾溶液滴定，每加入一滴 $KMnO_4$ 溶液，摇动锥形瓶，使 $KMnO_4$ 颜色褪去后，再继续滴定。由于产生的少量 Mn^{2+} 离子对滴定反应有催化作用，使反应速度加快，滴定速度可以逐渐加快，但临近终点时滴定速度要减慢，直至溶液呈现微红色并持续半分钟不褪色即为终点。记录滴定所耗用 $KMnO_4$ 的体积，按下式计算 $KMnO_4$ 溶液的准确浓度。以三次平行测定结果的平均值作为 $KMnO_4$ 标准溶液的浓度。

$$c(KMnO_4) = \frac{2}{5} \times \frac{m(Na_2C_2O_4)}{M(Na_2C_2O_4) \times \dfrac{V(KMnO_4)}{1\,000}}$$

2. H_2O_2 含量的测定

用移液管移取 30% H_2O_2 溶液 1.00mL，置于 250mL 容量瓶中，加去离子水稀释至刻度，充分摇匀。然后用移液管移取 25.00mL 上述溶液，置于 250mL 锥形瓶中，加入 50mL

去离子水和 $10mL3mol/L$ 硫酸溶液，用 $KMnO_4$ 标准溶液滴定至溶液呈现微红色，在半分钟内不褪色即为终点。记录滴定时所消耗的 $KMnO_4$ 溶液体积。平行测定三次。

按下式计算样品中 H_2O_2 的含量：

$$H_2O_2\ 含量（g/mL）=\frac{5}{2}\times\frac{c（KMnO_4）\times\dfrac{V（KMnO_4）}{1\,000}\times M（H_2O_2）}{1.00\times\dfrac{25}{250}}$$

四、数据处理

1. $KMnO_4$ 溶液的标定

平行实验	1	2	3
$m（Na_2C_2O_4）/g$			
$V（KMnO_4）/(mol/mL)$			
$c（KMnO_4）/(mol/mL)$			
平均 $c（KMnO_4）/(mol/mL)$			

2. H_2O_2 含量的测定

平行实验	1	2	3
$V（双氧水）/mL$	25.00	25.00	25.00
$V（KMnO_4）/mL$			
$c（H_2O_2）/(g/mL)$			
平均 $c（H_2O_2）/(g/mL)$			

五、注意事项

（1）$KMnO_4$ 与 $Na_2C_2O_4$ 的反应速度较慢，用水浴加热 $75\sim85℃$ 可以加快反应的进行，但温度不可高于 $90℃$，否则 $H_2C_2O_4$ 发生分解：$H_2C_2O_4 = H_2O+CO_2\uparrow+CO\uparrow$

（2）滴定及标定时终点的颜色为微红色，并且 30s 不褪色。空气中的还原性的杂质、气体及灰尘都能使 $KMnO_4$ 还原，使粉红色逐渐消失。

（3）市售双氧水浓度太大，分解速度快，直接测定误差较大，必须定量稀释后再测定。

（4）由于 H_2O_2 与 $KMnO_4$ 溶液开始反应速度很慢，$KMnO_4$ 紫色不易褪去，可以再加入 $2\sim3$ 滴 $1mol/L$ $MnSO_4$ 溶液为催化剂，以加快反应速度。

本检验项目的基本原理应用的是以氧化还原反应为基础的氧化还原滴定法，氧化还原反应是化学反应中的一大类极为重要的反应，它不仅在工农业生产和日常生活中具有重要意义，而且对生命过程也具有重要的作用，生物体内的许多反应都直接或间接的与氧化还原反应相关。在药品生产、药品分析及检测等方面经常进行的工作如维生素 C 的含量测定，利用过氧化氢消毒杀菌，饮用水残留氯的监测等都离不开氧化还原反应。在已经初步了解氧化还原反应的基础上，在知识链接中将给大家介绍氧化数的概念；通过将氧化还原反应设计成原电池，重点讨论衡量物质氧化还原能力强弱的定量标度——电极电势的概念及其应用；最后讲述氧化还原滴定法的原理、标准溶液、指示剂及方法应用。

六、思考题

1. $KMnO_4$ 溶液的配制过程中，能否用定量滤纸来代替微孔玻璃漏斗过滤？为什么？

2. 用 $Na_2C_2O_4$ 为基准物标定 $KMnO_4$ 溶液时，应该注意哪些反应条件？

3. 用 $KMnO_4$ 法测定 H_2O_2 时，能否用 HNO_3 或 HCl 来控制酸度？为什么？

4. 装过 $KMnO_4$ 溶液的滴定管或容器，常有不易洗去的棕色物质，这是什么？怎样除去？

第二节　知识链接：氧化还原反应与电极电势

一、氧化还原反应

1. 氧化数

氧化还原反应是一类参加反应的物质之间有电子转移（或偏移）的反应。不同元素的原子相互化合后，各元素在化合物中各自处于某种化合状态。为了表示各元素在化合物中所处的化合状态，引入氧化数（又称氧化值）的概念。

1970 年国际纯化学和应用化学联合会（IUPAC）较严格地定义了氧化数的概念：氧化数是某元素一个原子的荷电数，这个荷电数可由假设每个键中的电子指定给电负性更大的原子而求得。根据此定义，确定氧化数的规则如下：

（1）单质中元素原子的氧化数为零。例如 H_2、Cl_2、N_2 等分子中，H、Cl、N 的氧化数都是 0。

（2）化合物分子中，所有原子氧化数的代数和为零。

（3）单原子离子的氧化数为它带有的电荷数，复杂离子内所有原子氧化数的代数和等于其带有的电荷数。例如 Ca^{2+} 中 Ca 的氧化数为 +2。

（4）氧在化合物中，一般氧化数为 -2。氢在化合物中，一般氧化数为 +1。但在过氧化物中，氧的氧化数为 -1。氟的氧化物 OF_2 中，氧的氧化数为 +2。金属氢化物如 CaH_2 中，氢的氧化数为 -1。

从以上可以看出，氧化数是有一定人为性的、经验性的概念，是表示元素在化合物状态时的形式电荷数。运用上述原则可以计算出化合物中任一元素的氧化数。

根据这些规定，我们可知 MnO_4^{2-} 中 Mn 的氧化数为 +6；NO_2 中 N 的氧化数为 +4，$S_2O_3^{2-}$ 中 S 的氧化数为 +2 等。

练习题

请写出 Fe_3O_4 和 $Na_2S_4O_6$ 中 Fe 和 S 的氧化数各为多少？

---

2. 氧化剂与还原剂

在反应过程中，某些元素氧化数发生变化的化学反应称为氧化还原反应。为什么氧化还原反应中元素的氧化数会发生升高和降低呢？因为在反应过程中某些元素的原子之间有电子的得失（或电子的偏移），这就是氧化还原反应的实质。

元素氧化数升高的过程称为氧化，该物质称为还原剂。还原剂能使其他物质还原，而本身被氧化。氧化数降低的过程称为还原，该物质称为氧化剂。氧化剂能使其他物质氧化，而本身被还原。

在氧化还原反应中，氧化与还原是同时发生的，且元素氧化数升高的总数必等于氧化数降低的总数。如锌与铜离子的反应：

$$\overset{\overset{\displaystyle 2e}{\overbrace{\qquad\qquad}}}{Zn\ +\ Cu^{2+}} = Zn^{2+} + Cu$$

氧化剂　还原剂　　　↓　　　↓
被还原　被氧化　氧化产物　还原产物

又如高锰酸钾与过氧化氢在酸性条件下的反应：

$$\overset{\overset{\displaystyle 1\times2e}{\overbrace{\qquad\qquad}}}{\underset{+7\qquad\quad -1}{2KMnO_4 + 5H_2O_2}} + 3H_2SO_4 = \underset{+2}{2MnSO_4} + K_2SO_4 + \underset{0}{5O_2} + 8H_2O$$

氧化剂　　　还原剂　　　　　　　↓　　　　　　　↓
被还原　　　被氧化　　　　　还原产物　　　　氧化产物

反应中，H_2O_2 中的 O 失去电子，被氧化成 O_2，H_2O_2 是还原剂；$KMnO_4$ 中 Mn^{7+} 得到电子，被还原成 Mn^{2+}，$KMnO_4$ 是氧化剂。

从分析中可知，在反应时，并非氧化剂或还原剂中所有元素的氧化数都有发生改变，在大多数情况下，只不过其中某一种元素的氧化数发生改变。虽然 H_2SO_4 也参加了反应，但是没有氧化数的变化，通常将这类物质称为介质。

为什么氧化还原反应中元素的氧化数会发生升高和降低呢？因为在反应过程中某些元素的原子之间有电子的得失（或电子的偏移），这就是氧化还原反应的实质。

3. 氧化还原半反应和氧化还原电对

在氧化还原反应中，表示氧化、还原过程的方程式，分别叫氧化反应和还原反应，统称氧化还原半反应。例如：$Zn + Cu^{2+} = Zn^{2+} + Cu$

氧化反应　　$Zn - 2e = Zn^{2+}$
还原反应　　$Cu^{2+} + 2e = Cu$

半反应中氧化数较高的物质叫氧化态物质（例如 Zn^{2+}、Cu^{2+}）；氧化数较低的物质叫还原态物质（例如 Zn、Cu）。半反应中的氧化态物质和还原态物质是彼此依存、相互转化的，这种共扼的氧化还原体系称为氧化还原电对，电对用"氧化态/还原态"表示。如 Cu^{2+}/Cu。一个电对就代表一个半反应，半反应可用下列通式表示：

氧化态 + ne = 还原态

而每个氧化还原反应均是由两个半反应组成的。

二、电极电势

1. 原电池的组成和工作原理

氧化还原反应是伴随电子转移的反应，这一点可以进一步用实验来证明。如图 8-1 将

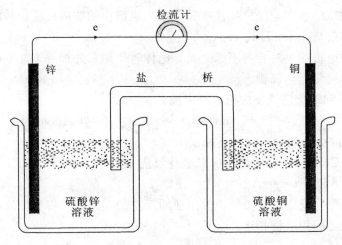

图 8-1　铜锌原电池

锌片插入硫酸锌溶液中，将铜片插入硫酸铜溶液中，两种溶液用一个装满饱和氯化钾溶液和琼胶的倒置 U 形管（称为盐桥）连接起来，再用导线连接锌片和铜片，并在导线中间接一个电流计，使电流计的正极和铜片相连，负极和锌片相连，则看到电流计的指针发生偏转。这说明反应中确有电子的转移，而且电子是沿着一定方向有规则地运动。这种借助于氧化还原反应将化学能转变为电能的装置称为原电池。

在铜锌原电池里，锌片上的锌原子失去电子变成锌离子，进入溶液中，因此锌片上有了过剩电子而成为负极，在负极上发生氧化反应；同时由于铜离子得到电子变成铜原子，沉积在铜片上。因此，铜片上有了多余的正电荷成为正极，在正极上发生了还原反应。则：

负极：　　　　　$Zn - 2e \longrightarrow Zn^{2+}$　　　　氧化反应

正极：　　　　　$Cu^{2+} + 2e \longrightarrow Cu$　　　　还原反应

在铜锌原电池里，电子由锌片定向地转移到铜片。当 Zn 原子失去电子变成 Zn^{2+} 进入溶液时，溶液中的 Zn^{2+} 增多而带正电，同时，Cu^{2+} 在铜片上获得电子变成 Cu 原子，$CuSO_4$ 溶液中的 Cu^{2+} 浓度减小而带负电。这种情况会阻碍电子由锌片向铜片流动。盐桥可以消除这种影响，盐桥中的负离子如 Cl^- 向 $ZnSO_4$ 溶液中扩散，正离子如 K^+ 向 $CuSO_4$ 溶液中扩散，以保持溶液的电中性，使氧化还原反应继续进行到 Cu^{2+} 几乎全部被还原为止。

原电池由两个电极构成，如上述原电池即由一个铜电极和一个锌电极组成。每个电极称为电对或半电池，如在铜锌原电池中，Zn 和 $ZnSO_4$ 溶液称为一个电对（Zn^{2+}/Zn 电对）组成锌半电池；Cu 和 $CuSO_4$ 溶液称为一个电对（Cu^{2+}/Cu 电对）组成铜半电池。每个电极上发生的氧化或还原反应，称为电极反应或半电池反应。

如：　　　　Zn^{2+}/Zn 电对　　　$Zn - 2e \longrightarrow Zn^{2+}$　　　氧化反应

　　　　　　Cu^{2+}/Cu 电对　　　$Cu^{2+} + 2e \longrightarrow Cu$　　　还原反应

为了方便，通常用原电池符号表示原电池的组成如下：

　　　　　$(-) Zn \mid Zn^{2+} (c_1) \parallel Cu^{2+} (c_2) \mid Cu (+)$

原电池符号书写规定为：

(1) 一般把负极写左边，正极写右边。

(2) 用"$\mid$"表示界面；不存在界面用"，"表示；用"$\parallel$"表示盐桥。

（3）要注明物质的状态，气体要注明其分压，溶液中的物质应注明其浓度。

如不注明，一般指 1mol/L 或 100kPa。

（4）对于某些电极的电对自身不是金属导电体时，则需外加一个能导电而又不参与电极反应的惰性电极，通常用金属铂。

例8-1　将下列氧化还原反应组成原电池：

$$Cu+Ag^+ \ (c=1.0mol/L) \Longrightarrow Cu^{2+} \ (c=0.10mol/L) +Ag$$

解：首先把反应分为氧化反应和还原反应

$$Cu \Longrightarrow Cu^{2+}+2e \qquad 氧化反应$$

$$Ag^++e \Longrightarrow Ag \qquad 还原反应$$

然后根据发生氧化反应的做负极，发生还原反应的做正极，将负极放在左边，正极放在右边，两电极溶液之间用盐桥相连。

$$(-) \ Cu \mid Cu^{2+} \ (c=0.10mol/L) \parallel Ag^+ \mid Ag \ (c=1.0mol/L) \ (+)$$

例8-2　写出下列电池所对应的化学反应：

$$(-) \ Pt \mid Fe^{3+}, \ Fe^{2+} \parallel MnO_4^-, \ Mn^{2+}, \ H^+ \mid Pt \ (+)$$

解：负极发生氧化反应　　　　$Fe^{2+} =Fe^{3+}+e$　　　　　$\Big| \times 5$

正极发生还原反应　$+) \ MnO_4^- +8H^+ +5e=Mn^{2+} +4H_2O$　$\Big| \times 1$

电池反应为　　　　　$MnO_4^- +5Fe^{2+} +8H^+ =Mn^{2+} +5Fe^{3+} +4H_2O$

电池的电动势

原电池能够产生电流的事实说明在原电池的两电极之间有电势差存在，这个电势差叫做电池的电动势。电极电势常用符号 φ 表示，电池的电动势常用 E 或 ε 表示：

$$E=\varphi_+ -\varphi_-$$

2. 电极电势的产生

用导线连接铜锌原电池的两个电极有电流产生的事实表明，在两电极之间存在着一定的电势差。现以金属及其盐溶液组成的电极为例进行讨论。

金属晶体是由金属原子、金属离子和自由电子组成。当把金属放入其盐溶液中时，在金属与其盐溶液的接触面上有两种反应倾向存在：①金属表面的原子有把电子留在金属上而自身以离子状态进入溶液的倾向。金属越活泼，盐溶液越稀，这种倾向越大；②溶液中的金属离子也有从金属上获得电子而沉积于金属的倾向。金属越不活泼，溶液越浓，这种倾向越大。

这两种倾向同时存在，最后当单位时间里从金属片上溶解下来的金属原子数与从溶液中沉积于金属上的原子数相等时，即达到了平衡状态。

$$M \underset{沉积}{\overset{溶解}{\rightleftharpoons}} M^{n+} +ne$$

这种平衡的结果有两种可能性：第一，若溶解的倾向大于沉积的倾向，金属带负电荷，金属周围的溶液带正电荷（如图8-2左）。第二，若沉积的倾向大于溶解的倾向，金属带正电荷，金属周围的溶液带负电荷（如图8-2右）。不论是哪一种可能，其结果总是在金属与其周围的溶液之间形成了双电层，在正负电荷层之间，产生了一定的电势差，这种电势差就叫做电极电势。双电层的存在，使金属与溶液之间产生了电势差，这个电势差叫做金属的电极电势。用符号 E 表示，单位用伏特（V）。电极电势的大小主要取决于电极材料的本性，同时还与溶液浓度、温度、介质等因素有关。由于金属的溶解是氧化反应，金属离子的沉积是还原反应，故电极上的氧化还原反应是电极电势产生的根源。

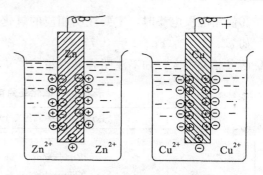

图 8-2　电极电势产生示意图

3. 标准氢电极与标准电极电势

电极电势的大小，反映了构成该电极的电对得失电子趋势的大小。如能定量测出电极电势，就可以定量地比较氧化剂和还原剂的相对强弱。但是，电极电势的绝对值至今不能测定，只能通过比较而求得各电极电势的相对值。为此，可选取某一个电极作比较标准，以求得其他各电极的相对电极电势值。目前国际上采用标准氢电极（SHE）作为标准电极，并规定它的电极电势为零（图 8-3）。用下式表示：

$$\varphi^{\ominus}(H_2/H^+)=0.000\ 0V$$

标准氢电极是将镀有铂黑的铂片插入氢离子浓度为 1mol/L 的硫酸溶液中，并在 298.15K 时不断通入压力为 100kPa 的纯氢气流，使铂黑吸附氢气达到饱和，这时溶液中的氢离子与铂黑所吸附的氢气建立了如下的动态平衡：

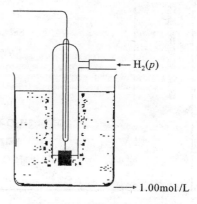

图 8-3　氢标准电极（SHE）

$$2H^+ + 2e^- \Longrightarrow H_2(g)$$

标准压力的氢气饱和了的铂片和 H^+ 浓度为 1mol/L 的酸溶液间的电势差就是氢标准电极的电极电势。

如果将某种电极和标准氢电极连接组成原电池，在标准状态下，即 298.15K 时，当所有溶液作用物的浓度为 1mol/L（严格讲活度为 1mol/L），所有气体作用物的分压为 101.33kPa 时测定出来的电池电动势即是该电极的标准电极电势。用符号 $\varphi^{\ominus}$ 表示。如将标准锌电极与标准氢电极组成原电池，测其电动势 $E=0.763V$。由电流的方向可知，锌为负极，标准氢电极为正极，由 $E^{\ominus}=\varphi_+^{\ominus}-\varphi_-^{\ominus}$ 得：

$$E^{\ominus}=\varphi_{H_2/H^+}^{\ominus}-\varphi_{Zn^{2+}/Zn}^{\ominus}=0.00-0.763=-0.763\ (V)$$
$$\varphi_{Zn^{2+}/Zn}^{\ominus}=-0.763\ (V)$$

运用同样方法，理论上可测得各种电极的标准电极电势，但有些电极与水剧烈反应，不能直接测得，可通过热力学数据间接求得。许多种电极的标准电极电势都已测定，其数值大小见表 8-1。

关于电极电势的几点说明：

①$\varphi^{\ominus}$ 值没有加和性。无论半电池反应式的系数乘以或除以任何实数，$\varphi^{\ominus}$ 不变。

$$Zn^{2+}+2e \Longrightarrow Zn \qquad \varphi^{\ominus}=-0.763V$$
$$2Zn^{2+}+4e \Longrightarrow 2Zn \qquad \varphi^{\ominus}=-0.763V$$

②$\varphi^{\ominus}$ 是水溶液体系的标准电极电势，对非水溶液体系不能用 $\varphi^{\ominus}$ 比较物质的氧化还原能力。

③使用电极电势时一定要注明相应的氧化还原电对。

如 $\varphi^{\ominus}$（Fe^{3+}/Fe^{2+}）$=0.77$（V）　　　　$\varphi^{\ominus}$（Fe^{2+}/Fe）$=-0.44$（V）

两者相差很大，如不注明容易混淆。

表 8-1　氧化还原电对标准电极电势表

还原态 $\Longrightarrow$ 氧化态 $+ne$	$\varphi^{\ominus}$（V）
$Li \Longrightarrow Li + e$	-3.05
$Zn \Longrightarrow Zn^{2+} + 2e$	-0.76
$Fe \Longrightarrow Fe^{2+} + 2e$	-0.44
$Sn \Longrightarrow Sn^{2+} + 2e$	-0.14
$Pb \Longrightarrow Pb^{2+} + 2e$	-0.13
$H_2 \Longrightarrow 2H^+ + 2e$	0.00
$Sn^{2+} \Longrightarrow Sn^{4+} + 2e$	0.14
$Cu \Longrightarrow Cu^{2+} + 2e$	0.34
$2I^- \Longrightarrow I_2 + 2e$	0.54
$Fe^{2+} \Longrightarrow Fe^{3+} + e$	0.77
$2Br^- \Longrightarrow Br_2 + 2e$	1.07
$2Cr^{3+} + 7H_2O \Longrightarrow Cr_2O_7^{2-} + 14H^+ + 6e$	1.33
$2Cl^- \Longrightarrow Cl_2 + 2e$	1.36
$Mn^{2+} + 4H_2O \Longrightarrow MnO_4^- + 8H^+ + 5e$	1.51
$2F^- \Longrightarrow F_2 + 2e$	2.87

（左侧：还原态还原能力增强 ↑　右侧：氧化态氧化能力增强 ↓）

4. 电极电势

标准电极电势是在标准状态下测得的，其大小只与电极本性有关。但绝大多数氧化还原反应都是在非标准状态下进行的。如果把非标准状态下的氧化还原反应组成电池，其电极电势及电动势也是非标准状态的。影响电极电势的因素很多，除了电极本性外，主要有温度、反应物浓度、溶液的 pH；若有气体参加反应，气体分压对电极电势也有影响。这些因素改变了，电极电势也将改变。德国化学家能斯特（W. Nernst）通过热力学的理论推导，将影响电极电势大小的诸因素如电极物质的本性、溶液中相关物质的浓度或分压、介质和温度等因素之间的关系表示如下：

半电池反应：$Ox + ne^- \Longrightarrow Red$

$$\varphi = \varphi^{\ominus} + \frac{RT}{nF}\ln\frac{C_{ox}}{C_{Red}} \tag{8-1}$$

该方程称为能斯特（Nernst）方程。

式中：φ——任意状态时的电极电势，V；

$\varphi^{\ominus}$——标准状态时的电极电势，V；

R——气体常数，$8.314J/（mol \cdot K）$；

n——半电池反应中电子的转移数；

F——法拉第常数，$96\,487C/mol$；

T——热力学温度，K。

当温度为 298.15K 时，将各常数代入式（8-1），把自然对数换成常用对数，可简化为：

$$\varphi = \varphi^\ominus + \frac{0.059\,16}{n} \lg \frac{C_{Ox}}{C_{Red}} \tag{8-2}$$

应用能斯特方程式时需注意以下几点：①计算前，首先配平半电池反应式；②若半电池反应式中氧化态、还原态物质前的系数不等于 1 时，则氧化态、还原态物质的浓度应以该系数为指数代入公式；③若电极反应式中氧化态、还原态为纯固体或纯液体（包括水），则不必代入方程式中；若为气体则用分压表示（气体分压代入公式时，应除以标准态压力 101.3kPa）；④若在电极反应中，有 H^+ 或 OH^- 离子参加反应，则这些离子的浓度也应根据反应式写在方程式中。

例 8-3 计算 298.15K 时，当 $c_{Fe^{3+}} = 1mol/L$，$c_{Fe^{2+}} = 0.000\,1mol/L$ 时，电对 Fe^{3+}/Fe^{2+} 的电极电势。

解：查表知 $Fe^{3+} + e \Longrightarrow Fe^{2+}$，$\varphi^\ominus = 0.771V$

298.15K 时，根据能斯特公式：

$$\varphi = \varphi^\ominus_{Fe^{3+}/Fe^{2+}} + \frac{0.059\,16}{n} \lg \frac{c_{Fe^{3+}}}{c_{Fe^{2+}}}$$

$$\varphi = \varphi^\ominus_{Fe^{3+}/Fe^{2+}} + \frac{0.059\,16}{n} \lg \frac{c_{Fe^{3+}}}{c_{Fe^{2+}}}$$

$$= 0.771 + \frac{0.059\,16}{1} \lg \frac{1}{0.000\,1}$$

$$= 1.008V$$

计算结果表明，氧化态物质的浓度越大，还原态物质的浓度越小，则电极电势就越高。相反，如在溶液里加入 NaF，则由于生成离解度很小的 FeF_3，使 Fe^{3+} 离子浓度降低，电极电势也跟着降低。

在许多电极反应中，H^+ 或 OH^- 参加了反应，溶液酸度变化常常显著影响电极电势。

例 8-4 今有电极反应

$$MnO_4^- + 8H^+ + 5e \Longrightarrow Mn^{2+} + 4H_2O \qquad \varphi^\ominus = 1.507V$$

MnO_4^- 和 Mn^{2+} 仍然为标准态，即浓度均为 1mol/L，求 298.15K，pH = 6 时此电极的电极电势。

解：298.15K 时，根据能斯特公式：

$$\varphi = \varphi^\ominus_{MnO_4^-/Mn^{2+}} + \frac{0.059\,16}{5} \lg \frac{c_{MnO_4^-} \cdot c_{H^+}^8}{c_{Mn^{2+}}}$$

已知：

$$[MnO_4^-] = [Mn^{2+}] = 1mol/L$$

则

$$\varphi = \varphi^\ominus_{MnO_4^-/Mn^{2+}} + \frac{0.059\,16 \times 8}{5} \lg c_{H^+}$$

$$= \varphi^\ominus_{MnO_4^-/Mn^{2+}} - \frac{0.059\,16 \times 8}{5} pH$$

$$\therefore \varphi = 1.51 - \frac{0.059\,16 \times 8}{5} \times 6 = 0.939\,1V$$

计算结果可表明，溶液 pH 值越大，电极电势值越小，MnO_4^- 的氧化能力越弱。反之，pH 值越小，即溶液的酸度越大，电极电势越大，MnO_4^- 的氧化能力越强。所以，常在酸性较强的溶液中使用氧化剂 $KMnO_4$。

　5. 电极电势的应用

　标准电极电势是电化学（研究电和化学反应相互关系的科学）中极为重要的数据，应用它可以定量比较氧化剂及还原剂的强弱，判断标准状态下氧化还原反应的方向和次序。

　（1）比较氧化剂及还原剂的强弱。$\varphi^{\ominus}$ 值大小代表电对物质得失电子能力的大小，因此，可用于判断标准状态下氧化剂、还原剂氧化还原能力的相对强弱（见表 8-1）。$\varphi^{\ominus}$ 值愈大，电对中氧化态物质的氧化能力愈强，是强氧化剂；而对应的还原态物质的还原能力愈弱，是弱还原剂。$\varphi^{\ominus}$ 值愈小，电对中还原态物质的还原能力愈强，是强还原剂；而对应氧化态物质的氧化能力愈弱，是弱氧化剂。

　例 8-5　比较标准状态下，下列电对物质氧化还原能力的相对强弱。

$$\varphi^{\ominus}_{Cl_2/Cl^-} = -1.36 \text{ （V）}; \quad \varphi^{\ominus}_{I_2/I^-} = -0.53 \text{ （V）}$$

　解：比较上述电对的电势值大小可知，氧化态物质的氧化能力相对强弱为：$Cl_2 > I_2$。还原态物质的还原能力相对强弱为：$I^- > Cl^-$。

　值得注意的是，标准电极电势 $\varphi^{\ominus}$ 大小只可用于判断标准状态下氧化剂、还原剂氧化还原能力的相对强弱。若电对处于非标准状态时，应根据能斯特公式计算出 φ 值，然后用 φ 值大小来判断物质的氧化性和还原性的强弱。

　（2）判断氧化还原反应进行的方向。两种物质之间能否发生氧化还原反应，取决于它们的电极电势差。氧化还原反应自发进行的方向总是强的氧化剂从强的还原剂那里夺取电子，变成弱的还原剂和弱的氧化剂，即：

　强氧化剂 1 ＋强还原剂 2 ＝弱还原剂 1 ＋弱氧化剂 2

　因此，利用标准电极电势表，可以判断标准状态下氧化还原反应自发进行的方向。

　例 8-6　判断标准状态下下列氧化还原反应进行的方向：

$$2Fe^{2+} + Br_2 \Longleftrightarrow 2Fe^{3+} + 2Br^-$$

　解：将此氧化还原反应拆成两个半反应，并查出它们的标准电极电势：

$$Fe^{2+} \Longleftrightarrow Fe^{3+} + e \qquad \varphi^{\ominus}_{Fe^{3+}/Fe^{2+}} = 0.771 V$$

$$Br_2 + 2e \Longleftrightarrow 2Br^- \qquad \varphi^{\ominus}_{Br_2/Br^-} = 1.087\ 3 V$$

$$
\begin{aligned}
E^{\ominus} &= \varphi^{\ominus}_+ - \varphi^{\ominus}_- \\
&= \varphi^{\ominus}(Br_2/Br^-) - \varphi^{\ominus}(Fe^{3+}/Fe^{2+}) \\
&= 1.087\ 3 - 0.771 \\
&= 0.316\ 3 V
\end{aligned}
$$

　因为 $\varphi^{\ominus}(Br_2/Br^-) - \varphi^{\ominus}(Fe^{3+}/Fe^{2+}) > 0$，从标准电极电势可以看出，反应体系中较强的氧化剂是电极电势高的电对中的氧化态 Br_2，而较强的还原剂是电极电势低的电对中的还原态 Fe^{2+}，因此，该反应将自发地向右进行。

　由此可得出结论：氧化还原反应就是由较强的氧化剂与较强的还原剂作用转化为较弱的还原剂和较弱的氧化剂的过程。

　不过一般说来 $\varphi^{\ominus}$ 值只能用来判断标准态下氧化还原反应的方向，不能直接用于非标准态下的氧化还原反应，因为氧化剂和还原剂的浓度、溶液的酸度、沉淀的生成和配合物的形成等 对氧化还原电对的电极电势有影响，故它们都有可能影响反应进行的方向。

　（3）判断氧化还原反应进行的次序。在实际中常常碰到这样的问题，在某种含有多种还原剂（或氧化剂）物质的溶液中加入某种氧化剂（或还原剂）时，氧化剂（或还原剂）首先与什么还原剂（或氧化剂）作用，就是说如何判断氧化还原反应的次序。例如在含有 Fe^{2+} 和 Sn^{2+} 离子的溶液中，滴入 $KMnO_4$ 溶液时，首先是发生什么反应呢？在没有告知反应的条件时，可由它们的标准电极电势值的大小来比较氧化或还原能力的大小，进而判断反应次序。

$$\varphi^{\ominus}\ (MnO_4^-/Mn^{2+}) = 1.51V$$
$$\varphi^{\ominus}\ (Fe^{3+}/Fe^{2+}) = 0.77V \quad \left.\right\}相差\ 0.74V \quad \left.\right\}相差\ 1.36V$$
$$\varphi^{\ominus}\ (Sn^{4+}/Sn^{2+}) = 0.15V$$

从标准电极电势看，Sn^{2+} 的还原能力比较强，$KMnO_4$ 首先氧化 Sn^{2+}，只有将 Sn^{2+} 完全氧化后才能氧化 Fe^{2+}。此例说明，溶液中含有多种还原剂时，若加入氧化剂，则其首先与最强的还原剂作用。即在适合的条件下，所有可能发生的氧化还原反应中，电极电势相差最大的电对间首先进行反应。

必须指出，以上判断只有在有关的氧化还原反应速度足够快的情况下才正确。

练习题

1. 根据标准电极电势表通过简单计算，判断下列反应进行的方向。

$$Zn + MgCl_2 \Longrightarrow Mg + ZnCl_2$$
$$MnO_4^- + HNO_2 \Longrightarrow Mn^{2+} + NO_3^-$$

2. 在含有相同浓度的 Fe^{2+}、I^- 混合溶液中，加入氧化剂 $K_2Cr_2O_7$ 溶液。问哪一种离子先被氧化？

第三节　氧化还原滴定法基础知识

一、条件电极电势

氧化还原滴定法是以氧化还原反应为基础的分析方法，是滴定分析中应用最广泛的方法之一。在氧化还原滴定中，常用强氧化剂和较强的还原剂作为标准溶液。根据所用标准溶液的不同，可将氧化还原滴定法分为高锰酸钾法、重铬酸钾法、碘量法、溴酸钾法等。

在实际工作中，若溶液浓度大且离子价态高时，不能忽略离子强度的影响。在实际溶液中，电对的氧化态或还原态具有多种存在形式，溶液的条件（溶液的酸度、沉淀的产生、配合物的生成等）一旦发生变化或有副反应发生，电对的氧化态或还原态的存在形式也随之变化，从而引起电极电势的改变。在使用能斯特（Nernst）方程时应考虑以上因素，才能使计算结果与实际情况较为相符。因而引入了条件电极电势（可简称条件电势）的概念。

条件电极电势 φ' 是在一定介质条件下氧化态和还原态的总浓度都为 $1mol/L$，或两者浓度比值为 1 时，考虑了溶液酸度、离子强度以及副反应系数等各种外界因素影响后的实际电极电势。引入条件电极电势时，能斯特方程式为：

$$\varphi = \varphi' Ox/Red + \frac{0.059\ 16}{n} lg \frac{c_{Ox}}{c_{Red}} \tag{8-3}$$

φ'可通过查表或计算求得。它在一定条件下为一常数，当条件（介质的种类和浓度）改变时将随着改变。如Fe^{3+}/Fe^{2+}电对的$\varphi^{\ominus}=0.77V$；

在0.5mol/L盐酸溶液中，$\varphi'=0.71V$；

在5mol/L盐酸溶液中，$\varphi'=0.64V$；

在2mol/L磷酸溶液中，$\varphi'=0.46V$；

……

条件电极电势见本书附录中列出了部分氧化还原电对的条件电极电势。引入条件电极电势后，处理问题比较简单，应用条件电极电势比用标准电极电势更能正确地判断氧化还原反应的方向、次序和反应完成的程度，更符合实际情况。当缺乏相同条件下的条件电势时，可采用条件相近的条件电势数据。如没有相应的条件电极电势数据，则采用标准电极电势。

二、氧化还原滴定曲线

在氧化还原滴定过程中，随着滴定剂的加入，被滴定物质的氧化态和还原态的浓度逐渐改变，电对的电极电势也随之改变。这种改变与其他类型的滴定一样，呈现出规律性的变化，也可以用滴定曲线描述。以加入的标准溶液的体积为横坐标，溶液的电极电势为纵坐标绘制，可得氧化还原滴定的曲线。现以在1mol/L H_2SO_4溶液中，用0.1mol/L $Ce(SO_4)_2$标准溶液滴定20.00mL0.1mol/L $FeSO_4$溶液为例说明氧化还原滴定曲线。

滴定离子反应式为：$Ce^{4+}+Fe^{2+}\Longrightarrow Ce^{3+}+Fe^{3+}$

半反应为：$\quad Ce^{4+}+e\Longrightarrow Ce^{3+}\qquad \varphi'(Ce^{4+}/Ce^{3+})=1.44V$

$\qquad\qquad\quad Fe^{3+}+e\Longrightarrow Fe^{2+}\qquad \varphi'(Fe^{3+}/Fe^{2+})=0.68V$

1. 滴定

滴定过程中溶液的组成发生如下变化：

滴定过程	溶液组成
滴定前	Fe^{2+}
化学计量点前	Fe^{2+}、Fe^{3+}、Ce^{3+}（反应完全，$[Ce^{4+}]$很小）
化学计量点后	Fe^{3+}、Ce^{3+}、Ce^{4+}（$[Fe^{2+}]$很小）

(1) 化学计量点前，因为加入的Ce^{4+}几乎全部被Fe^{2+}还原为Ce^{3+}，到达平衡时$c(Ce^{4+})$很小，电位值不易直接求得。但如果知道了滴定的百分数，就可求得$c(Fe^{3+})/c(Fe^{2+})$，进而计算出电势值。假设Fe^{2+}被滴定了a%，则按式（8-4）计算：

$$\varphi_{Fe^{3+}/Fe^{2+}}=\varphi'_{Fe^{3+}/Fe^{2+}}+0.059\lg\frac{a}{100-a} \qquad (8-4)$$

(2) 化学计量点后Fe^{2+}几乎全部被Ce^{4+}氧化为Fe^{3+}，$c(Fe^{2+})$很小不易直接求得，但只要知道加入过量的Ce^{4+}的百分数，就可以用$c(Ce^{4+})/c(Ce^{3+})$按式（8-4）计算电势值。设加入了b%Ce^{4+}，则过量的Ce^{4+}为（b-100）%，得

$$\varphi_{Ce^{4+}/Ce^{3+}}=\varphi'_{Ce^{4+}/Ce^{3+}}+0.059\lg\frac{b-100}{b} \qquad (8-5)$$

(3) 化学计量点Ce^{4+}和Fe^{2+}分别定量地转变为Ce^{3+}和Fe^{3+}，未反应的$c(Ce^{4+})$和$c(Fe^{2+})$很小不能直接求得，可按式（8-5）求得：

$$\varphi_{SP}=\frac{\varphi'_{Fe^{3+}/Fe^{2+}}+\varphi'_{Ce^{4+}/Ce^{3+}}}{2} \tag{8-6}$$

2. 计算

计算结果列表 8 - 2 如下。

表 8 - 2　0.1mol/L Ce（SO₄）₂ 标准溶液滴定 20.00mL0.1mol/L FeSO₄ 溶液体系的电极电势

加入 Ce⁴⁺溶液的体积 V/mL	滴定分数 f/%	体系的电极电势 φ/V
1.00	5.00	0.60
10.00	50.00	0.68
18.00	90.00	0.74
19.80	99.00	0.80
19.98	99.90	0.86
20.00	100.0	1.06 }滴定突跃
20.02	100.1	1.26
20.20	101.0	1.32
22.00	110.0	1.38
30.00	150.0	1.42
40.00	200.0	1.44

3. 绘制滴定曲线

以滴定剂加入的百分数为横坐标，电对的电势为纵坐标作图，可绘制出氧化还原滴定曲线，见图 8 - 4。

曲线分析：

A. 在化学计量点附近存在滴定突跃（0.86～1.26V）；

B. 对于可逆的、对称的氧化还原电对，滴定分数为 50％时溶液的电位就是被测物电对的条件电极电位；滴定分数为 200％时溶液的电位就是滴定剂电对的条件电极电位；

C. 化学计量点附近的滴定突跃的长短与两个电对的条件电极电势相差的大小有关。条件电极电位相差越大，突跃越长；反之，则较短。

D. 氧化还原滴定曲线，常因滴定时介质的不同而改变其位置和突跃的长短。如图 8 - 5 所示。

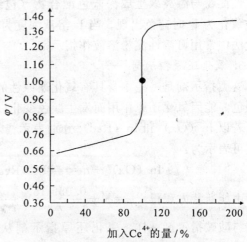

图 8 - 4　Ce（SO₄）₂ 标准溶液滴定 FeSO₄ 溶液的滴定曲线

滴定曲线形象地说明了滴定过程中溶液的电极电势变化，特别是计量点附近的电极电势变化的规律，若加入的指示剂在化学计量点附近（滴定误差约为 $\pm 0.1\%$ 时）时变色，可确定滴定终点，通过计算即能求出被测物质的含量。

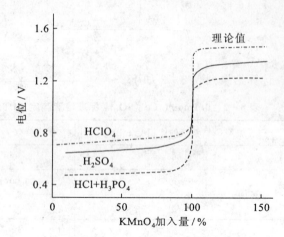

图 8-5　用 $KMnO_4$ 溶液在不同介质中
滴定 Fe^{2+} 的滴定曲线

三、氧化还原指示剂

在氧化还原滴定法中的指示剂一般可分为：自身指示剂（如高锰酸钾法）、专属指示剂（如碘量法）和氧化还原指示剂（如重铬酸钾法）。

1. 自身指示剂

在氧化还原滴定中，有些标准溶液或被滴定的物质本身有颜色，反应的生成物为无色或颜色很浅。例如，在高锰酸钾法中，高锰酸钾的水溶液呈紫红色，只要 MnO_4^- 的浓度达到 $2\times10^{-6}\text{mol/L}$（相当于往 100mL 溶液中加入 0.02mol/L $KMnO_4$ 0.01mL）就能显示其鲜明的颜色，而其还原产物 Mn^{2+} 几乎无色。达到化学计量点时，稍过量的 MnO_4^- 就可使溶液呈现粉红色。因此高锰酸钾自身可作指示剂。这种在滴定体系中不用外加指示剂，而利用标准溶液或被滴定物质本身的颜色变化起着指示剂作用的物质称为自身指示剂。

2. 专属指示剂

有些物质本身不具有氧化还原性，但它能与氧化剂或还原剂作用产生特殊的颜色，从而达到指示滴定终点的目的，这类指示剂称为专属指示剂或显色指示剂。例如，在碘量法中，可溶性淀粉与游离碘生成深蓝色配合物（包结化合物）。当 I_2 被还原为 I^- 时蓝色消失；当 I^- 被氧化为 I_2 时蓝色出现。当 I_2 溶液浓度为 $5\times10^{-6}\text{mol/L}$ 时即能看到蓝色，反应极灵敏。碘量法中常用可溶性淀粉溶液作指示剂。

3. 氧化还原指示剂

这类指示剂是一些本身具有氧化还原性的有机化合物，其氧化态和还原态具有明显不同的颜色，能因氧化还原作用而发生颜色变化以指示终点。

若以 In（Ox）和 In（Red）分别表示指示剂的氧化态和还原态，滴定中指示剂的电极反应可表示为：

$$\text{In（Ox）} + ne \rightleftharpoons \text{In（Red）}$$

由能斯特方程得：$\varphi = \varphi' + \dfrac{0.059\,16}{n}\lg\dfrac{c_{\text{In(Ox)}}}{c_{\text{In(Red)}}}$

与酸碱指示剂一样，氧化还原指示剂从还原态颜色变到氧化态颜色，则应是 $c_{\text{In(Ox)}}/c_{\text{In(Red)}}$ 比值从 $\dfrac{1}{10}\sim\dfrac{10}{1}$ 时，电极电位变化范围为：

$$\varphi = \varphi' + \dfrac{0.059\,16}{n}\quad(\text{V})$$

例如：二苯胺磺酸钠变色时电极电位变化范围为：

$$\varphi = 0.84 \pm \frac{0.059\ 16}{2} = 0.82 \sim 0.88\ （V）$$

由于此变色范围很小，一般只用变色点电极电势（φ'）。选择指示剂时，应选择指示剂变色电极电势在滴定突跃范围内。现将常用的氧化还原指示剂列于表 8-3。

表 8-3　常用的氧化还原指示剂

指示剂	φ'_m, V $c\ (H^+) = 1.0mol/L$	颜色变化	
		氧化态	还原态
亚甲基蓝	0.53	蓝	无色
二苯胺	0.76	紫	无色
二苯胺磺酸钠	0.84	紫红	无色
邻苯氨基苯甲酸	0.89	紫红	无色
邻二氮菲-亚铁	1.06	浅蓝	红
硝基邻二氮菲-亚铁	1.25	浅蓝	紫红

四、氧化还原滴定的预处理

1. 进行氧化还原滴定预处理的必要性

通过 3 个例子进行讲解：

例 1：测定试样中 Mn^{2+}、Cr^{3+} 的含量。$\varphi_{Cr_2O_7^{2-}/Cr^{3+}} = 1.33V$，$\varphi_{MnO_4^-/Mn^{2+}} = 1.51V$

（1）电位高的只有 $(NH_4)_2S_2O_8$ 等少数强氧化剂。

（2）$(NH_4)_2S_2O_8$ 稳定性差，反应速度又慢，不能作滴定剂。

（3）若将它作为预氧化剂，将 Mn^{2+}、Cr^{3+} 氧化成 MnO_4^- 和 $Cr_2O_7^{2-}$ 就可以用还原剂标准溶液（如 Fe^{2+}）直接滴定。

例 2：Sn^{4+} 的测定，要找一个强还原剂来直接滴定它也是不可能的，也需进行预处理。将 Sn^{4+} 还原成 Sn^{2+}，就可选用合适的氧化剂（如碘溶液）来滴定。

例 3：测定铁矿石中总铁量时，铁是以两种价态（Fe^{3+}、Fe^{2+}）存在。若分别测定 Fe^{3+} 和 Fe^{2+} 就需要两种标准溶液。若是将 Fe^{3+} 预先还原成 Fe^{2+}，然后用 $K_2Cr_2O_7$ 滴定，则只需滴定一次即求得总铁量。

2. 预氧化剂或还原剂的选择

预氧化剂或还原剂一般根据下列条件选择：①反应进行完全，速率快；②必须将欲测组分定量地氧化或者还原；③反应具有一定的选择性；④过量的氧化剂或还原剂易于除去（有加热分解、过滤、利用化学反应等方法）。

常用预氧化剂和还原剂见表（8-4）和表（8-5）。

表 8-4　常用预氧化剂

氧化剂	反应条件	主要应用	除去方法
$(NH_4)_2S_2O_8$	酸性	$Mn^{2+}\longrightarrow MnO_4^-$ $Cr^{3+}\longrightarrow Cr_2O_7^{2-}$ $VO^{2+}\longrightarrow VO_2^+$	煮沸分解
H_2O_2	碱性	$Cr^{3+}\longrightarrow CrO_4^{2-}$	煮沸分解
Cl_2　Br_2	酸性或中性	$I_2\longrightarrow IO_3^-$	煮沸或通空气
$KMnO_4$	酸性	$VO^{2+}\longrightarrow VO_3^-$	加 NO_2^- 除去
	碱性	$Cr^{3+}\longrightarrow CrO_4^{2-}$	
$HClO_4$	酸性	$Cr^{3+}\longrightarrow Cr_2O_7^{2-}$ $VO^{2+}\longrightarrow VO_3^-$	稀释
KIO_4	酸性	$Mn^{2+}\longrightarrow MnO_4^-$	不必除去

表 8-5　常用预还原剂

还原剂	反应条件	主要应用	除去方法
SO_2	中性或弱酸性	$Fe^{3+}\longrightarrow Fe^{2+}$	煮沸或通 CO_2
$SnCl_2$	酸性加热	$Fe^{3+}\longrightarrow Fe^{2+}$ As (V) $\longrightarrow$ As (III) Mo (VI) $\longrightarrow$ Mo (V)	加 $HgCl_2$ 氧化
$TiCl_3$	酸性	$Fe^{3+}\longrightarrow Fe^{2+}$	水稀释，Cu 催化空气氧化
Zn、Al	酸性	$Fe^{3+}\longrightarrow Fe^{2+}$ Ti (IV) $\longrightarrow$ Ti (III)	过滤或加酸溶解
Jones 还原剂（锌汞齐）	酸性	$Fe^{3+}\longrightarrow Fe^{2+}$ Ti (IV) $\longrightarrow$ Ti (III) $VO_2^-\longrightarrow V^{2+}$　$Cr^{3+}\longrightarrow Cr^{2+}$	
银还原剂	HCl	$Fe^{3+}\longrightarrow Fe^{2+}$	Cr^{3+} Ti (IV) 不被还原

第四节　氧化还原滴定法的种类

一、高锰酸钾法

1. 概述

高锰酸钾是强氧化剂，在酸性溶液中被还原成 Mn^{2+}。其半反应为：

$$MnO_4^- + 8H^+ + 5e \Longrightarrow Mn^{2+} + 4H_2O \qquad \varphi^\ominus = 1.507V$$

在碱性溶液中，MnO_4^- 被还原成 MnO_2：

$$MnO_4^- + 2H_2O + 3e \Longrightarrow MnO_2\downarrow + 4OH^- \qquad \varphi^\ominus = 0.595V$$

后一反应由于形成 MnO_2 棕色沉淀，妨碍终点观察，因此不能用作滴定分析。在酸性

溶液中的反应常用 H_2SO_4 酸化而不能用 HNO_3，因为 HNO_3 有氧化性，可能与被测物反应；也不能用 HCl，因为 HCl 中的 Cl^- 有还原性，可能与 MnO_4^- 反应。被测溶液酸的浓度一般控制在 $0.5\sim1mol/L$ 为宜。如酸的浓度过高会引起 $KMnO_4$ 分解：

$$4MnO_4^- + 12H^+ = 4Mn^{2+} + 5O_2\uparrow + 6H_2O$$

利用 $KMnO_4$ 作氧化剂可直接滴定还原性物质（称直接法），也可用间接法测定氧化性物质：先将一定量过量的还原剂标准溶液加入到被测定的氧化性物质中，待反应完毕后，再用 $KMnO_4$ 标准溶液返滴定剩余量的标准溶液。

高锰酸钾的水溶液呈紫红色，只要 MnO_4^- 的浓度达到 2×10^{-6} $mol\cdot L^{-1}$（相当于往 100mL 溶液中加入 $0.02mol/L$ $KMnO_4$ 0.01mL）就能显示其鲜明的颜色，而其还原产物 Mn^{2+} 几乎无色。达到化学计量点时，稍过量的 MnO_4^- 就可使溶液呈现粉红色。因此高锰酸钾自身可作指示剂。

2. 高锰酸钾标准溶液的配制与标定

高锰酸钾在制备和贮存过程中，会产生少量的二氧化锰杂质，不能直接配制标准溶液。蒸馏水中常含少量有机杂质，能还原高锰酸钾，使初配的高锰酸钾溶液的浓度发生变化。为使 $KMnO_4$ 溶液浓度较快达到稳定，常将配好的溶液煮沸 1h 并放置 2~3 天；也可用新煮沸后放冷的蒸馏水配制高锰酸钾溶液，置棕色玻璃瓶中，在暗处放置 7~10 天，然后用烧结玻璃漏斗过滤，以除去二氧化锰（过滤不能用滤纸，因其能还原 $KMnO_4$）。用这种方法配制的 $KMnO_4$ 溶液浓度约为 $0.1mol/L$。

标定高锰酸钾溶液常用的基准物质为 $Na_2C_2O_4$、$H_2C_2O_4\cdot2H_2O$、$(NH_4)_2SO_4\cdot FeSO_4$ $\cdot6H_2O$ 及纯铁丝等。草酸钠不含结晶水，无吸水性，易于精制，尤为常用。在硫酸溶液中，高锰酸钾与草酸钠的反应为：

$$2KMnO_4 + 5Na_2C_2O_4 + 8H_2SO_4 = 2MnSO_4 + 10CO_2\uparrow + K_2SO_4 + 5Na_2SO_4 + 8H_2O$$

这个反应虽然有着极高的平衡常数，但在常温下动力学上是个慢反应。为使反应加速，可将草酸钠溶液预热到 $70\sim80℃$ 后再进行滴定。如果溶液温度高于 90℃，草酸可能部分分解。

$$H_2C_2O_4 \longrightarrow CO\uparrow + CO_2\uparrow + H_2O$$

滴定反应开始时，滴定速度慢一点，当溶液中产生了少量 Mn^{2+} 后，滴定速度可稍快一点，因为 Mn^{2+} 能催化高锰酸钾与草酸的反应，使之速度大大加快。这种因反应产物引起的催化作用，叫自动催化。用高锰酸钾液滴定，至溶液呈微红色并在 30s 内不褪色，即达到滴定终点。由于空气中的还原性物质能与高锰酸钾反应，故滴定终点的微红色常不能持久。

由滴定方程可知，反应达计量点时，有如下关系：

$$5n(KMnO_4) = 2n(Na_2C_2O_4)$$

设 $KMnO_4$ 的浓度为 $c(KMnO_4)$ (mol/L)，滴定消耗 $KMnO_4$ 溶液体积为 V (L)，称取草酸钠 $(Na_2C_2O_4)$ m (g)，M 为 $Na_2C_2O_4$ 的摩尔质量 $(g\cdot mol^{-1})$，则

$$5\times c(KMnO_4)V = 2\times\frac{m(H_2C_2O_4)}{M(H_2C_2O_4)}$$

$$\therefore c(KMnO_4) = \frac{2\times m(H_2C_2O_4)}{5\times M(H_2C_2O_4)V(KMnO_4)}$$

3. 高锰酸钾法的应用

用高锰酸钾标准溶液可直接滴定一些还原性物质，如 H_2O_2、亚铁盐，亚砷酸盐和亚硝

酸盐等。有的较强的氧化剂如 MnO_2，可用返滴定法测定：在含 MnO_2 的硫酸溶液中，加入过量的 $Na_2C_2O_4$ 标准溶液，待作用完毕后，再用高锰酸钾标准溶液返滴定未作用完的草酸钠，算出 MnO_2 的含量。

(1) H_2O_2 的测定。市售双氧水中 H_2O_2 的质量分数约为 30%，浓度较大，须经稀释后方可滴定。由于 H_2O_2 易受热分解，滴定应在室温下进行。滴定反应为：

$$2KMnO_4 + 5H_2O_2 + 3H_2SO_4 = 2MnSO_4 + 5O_2 + K_2SO_4 + 8H_2O$$

根据反应式，反应达计量点时，有下列关系

$$5n(KMnO_4) = 2n(H_2O_2)$$

$$5(KMnO_4)V(KMnO_4) = 2c(H_2O_2)V(H_2O_2)$$

$$c(H_2O_2) = \frac{5c(KMnO_4)V(KMnO_4)}{2V(H_2O_2)}$$

式中：$c(KMnO_4)$ 和 $c(H_2O_2)$——分别为 $KMnO_4$ 标准溶液和待测的溶液 H_2O_2 的浓度 (mol/L)；

$V(KMnO_4)$——消耗的 $KMnO_4$ 标准溶液的体积；

$V(H_2O_2)$——量取 H_2O_2 溶液的体积，单位相同，一般均为 mL。

(2) 钙含量的测定。非氧化性或还原性物质，不能直接和 $KMnO_4$ 反应，因此不能用直接滴定法测定这些物质的含量。在这种情况下，可以采用间接滴定。试样中钙含量的测定，就是应用间接滴定的典型例子。钙是构成植物细胞壁的重要元素，植物桐经灰化处理，然后制成含 Ca^{2+} 试液，再将该试液与 $C_2O_4^{2-}$ 反应生成草酸钙沉淀，沉淀经过滤、洗涤后，溶于热的稀 H_2SO_4 中，释放出与 Ca^{2+} 等量的 $C_2O_4^{2-}$，然后用 $KMnO_4$ 标准溶液滴定。有关反应为：

$$Ca^{2+} + C_2O_4^{2-} = CaC_2O_4$$

$$CaC_2O_4 + 2H^+ = Ca^{2+} + H_2C_2O_4$$

$$2MnO_4^- + 5H_2C_2O_4 + 6H^+ = 2Mn^{2+} + 10CO_2 + 8H_2O$$

样品中钙的质量分数：

$$w(Ca) = \frac{5c(KMnO_4) \cdot V(KMnO_4) \cdot M(Ca)}{2G}$$

式中：G——样品质量 (g)。

二、碘量法

1. 概述

碘量法是以碘作氧化剂，或以碘化物作还原剂进行氧化还原滴定的方法，它的半电池反应是：

$$I_2 + 2e \Longrightarrow 2I^- \quad \varphi^\ominus = 0.535\ 5V$$

$\varphi^\ominus$ 值大小适中，故碘是中等强度的氧化剂，I^- 是中等强度的还原剂。碘量法的应用相当广泛，在氧化还原滴定法中占有重要地位。用 I_2 的标准溶液直接测定某些还原性物质的方法称为直接碘量法，又称为碘滴定法。显然，直接碘量法只适用于测定其标准电极电势比 $\varphi^\ominus(I_2/I^-)$ 低的还原性物质。对于标准电极电势比 $\varphi^\ominus(I_2/I^-)$ 高的氧化性物质，可使其先与 I^- 离子（通常用 KI）作用，使 I^- 氧化成 I_2，然后用 $Na_2S_2O_3$ 标准溶液滴定所生成的 I_2，从而求出这些氧化性物质的量。这种方法又称间接碘量法或滴定碘法。

碘量法中的指示剂为专属指示剂。专属指示剂是指可溶性淀粉与游离碘生成深蓝色配合物的反应。当 I_2 被还原为 I^- 时蓝色消失；当 I^- 被氧化为 I_2 时蓝色出现。当 I_2 溶液浓度为 $5 \times 10^{-6} mol/L$ 时即能看到蓝色，反应极灵敏。则在碘量法中，即根据滴定化学计量点时溶液蓝色的出现或消失确定滴定终点。

由于碘有挥发性，滴定反应应在冷溶液中进行，并使用碘瓶，不能剧烈摇动。

2. 直接碘量法

直接碘量法是用 I_2 作为滴定剂，所以又称为碘滴定法。该法只能用于滴定还原性较强的物质。其滴定应在酸性、中性或弱碱性溶液中进行。pH 大于 9 时，发生歧化反应：
$$3I_2 + 6OH^- \Longrightarrow IO_3^- + 5I^- + 3H_2O$$

由于 I_2 所能氧化的物质不多，所以直接碘量法在应用上受到限制。

(1) I_2 标准溶液。用升华的方法制得的纯碘，可以直接配制成标准溶液。但通常是用市售的碘先配成近似浓度的碘溶液，然后用已知浓度的 $Na_2S_2O_3$ 标准溶液标定碘溶液的准确浓度。

碘在水中的溶解度很小（$1.18 \times 10^{-8} mol/L$，25℃），但加入 KI，使其形成 I_3^- 配离子，可增加 I_2 的溶解度，并降低碘的挥发性。滴定时，可按下列逆反应方向释放出 I_2：
$$I_2 + I^- \Longrightarrow I_3^-$$

配制好的 I_2 标准溶液应要防止见光、受热，否则浓度将发生变化。

(2) 应用实例。用直接碘量法测定维生素 C 的含量维生素 C（$C_6H_8O_6$）是生物体内不可缺少的维生素之一，它具有治疗抗坏血病的功能，所以又称抗坏血酸。它也是衡量蔬菜、水果食用部分品质的常用指标之一。抗坏血酸分子中的烯二醇基具有较强的还原性，能被碘定量氧化成脱氢抗坏血酸（$C_6H_6O_6$）：
$$C_6H_8O_6 + I_2 \Longrightarrow C_6H_6O_6 + 2HI$$

从上式看，碱性条件更有利于反应向右进行。但维生素 C 的还原性很强，在碱性溶液中易被空气氧化，所以在滴定时反而加入一些 HAc，使溶液保持一定的酸度，以减少维生素 C 受 I_2 以外的氧化剂作用的影响。

3. 间接碘量法

(1) 概述。间接碘量法是利用 I^- 的还原性，测定具有氧化性的物质。测定中，首先使被测的氧化性物质与过量的 KI 发生反应，定量析出 I_2，然后用 $Na_2S_2O_3$ 标准溶液滴定析出的 I_2，从而间接测定物质的含量。

间接滴定法是以下列反应为基础的：
$$I_2 + 2S_2O_3^{2-} \Longrightarrow 2I^- + 2S_4O_6^{2-}$$

反应条件：① 控制溶液的酸度。

一般反应需要在中性或弱酸性溶液中进行。在碱性溶液中发生下列副反应：
$$S_2O_3^{2-} + 4I_2 + 10OH^- \Longrightarrow 2SO_4^{2-} + 8I^- + 5H_2O$$

在强酸性溶液中，$Na_2S_2O_3$ 分解，I^- 可被空气中的氧氧化：
$$S_2O_3^{2-} + 2H^+ \Longrightarrow SO_2 \uparrow + S \downarrow + H_2O$$
$$4I^- + 4H^+ + O_2 \Longrightarrow 2I_2 + 2H_2O$$

这种副反应影响滴定反应的定量关系，另外，在碱性溶液中 I_2 也会发生歧化反应。

②防止 I_2 的挥发和 I^- 的氧化。为防止 I_2 的挥发，可以加入过量 KI（比理论量多 2～3

倍），并在室温下进行滴定。滴定的速度要适当，不要剧烈摇动。滴定最好使用碘瓶。

间接碘量法可以测定许多无机物和有机物，应用十分广泛。

（2）硫代硫酸钠标准溶液的配制和标定。

①硫代硫酸钠标准溶液的配制。

硫代硫酸钠 $Na_2S_2O_3 \cdot 5H_2O$ 为无色晶体，市售硫代硫酸钠常含 S、Na_2CO_3 和 Na_2SO_4 等少量杂质，且易风化、潮解，不能直接配制标准溶液。$Na_2S_2O_3$ 水溶液不稳定，其原因：

第一与溶解在水中的 CO_2 反应：

$$Na_2S_2O_3 + CO_2 + H_2O \Longrightarrow NaHCO_3 + NaHSO_3 + S\downarrow$$

第二与溶解在水中的 O_2 反应：

$$2Na_2S_2O_3 + O_2 \Longrightarrow 2Na_2SO_4 + 2S\downarrow$$

第三水中的微生物（嗜硫菌）能分解硫代硫酸钠：

$$Na_2S_2O_3 \xrightarrow{\text{微生物}} Na_2SO_3 + S\downarrow$$

因此须用新煮沸过的冷蒸馏水配制溶液，不仅可以除去溶解在水中的 O_2 和 CO_2，而且能杀死细菌，配制时需加入少量 Na_2CO_3 作稳定剂，使 pH 值保持在 9～10，放置 8～10 天，待其浓度稳定后，再进行标定。但不宜长期保存。

②硫代硫酸钠标准溶液的标定。

硫代硫酸钠溶液可用碘标准溶液或一级标准物质标定。可用的一级标准物质有 $K_2Cr_2O_7$、KIO_3、$KBrO_3$ 等。由于 $K_2Cr_2O_7$ 价廉、易提纯，因此常用作一级标准物质。不能用 $K_2Cr_2O_7$ 标准溶液直接滴定 $Na_2S_2O_3$ 溶液，因为它不仅把大部分硫代硫酸钠氧化为连四硫酸钠，还把另一部分氧化成硫酸钠，没有一定的计量关系来确定滴定的结果。因此用 $K_2Cr_2O_7$ 标定 $Na_2S_2O_3$ 是用间接法，即在酸性溶液中，$K_2Cr_2O_7$ 与过量 KI 作用生成 I_2，再用硫代硫酸钠溶液滴定：

$$K_2Cr_2O_7 + 6KI + 14HCl \Longrightarrow 2CrCl_3 + 3I_2 + 8KCl + 7H_2O$$

$$I_2 + 2Na_2S_2O_3 \Longrightarrow 2NaI + Na_2S_4O_6$$

根据反应式，反应达计量点时，物质的量间有如下关系；

$$n(K_2Cr_2O_7) = \frac{1}{3}n(I_2)$$

$$n(I_2) = \frac{1}{2}n(Na_2S_2O_3)$$

则：

$$c(Na_2S_2O_3) = \frac{6m}{M(K_2Cr_2O_7) \times V(Na_2S_2O_3)}$$

式中：m——$K_2Cr_2O_7$ 的质量（g）；

$M(K_2Cr_2O_7)$——$K_2Cr_2O_7$ 的摩尔质量（g/mol）；

$V(Na_2S_2O_3)$——滴定消耗的 $Na_2S_2O_3$ 的体积（L）。

（3）应用举例。用间接法测定次氯酸钠含量。次氯酸钠又叫安替福民，为一杀菌剂，在酸性溶液中能将 I^- 氧化成 I_2，后者用 $Na_2S_2O_3$ 标准溶液滴定，有关反应如下：

$$NaClO + 2HCl \Longrightarrow Cl_2 + NaCl + H_2O$$

$$Cl_2 + 2KI \Longrightarrow 2I_2 + 2KCl + Na_2S_2O_3$$

$$I_2 + 2Na_2S_2O_3 =\!\!=\!\!= 2NaI + Na_2S_4O_6$$

从反应方程式看，反应达计量点时，各反应物物质的量间有如下关系：

$$n(NaClO) = n(Cl_2) = n(I_2) = n(2Na_2S_2O_3)$$

$$n(NaClO) = \frac{1}{2}n(Na_2S_2O_3)$$

$$\therefore c(Na_2S_2O_3) \times V(Na_2S_2O_3) = \frac{2m}{M(NaClO)}$$

式中：$c(Na_2S_2O_3)$ 和 $V(Na_2S_2O_3)$ ——分别为 $Na_2S_2O_3$ 标准溶液的浓度（mol/L）和体积（L）；

m——次氯酸钠的质量（g）；

$M(NaClO)$ ——NaClO 的摩尔质量（g·mol）。

三、重铬酸钾法

1. 概述

$K_2Cr_2O_7$ 在酸性条件下是一种强氧化剂，其半反应为：

$$Cr_2O_7^{2-} + 14H^+ + 6e = 2Cr^{3+} + 7H_2O \quad \varphi^{\ominus} = 1.33V$$

由其标准电极电势可以看出，$K_2Cr_2O_7$ 氧化能力没有 $KMnO_4$ 强，测定对象没有高锰酸钾法广泛，但 $K_2Cr_2O_7$ 法具有以下特点：

（1）$K_2Cr_2O_7$ 容易提纯，在 $140\sim150℃$ 时干燥后，可以直接配制成标准溶液。

（2）$K_2Cr_2O_7$ 溶液相当稳定，只要存放在密闭的容器中，其浓度可长期保持不变。

（3）$K_2Cr_2O_7$ 氧化性较弱，选择性较高，在 HCl 浓度不太高时，$K_2Cr_2O_7$ 不氧化 Cl^-，因此可在盐酸介质中滴定。

（4）$K_2Cr_2O_7$ 滴定法常用指示剂是氧化还原指示剂，常用指示剂为二苯胺磺酸钠。

（5）$K_2Cr_2O_7$ 滴定反应速度快，能在常温下进行滴定。

重铬酸钾法常用于铁和土壤有机质的测定。应当指出，$K_2Cr_2O_7$ 和 Cr^{3+} 离子严重污染环境，使用时应注意废液的处理，以免污染环境。

2. 应用示例

亚铁盐中亚铁含量可用 $K_2Cr_2O_7$ 法测定。准确称取试样，在酸性条件下溶解后，加入适量的 H_3PO_4，并加入二苯胺磺酸钠指示剂，用 $K_2Cr_2O_7$ 标准溶液滴定至终点。该滴定反应可表示为：

$$Cr_2O_7^{2-} + 6Fe^{2+} + 14H^+ =\!\!=\!\!= 2Cr^{3+} + 6Fe^{3+} + 7H_2O$$

$$n(Fe^{2+}) = 6n(K_2Cr_2O_7)$$

$$W(Fe) = 6 \times \frac{c(K_2CrO_7) \times V(K_2CrO_7) \times M(Fe)}{m_{样}} \times 10^{-3} \times 100\%$$

加入适量的 H_3PO_4 主要作用是生成无色的 $Fe(HPO_4)^+$ 消除 Fe^{3+}（黄色）的影响，同时降低溶液中 Fe^{3+} 的浓度，从而降低溶液中 Fe^{3+}/Fe^{2+} 电极电势，增加化学计量点的电势突跃，避免指示剂引起的终点误差。

氧化还原滴定结果的计算主要依据氧化还原反应式中的化学计量关系。现举例说明。

例 8-7　0.100 0g 工业甲醇，在 H_2SO_4 溶液中与 25.00mL0.016 67mol/L 的 $K_2Cr_2O_7$

溶液作用。反应完成后，以邻苯氨基苯甲酸作指示剂，用 0.100 0mol/mL 的 $(NH_4)_2Fe(SO_4)_2$ 溶液滴定剩余的 $K_2Cr_2O_7$ 用去 10.00mL。求试样中甲醇的百分含量。

解：在 H_2SO_4 介质中，甲醇被过量的 $K_2Cr_2O_7$ 氧化成 CO_2 和 H_2O。

$$CH_3OH + Cr_2O_7^{2-} + 8H^+ == CO_2\uparrow + 2Cr^{3+} + 6H_2O$$

过量的 $K_2Cr_2O_7$ 以 Fe^{2+} 溶液滴定，其反应为：

$$Cr_2O_7^{2-} + 6Fe^{2+} + 14H^+ == 2Cr^{3+} + 6Fe^{3+} + 7H_2O$$

与 CH_3OH 作用的 $K_2Cr_2O_7$ 物质的量应为加入 $K_2Cr_2O_7$ 的总物质的量减去与 Fe 作用的 $K_2Cr_2O_7$ 物质的量。由反应：

$$CH_3OH \sim Cr_2O_7^{2-} \sim 6Fe^{2+}$$

$$W_{CH_3OH} = \frac{c(K_2Cr_2O_7) \cdot V(K_2Cr_2O_7) \cdot \frac{1}{6}c(Fe^{3+}) \times 10^{-3} \cdot M_{CH_3OH}}{G} \times 100\%$$

$$= \frac{(0.016\,67 \times 25.00 - \frac{1}{6} \times 0.100\,0 \times 10.00) \times 10^{-3} \times 32.04}{0.100\,0} \times 100\%$$

$$= 8.01\%$$

第五节　实例1　重铬酸钾法测定亚铁盐中的铁含量

一、项目目的

1. 掌握用重铬酸钾法测定亚铁盐中铁含量的原理和方法
2. 学会 $K_2Cr_2O_7$ 标准溶液的直接配制方法

二、项目原理

重铬酸钾在酸性介质中可将 Fe^{2+} 离子定量地氧化，其本身被还原为 Cr^{3+} 离子，反应为：

$$Cr_2O_7^{2-} + 6Fe^{2+} + 14H^+ == 2Cr^{3+} + 6Fe^{3+} + 7H_2O$$

因此，用 $K_2Cr_2O_7$ 标准溶液滴定溶液中的 Fe^{2+} 离子，可以测定试样中的铁含量。滴定在硫-磷混合酸介质中进行，以二苯胺磺酸钠为指示剂，滴定至溶液呈现紫红色即为终点。

三、仪器与试剂

仪器：25mL 酸式滴定管 1 支、100mL 容量瓶 1 只、250mL 锥形瓶 3 只、250mL 烧杯 1 只、20mL 量筒 1 个、100mL 量筒 1 个。

试剂：硫酸亚铁铵固体、$K_2Cr_2O_7$ 固体（A.R.）、0.2% 二苯胺磺酸钠溶液、硫-磷混合酸：将 15mL 浓硫酸缓慢注入 70mL 去离子水中，冷却后再加 15mL 浓磷酸。

四、项目内容

1. 0.1mol/L $K_2Cr_2O_7$ 标准溶液的配制

准确称取已烘干的 $K_2Cr_2O_7$ 约 0.5g（在 150～200℃烘干约 1h 后放干燥器中冷却备用），置于 100mL 烧杯中，加水溶解，定量地转移到 100mL 容量瓶中，用去离子水稀释至刻度，摇匀。按下式计算准确浓度：

$$c(\mathrm{K_2Cr_2O_7}) = \frac{m(\mathrm{K_2Cr_2O_7})}{M(\mathrm{K_2Cr_2O_7}) \times \dfrac{100}{1\,000}}$$

2. 亚铁盐中铁含量的测定

准确称取约 0.4~0.6g 硫酸亚铁铵三份，分别置于干燥的 250mL 锥形瓶内。先将其中一份用 50mL 去离子水溶解，然后加 7mL 硫-磷混合酸，再加 5~6 滴二苯胺磺酸钠指示剂，用 $\mathrm{K_2Cr_2O_7}$ 标准溶液滴定溶液呈持久的紫色即为终点。记录滴定所耗 $\mathrm{K_2Cr_2O_7}$ 标准溶液的体积。

按上述步骤，再逐一处理、滴定另两份硫酸亚铁铵试样。

根据下式计算亚铁盐中的铁含量，并计算测定结果的相对均差，要求相对均差低于 0.2%。

$$\mathrm{Fe}\ 含量 = 6 \times \frac{c(\mathrm{K_2Cr_2O_7}) \times \dfrac{V(\mathrm{K_2Cr_2O_7})}{1\,000} \times M(\mathrm{Fe})}{G} \times 100\%$$

五、注意事项

若样品中含有 $\mathrm{Fe^{3+}}$ 离子，则需将 $\mathrm{Fe^{3+}}$ 离子还原为 $\mathrm{Fe^{2+}}$ 离子。通常，在浓 HCl 介质中用 $\mathrm{SnCl_2}$ 将 $\mathrm{Fe^{3+}}$ 还原为 $\mathrm{Fe^{2+}}$，过量的 $\mathrm{SnCl_2}$ 用 $\mathrm{HgCl_2}$ 氧化除去，此时溶液中应有白色丝状沉淀生成。主要反应为：

$$2\mathrm{FeCl_3} + 2\mathrm{SnCl_4} =\!=\!= 2\mathrm{FeCl_2} + 2\mathrm{SnCl_3}$$
$$\mathrm{SnCl_4} + 2\mathrm{HgCl_2} =\!=\!= \mathrm{SnCl_6^{2-}} + \mathrm{Hg_2Cl_2} \downarrow$$

六、思考题

1. 为什么要测定完第一份试样后，再依次测定第二份、第三份试样？
2. 用 $\mathrm{K_2Cr_2O_7}$ 法测定 $\mathrm{Fe^{2+}}$ 时，滴定前为什么要加硫-磷混合酸？

第六节　实例 2　维生素 C 含量的测定

一、项目目的

1. 了解用碘法测定维生素 C 含量的原理
2. 熟悉分析天平的使用和滴定操作

二、项目原理

用 $\mathrm{I_2}$ 标准溶液可以直接测定一些还原性的物质，如维生素 C，反应在稀酸性溶液中进行。市售维生素 C 药片含淀粉等添加剂。由于维生素 C 分子中的烯二醇基具有较强的还原性，能被 $\mathrm{I_2}$ 定量地氧化成二酮基，反应式如下：

$$\begin{bmatrix} & O & H & OH \\ C-C=C-C-C-CH \\ O & OHOHH & OHH \end{bmatrix} + I_2 = \begin{bmatrix} & H & OH \\ C-C-C-C-C-CH \\ O & O & O & H & OHH \end{bmatrix} + 2HI$$

维生素 C 有还原性，在空气中极易被氧化，尤其在碱性介质中更甚，所以测定时加 HAc 使溶液呈弱酸性，减少维生素 C 的副反应，避免引起实验的误差。

三、仪器与试剂

仪器：分析天平、250mL 锥形瓶、100mL 量筒、10mL 量筒、酸式滴定管、滴定管基架、25mL 移液管。

试剂：维生素 C 药片、HAc（2mol/L）、淀粉（0.5%）、HCl（1∶1）、KI、$Na_2S_2O_3$、$K_2Cr_2O_7$、I_2。

四、项目内容

1. 0.1mol/L $Na_2S_2O_3$ 标准溶液的配制与标定

（1）0.1mol/L $Na_2S_2O_3$ 标准溶液的配制。在 500mL 含有 0.05g Na_2CO_3 的新煮沸放冷的蒸馏水中加入 13g $Na_2S_2O_3 \cdot 5H_2O$，使完全溶解，盛在棕色玻璃瓶内，放置 7～10 天，待其浓度稳定后，再标定。

（2）$Na_2S_2O_3$ 标准溶液的标定。①取在 120℃ 干燥至恒重的基准 $K_2Cr_2O_7$ 0.12g，精密称定，置碘量瓶中，加蒸馏水 25mL，使溶解；②加 2g KI，轻轻振摇使溶解，加蒸馏水 25mL，HCl 溶液（1∶2）5mL，密塞，摇匀，封口。在暗处放置 10min；③加蒸馏水 50mL 稀释，用 $Na_2S_2O_3$ 溶液滴定至近终点，加淀粉指示剂 2mL，继续滴定至蓝色消失显亮绿色，即达终点。平行测定三份。

计算公式如下：

$$c(Na_2S_2O_3) = \frac{6m(K_2Cr_2O_7)}{M(K_2Cr_2O_7) \cdot V(Na_2S_2O_3) \cdot 10^{-3}}$$

2. 0.05mol/L I_2 标准溶液的配制与标定

（1）I_2 溶液的配制。取 I_2 7g，加 18g KI，加少量水，使完全溶解，加浓 HCl 两滴，用蒸馏水稀释至 500mL，盛棕色瓶中，摇匀，用垂熔玻璃滤器滤过。

（2）I_2 溶液的标定。精密量取 I_2 液 25.00mL，加蒸馏水 100mL 及 1∶2HCl 溶液 5mL，用 0.1mol/L 的 $Na_2S_2O_3$ 滴定，近终点时加淀粉指示液 12～15 滴，继续滴至蓝色消失。根据 $Na_2S_2O_3$ 溶液消耗的体积算出 I_2 溶液的浓度。

3. 维生素 C 含量的测定

在分析天平上称取维生素 C（药片），每份 0.20～0.21g。在 250mL 锥形瓶中，加入新煮沸过的冷蒸馏水 100mL，再加 2mol/LHAc 2mL，0.5%淀粉溶液 12～15 滴，然后将称好的维生素 C 放入溶解，待维生素 C 完全溶解后，立即用 I_2 标准溶液滴定。至呈现稳定的蓝色，即为终点。平行测定两份，计算维生素 C 的百分含量。

五、实验数据记录与处理

计算公式：

$$C_6H_8O_6\% = \frac{c_{I_2} \cdot V_{I_2} \cdot \dfrac{M(C_6H_8O_6)}{1\,000}}{W(C_6H_8O_6)} \times 100\%$$

式中：c——I_2 标准溶液的浓度，mol/L；

V_{I_2}——滴定时所用 I_2 标准溶液的体积，mL；

$M(C_6H_8O_6)$——维生素 C 的摩尔质量，g/mol；

$W(C_6H_8O_6)$——样品维生素 C 的质量，g。

试样序号	I	II	III
维生素 C 样品溶液体积/mL			
滴定消耗 I_2 溶液的体积/mL			
维生素 C 的含量/%			
维生素 C 的含量平均值/%			

六、注意事项

(1) I_2 具有挥发性，因而易引起 I_2 的损失，所以在每次测维生素 C 的含量时，首先要标定 I_2 溶液的浓度。方法为：用 25mL 移液管吸取由实验室准备的 $Na_2S_2O_3$ 标准溶液 25.00mL 两份，分别置于 250.00mL 锥形瓶中，加蒸馏水 50.00mL，0.5% 淀粉溶液 2.0mL，用 I_2 溶液滴定至呈现稳定的蓝色，0.5min 内颜色不褪，即为终点。然后计算 I_2 溶液的浓度 (c)，相对偏差不超过 ±0.2%。

(2) 加新煮沸放冷的蒸馏水是为了减少溶解氧的影响。

(3) 维生素 C 在 pH4.5～6 较稳定。

(4) 维生素 C 在有水和潮湿情况下易分解成糠醛。

七、思考题

1. 测定维生素 C 的含量为何要在 HAc 介质中进行？
2. 溶解维生素 C 试样为何要用新煮沸过的冷蒸馏水？
3. 分析本实验误差产生的原因主要有哪些？
4. 维生素 C 本身就是一种酸，为什么测定时还要加酸？

第七节　阅读材料：生物体内氧化还原体系及其应用

生物体内很多反应体系都直接或间接与氧化还原反应相关。如光合作用的本质是一个复杂的氧化还原过程；生命过程中的能量传递作用与一些放能的氧化还原过程（如糖的酵解作用）相偶联。氧化还原反应与其他化学反应或生化反应协同作用，构成生物的成长、繁殖、新陈代谢等生命活动的物质基础。

人们还发现，细胞内膜结构的两侧具有一定的电势差，称为生物膜电势。如细胞膜电势一般为 -30～-100mV。实验表明，当一个刺激沿神经细胞传递时，或当肌肉细胞收缩时，其细胞膜电势会发生相应的变化。人通过视觉、听觉、触觉等感受外界，人的思维过程，以及自觉不自觉的肌肉收缩，所有这些过程都与生物膜电势相联。了解生命过程需要了解这些电势差是如何维持以及如何变化的。

生物膜电势有很多应用，如应用心电图诊断心脏是否工作正常；利用脑电图了解大脑中神经细胞的电活性；利用肌动电流图监测骨架肌肉电活性等。

生物体内的氧化还原体系的存在，为用电化学的方法研究生命活动过程提供了可能。目前研究较多的是利用生物电化学传感器监测生物体内某些物质的变化。生物电化学传感器的主要部分为一特殊材料制成的膜电极，其对某些物质具有选择性响应，从而具有一定的膜电势。利用生物体具有分子识别特征，从而对特定物质产生选择性亲和力，这样可制成不同的生物电极。根据生物材料的不同，生物电极又分为酶电极、微生物电极、免疫电极、组织电极和细胞电极等。

习题

8.1 什么是条件电极电位？它与标准电极电位的关系是什么？为什么要引入条件电极电位？影响条件电极电位的因素有哪些？

8.2 标准溶液如何配制？用 $Na_2C_2O_4$ 标定 $KMnO_4$ 需控制哪些实验条件？

8.3 以 $K_2Cr_2O_7$ 标定 $Na_2S_2O_3$ 浓度时，是使用间接碘量法，能否采用 $K_2Cr_2O_7$ 直接滴定 $Na_2S_2O_3$？为什么？

8.4 解释下列现象：

(1) 将氯水慢慢加入到含有 Br^- 和 I^- 的酸性溶液中，以 CCl_4 萃取，CCl_4 层变为紫色。

(2) $E^{\theta}_{I_2/I^-}$（0.534V）$> E^{\theta}_{Cu^{2+}/Cu^+}$（0.159V），但是 Cu^{2+} 却能将 I^- 氧化为 I_2。

(3) 以 $KMnO_4$ 滴定 $C_2O_4^{2-}$ 时，滴入 $KMnO_4$ 的红色消失速度由慢到快。

(4) 于 $K_2Cr_2O_7$ 标准溶液中，加入过量 KI，以淀粉为指示剂，用 $Na_2S_2O_3$ 溶液滴定至终点时，溶液由蓝变为绿。

8.5 计算 298.15K 时下列各电对的电极电势。

Fe^{3+}/Fe^{2+}，$c（Fe^{3+}）=1mol/L$，$c（Fe^{2+}）=0.5mol/L$

Sn^{4+}/Sn^{2+}，$c（Sn^{4+}）=1mol/L$，$c（Sn^{2+}）=0.2mol/L$

8.6 计算电对 MnO_4^-/Mn^{2+} 在 $[MnO_4^-]=0.10mol/L$、$[Mn^{2+}]=1.0mol/L$，以及 $[H^+]=0.10mol/L$ 时的电极电势。

8.7 一定质量的 $H_2C_2O_4$ 需用 21.26mL 的 0.238mol/L 的 NaOH 标准溶液滴定，同样质量的 $H_2C_2O_4$ 需用 25.28mL 的 $KMnO_4$ 标准溶液滴定，计算 $KMnO_4$ 标准溶液的物质的量浓度。

8.8 在酸性溶液中用 $KMnO_4$ 法测定 Fe^{2+} 时，已知 $KMnO_4$ 溶液的浓度为 0.024 84 mol/L，分别求用 Fe 和 Fe_2O_3 以及 $FeSO_4 \cdot 7H_2O$ 表示的滴定度。

8.9 称取软锰矿试样 0.401 2g，以 0.448 8g $Na_2C_2O_4$ 处理，滴定剩余的 $Na_2C_2O_4$ 需消耗 0.010 12mol/L $KMnO_4$ 标准溶液 30.20mL，计算试样中 MnO_2 的百分含量。

8.10 以 $K_2Cr_2O_7$ 标准溶液滴定 0.400 0g 褐铁矿，若所用 $K_2Cr_2O_7$ 溶液的体积（以 mL 为单位）与试样中 Fe_2O_3 的百分含量相等。求 $K_2Cr_2O_7$ 溶液对铁的滴定度。

8.11 用 KIO_3 作基准物标定 $Na_2S_2O_3$ 溶液。称取 0.150 0g KIO_3 与过量 KI 作用，析出的 I_2 用 $Na_2S_2O_3$ 溶液滴定，用去 24.00mL。此 $Na_2S_2O_3$ 溶液的浓度为多少？每毫升相当

多少克碘？

8.12　抗坏血酸（摩尔质量为 176.1g·mol^{-1}）是一个还原剂，它的半反应为：

$$C_6H_6O_6 + 2H^+ + 2e^- \Longrightarrow C_6H_8O_6$$

它能被 I_2 氧化。如果 10.00mL 柠檬水果汁样品用 HAc 酸化，并加 20.00mL 0.025 00 mol/L I_2 溶液，待反应完全后，过量的 I_2 用 10.00mL0.010 00mol/L $Na_2S_2O_3$ 标准溶液滴定，计算每毫升柠檬水果汁中抗坏血酸的质量。

第九章　配位滴定法

第一节　项目：自来水中总硬度和钙镁含量的测定

一、项目目的

1. 学习水的总硬度和钙镁含量的测定方法，思考该测定方法的理论依据
2. 学习 EDTA 标准溶液的配制与标定方法

二、仪器与试剂

仪器：电子天平（0.1mg）、容量瓶（100mL）、移液管（25mL）、酸式滴定管（25mL）、锥形瓶（250mL）。

试剂：EDTA（$Na_2H_2Y \cdot 2H_2O$）、碳酸钙基准试剂、$NH_3 - NH_4Cl$ 缓冲溶液（pH＝10.0）（称取 20g NH_4Cl 固体溶解于水中，加 100mL 浓氨水，用水稀释至 1L）、铬黑 T 指示剂溶液（$5g \cdot L^{-1}$）（称取 0.5 g 铬黑 T，加入 25mL 三乙醇胺、75mL 乙醇）。

三、项目内容

1. 标准溶液的配制

（1）0.01mol/L Ca^{2+} 标准溶液。准确称取在 110℃ 干燥过的碳酸钙基准试剂约 0.12g（称准至 0.1mg）于 100mL 烧杯中，用少量水润湿，盖上表面皿，用滴管从烧杯嘴处滴加 6mol/L HCl 至碳酸钙完全溶解，加热至沸，然后用洗瓶水把可能溅到表面皿上的溶液淋洗入杯中，再加少量水稀释，把全部溶液定量地转入 100mL 容量瓶中，用水稀释至刻度，摇匀，计算其准确浓度。

（2）0.01mol/L EDTA 溶液的配制。称取已烘干的 $Na_2H_2Y \cdot 2H_2O$ 1.0g，置于 250mL 烧杯中，加去离子水溶解，加入约 0.02g 的氯化镁，待溶解稀释至 250mL，然后转移至试剂瓶中，摇匀。

2. EDTA 标准溶液浓度的标定

准确移取 Ca^{2+} 标准溶液 25.00mL 于锥形瓶中，加 10mLNH₃ - NH₄Cl 缓冲溶液、3～5 滴铬黑 T（EBT）指示剂，用 EDTA 溶液滴定至溶液由酒红色变为蓝色即为终点。平行测定三份。根据消耗的 EDTA 标准溶液的体积，计算 EDTA 溶液浓度。

3. 水的总硬度测定

准确移取 100.00mL 水样于 250mL 锥形瓶中，加氨性缓冲溶液 5mL，铬黑 T（EBT）指示剂 3～5 滴，用 EDTA 标准溶液滴定，至溶液由酒红色变为蓝色即为终点，记录所消耗 EDTA 的体积 V_1。平行测定 3 次。

4. 水中钙的测定

准确移取 100.00mL 水样于 250mL 锥形瓶中，加 5mL1mol/L NaOH，钙指示剂 10～12 滴，用 EDTA 标准溶液滴定至溶液由酒红色变为蓝色即为终点，记录所消耗 EDTA 的体积 V_2。平行测定 3 次。

四、数据记录与处理

1. EDTA 的标定

实验编号	1	2	3
m（碳酸钙）/g			
c（Ca^{2+}）/（mol/L）			
V（EDTA）/mL			
c_{EDTA}/（mol/L）			
$\bar{c}_{EDTA}$/（mol/L）			

2. 水的硬度的测定

实验编号	1	2	3
V_{H_2O}/mL	100.00	100.00	100.00
$\bar{c}_{EDTA}$/（mol/L）			
V_1（EDTA）/mL			
$\bar{V}_1$（EDTA）/mL			
V_2（EDTA）/mL			
$\bar{V}_2$（EDTA）/mL			
钙含量平均值/（Ca mg/L）			
镁含量平均值/（Mg mg/L）			
总硬度平均值/（CaO mg/L）			

数据处理：

$$\rho_{Ca}\ (mg/L) = \frac{(c\bar{V}_2)_{EDTA} \times M_{Ca} \times 10^3}{V_{水}}$$

$$\rho_{Mg}\ (mg/L) = \frac{c\ (\bar{V}_1 - \bar{V}_2)_{EDTA} \times M_{Mg} \times 10^3}{V_{水}}$$

$$总硬度（CaOmg/L）= \frac{(c\bar{V}_1)_{EDTA} \times M_{CaO} \times 10^3}{V_{水}}$$

五、注意事项

（1）滴定速度不能太快，特别是近终点时要逐滴加入，并充分摇动。因为络合反应速度较中和反应要慢一些；

（2）注意指示剂的加入量要适当。

注释：水中硬度的表示方法

Ca^{2+}、Mg^{2+}是自来水中主要存在的金属离子（此外，还含有微量的 Fe^{3+}、Al^{3+}、Cu^{2+} 等）。通常以钙镁的含量表示水的硬度。水的硬度可以分为总硬度和钙硬度、镁硬度，前者测定钙镁的总含量，后者分别测定两者的含量。

我国将 Ca^{2+}、Mg^{2+} 的含量折合成 CaO mg/L 或 $CaCO_3$ mg/L 的量表示水的硬度。单位有 mg/L 或"度"，即 1L 水中含有 10mgCaO 时水的硬度为 1°，即 1＝10mg/L CaO。

本检测项目的基本原理应用的是以配位化合物形成反应为基础的配位滴定法。配位化合物简称配合物，又称络合物，是一类组成复杂，应用广泛，并且对生命现象也具有重要意义的化合物。例如，在植物生长中起光合作用的叶绿素，是一种含镁的配合物；人和动物血液中起着输送氧作用的血红素，是一种含有亚铁的配合物；维生素 B_{12} 是一种含钴的配合物；人和动物体内各种酶（生物催化剂）的分子几乎都含有以配合状态存在的金属元素。当今配合物在分析化学、生物化学等领域都广泛应用。已发展成为化学学科中一个新兴分支学科——配位化学。在已初步了解配位化合物的基础上，知识链接中将给大家介绍配位化合物和螯合物的组成和命名；通过研究配位平衡，重点讨论衡量配位化合物稳定性的标度——绝对稳定常数与条件稳定常数；最后讲述配位滴定法的原理、标准溶液、指示剂及方法应用。

六、思考题

1. 本检测方案的标准溶液、指示剂、检测对象分别是何种物质？
2. 本检测方法的检测依据是什么？
3. 本检测方法属于哪类滴定法？与酸碱滴定法相比，有哪些异同点？

第二节　知识链接：配合物基础知识

一、配合物与螯合物

1. 配合物的概念

我们在硫酸铜溶液中逐滴加入氨水，有蓝色 $Cu_2(OH)_2SO_4$ 沉淀生成，当继续加氨水至过量时，蓝色沉淀溶解变成深蓝色透明溶液，将此溶液分为三份，一份加入 NaOH，无氨气产生，也无 $Cu(OH)_2$ 沉淀产生；一份加入一定量的 $BaCl_2$ 溶液，有白色沉淀生成；一份加入适量乙酸，有深蓝色结晶析出。通过分析此深蓝色结晶为$[Cu(NH_3)_4]SO_4$，此深蓝色透明溶液由 SO_4^{2-} 和$[Cu(NH_3)_4]^{2+}$组成。总反应为：

$$CuSO_4 + 4NH_3 \Longrightarrow [Cu(NH_3)_4]SO_4$$
（深蓝色）

分析$[Cu(NH_3)_4]^{2+}$的结构可知，四个 NH_3 分子中的 N 原子分别与 Cu^{2+} 离子形成四根配位键，称$[Cu(NH_3)_4]SO_4$ 为配位化合物。我们把由简单阳离子或原子（形成体）与一定数目的中性分子或阴离子（配位体），按一定的空间构型以配位键结合所形成的复杂物质叫做配位单元。配位单元可以是离子也可以是分子，含有配位单元的化合物称配位化合物，简称配合物。

2. 配合物的组成

配位单元是配合物的核心部分，而配位键是其结构的基本特征。大多数配位单元是离子，称为配离子。因此，大多数配合物分为内界和外界两部分，中心离子与配体组成内界，用方括号表示。中心离子与配体之间以配位键的形式相结合。外界离子与内界之间以离子键的形式相结合，在水溶液中可以表现出其自身的性质。如$[Cu(NH_3)_4]SO_4$ 的组成和结构示意图如下：

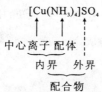

（1）形成体（中心离子或原子）。配合物的形成体也叫中心离子或中心原子。中心离子位于配合物的中心，可以提供空轨道，接受孤对电子，形成配位键。中心离子一般是金属离子，尤其是过渡元素的金属离子。例如 Cu^{2+}、Zn^{2+}、Ag^+、Cr^{3+} 等，还有一些中性原子和高氧化态的非金属充当中心离子（原子），如$[Ni(CO)_4]$中的 Ni，$[SiF_6]^{2-}$ 中的 Si(Ⅳ)。

（2）配位体。在配合物中与形成体相结合的阴离子或分子称为配位体（简称配体）。配位体与形成体直接结合，能提供孤对电子的原子称为配位原子，根据配位原子的多少把配位体分为：单基（齿）配体和多基（齿）配体。只含有一个配位原子的配体叫单基（齿）配体。例如：NH_3、F^-、H_2O 等。至少含有两个配位原子的配体叫多基（齿）配体。例如：乙二胺（$H_2N-CH_2-CH_2-NH_2$ 简写"en"）、草酸根（$-OOC-COO-$简写"ox"）以及乙二胺四乙酸（简写：EDTA）

乙二胺四乙酸的结构简式：

$$CH_2-N(CH_2COOH)_2$$
$$\mid$$
$$CH_2-N(CH_2COOH)_2$$

（3）配位数。直接与形成体结合的配位原子数称为该形成体的配位数。形成体的配位数一般为 2、4、6，最常见的是 4、6。在单基配体中，配体数目即为配位数，而多基配体中必须是配位原子总数。例如 $[Co\ (en)_3]^{3+}$ 中配位体 en 的个数为 3，而配位原子总数是 6，故其配位数为 6。

（4）配离子的电荷数。配离子的电荷数是中心离子和配体的电荷数代数和。如：$[Cu(NH_3)_4]^x$，$X=(+2)+4\times0=+2$

3. 配合物的命名

（1）从总体上命名：

a. 某化某：外界是简单阴离子，$[Cr(H_2O)_4Cl_2]Cl$：氯化二氯·四氨合铬（Ⅲ）

b. 某酸某：外界是含酸根离子，$[Co(NH_3)_5Br]SO_4$：硫酸一溴·五氨合钴（Ⅲ）

内界是配阴离子，$K_3[Fe(CN)_6]$：六氰合铁（Ⅲ）酸钾

（2）内界的命名：

a. 内界的命名顺序：配体名称＋合＋中心体名称＋中心体氧化数（用罗马数字表示）不同配体之间以圆点"·"分开（若只有 2 个配体，圆点可以省略）。

例如：$[PtCl_2(NH_3)(C_2H_4)]$　二氯·氨·（乙烯）合铂（Ⅱ）；

b. 配体的命名顺序：

先无机配体后有机配体，有机配体名称一般加括号，以避免混淆。

先命名阴离子配体，再命名中性分子配体。

对于都是中性分子（或阴离子），先命名配体中配位原子排在英文字母顺序前面的配体，例如 NH_3 和 H_2O，应先命名 NH_3。

若配位原子数相同，则先命名原子数少的配体。例如：NH_3、NH_2OH，先命名 NH_3。

若配体均为阴离子或中性分子时，按配位原子元素符号的英文字母的顺序排列。

例如：$[Fe(CN)_6]^{3+}$ 　　六氰合铁(III)

$[Cr(en)_3]^{3+}$ 　　三(乙二胺)合铬(III)

$[Fe(NH_3)_5 \cdot H_2O]^{3-}$ 　　五氨水合铁(III)

$[PtCl_2(NH_3)(C_2H_4)]$ 　　二氯·氨·(乙烯)合铂(Ⅱ)

注意：

a. 没有外界的配合物，中心原子的氧化数可不必标明。如：

$[Ni(CO)_4]$ 　四羰合镍　　$[Pt(NH_3)_2Cl_2]$ 　二氯二氨合铂

b. 某些配体的名称如下：

SCN 　硫氰酸根　　　　NCS 　异硫氰酸根

NO_2 　硝基　　　　　　ONO 　亚硝酸根

NO 　亚硝酰基　　　　　CO 　羰基

CN 　氰根　　　　　　　NC 　异氰根

c. 某些俗称如下：

$K_3[Fe(CN)_6]$ 赤血盐(铁氰化钾)、$K_4[Fe(CN)_6]$ 黄血盐(亚铁氰化钾)、$Fe_4[Fe(CN)_6]_3$ 普鲁士蓝(亚铁氰化铁)

练习题

请分别写出配合物 $[Co(NH_3)_4(H_2O)_2]Cl_3$ 的名称、内界、外界、中心离子、配体、配位原子、中心离子的配位数。

---

4. 螯合物

配合物在自然界广泛存在，范围很广，种类很多，主要可分为简单配合物和螯合物。前者是由单基配体与形成体结合而成的配合物。螯合物是多基配体通过两个或两个以上的配位原子与同一形成体结合的具有环状结构的配合物，具有特殊的稳定性。能与形成体配合生成螯合物的配体称为螯合剂。最常见的螯合剂是一些胺、羧酸类的化合物。如：乙胺（H_2N—CH_2—CH_2—NH_2）、乙二胺四乙酸简写为 EDTA 等。EDTA 是最典型的螯合剂，结构如下：

环状结构是螯合物的特征。螯合物中的环一般是五元环或六元环。其他环则少见到，亦不稳定。螯合物中的环数越多，其稳定性越强。在 EDTA 的分子中，可提供六个配位原子，其中 2 个氨基氮和 4 个羧基氧都可以提供电子对，与中心离子结合成六配位，5 个五元环的螯合物。如乙二胺四乙酸根（Y^{4-}）与 CaY^{2-} 型的配离子空间结构如下：

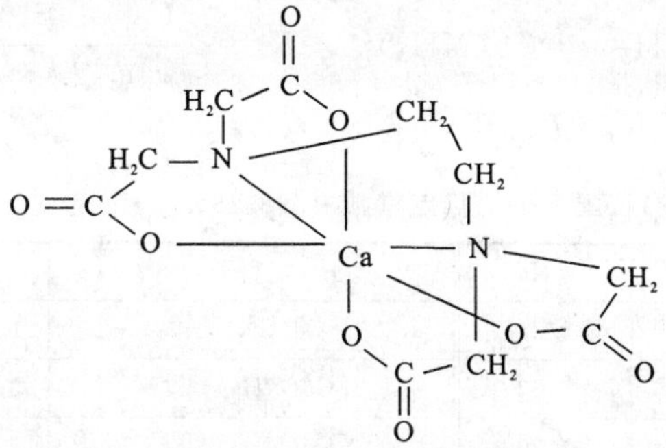

螯合剂 EDTA 不仅可以与过渡金属元素形成螯合物，还可与主族元素钠、钾、钙、镁等形成螯合物。因此在分析化学定量分析配位滴定中常用 EDTA 作标准溶液，测定水的总硬度；在采用螯合疗法排除体内有害金属时，可用 $Na_2[Ca(EDTA)]$，顺利排除体内的铅而使血钙不受影响。

有些金属离子与螯合剂所形成的螯合物具有特殊的颜色，可用于金属元素的分离或鉴定。例如 1，10 -二氮菲，一般称邻二氮菲，与 Fe^{2+} 可生成橙红色螯合物，可用于鉴定 Fe^{2+} 的存在。

二、配位平衡

1. 配合物稳定常数

（1）配合物稳定常数。在 AgCl 沉淀中加氨水后，因会形成 $Ag(NH_3)_2^+$ 配离子，导致 AgCl 溶解。若向此溶液中加入 KBr，则会产生浅黄色的 AgBr 沉淀，这种现象说明 $Ag(NH_3)_2^+$ 配离子溶液中还存在少量的 Ag^+，即溶液中存在了 $Ag(NH)_2^+$ 的解离（生成 Ag^+ 与 NH_3 的反应），当两者在一定温度下达到平衡时，Ag^+ 与 NH_3 之间的平衡——配位平衡：

$$Ag^+ + 2NH_3 \underset{\text{离解}}{\overset{\text{配合}}{\rightleftharpoons}} [Ag(NH_3)_2]^+$$

配位平衡常数为：

$$K_{\text{稳}} = \frac{C_{[Ag(NH_3)_2]^+}}{C_{Ag^+} \times C_{NH_3}^2}$$

$K_{\text{稳}}$（即 K_f）称为配离子的稳定常数，$K_{\text{稳}}$ 愈大说明生成配离子的倾向越大，配离子离解的愈少，配离子愈稳定。$K_{\text{稳}}$ 同其他化学平衡常数一样，只受到温度影响，与其他因素（如浓度）无关。常见配离子的稳定常数见表 9-1。

在溶液中生成配离子的反应实际上是分步进行的，每一步都有一个稳定常数，又称为逐级稳定常数（表 9-2）。如：

$$Cu^{2+} + NH_3 \rightleftharpoons Cu(NH_3)^{2+} \qquad K_1 = \frac{C_{Cu(NH_3)^{2+}}}{C_{Cu^{2+}} C_{NH_3}}$$

$$Cu(NH_3)^{2+} + NH_3 \rightleftharpoons Cu(NH_3)_2^{2+} \qquad K_2 = \frac{C_{Cu(NH_3)_2^{2+}}}{C_{Cu(NH_3)_4^{2+}} C_{NH_3}}$$

$$Cu(NH)_2^{2+}+NH_3 \rightleftharpoons Cu(NH_3)_3^{2+} \quad K_3=\frac{C_{Cu(NH_3)_3^{2+}}}{C_{Cu(NH_3)_2^{2+}} C_{NH_3}}$$

$$Cu(NH)_3^{2+}+NH_3 \rightleftharpoons Cu(NH_3)_4^{2+} \quad K_4=\frac{C_{Cu(NH_3)_4^{2+}}}{C_{Cu(NH_3)_3^{2+}} C_{NH_3}}$$

$$K_{稳}=K_1 \cdot K_2 \cdot K_3 \cdot K_4$$

表 9－1　配离子的稳定常数（398.15K）

配离子	$K_f^\ominus$	$\lg K_f^\ominus$	配离子	$K_f^\ominus$	$\lg K_f^\ominus$
$[AgCl_2]^-$	1.74×10^5	5.24	$[Cd(CN)_4]^{2-}$	1.1×10^{16}	16.04
$[AgBr_2]^-$	2.14×10^7	7.33	$[Cd(NH_3)_4]^{2+}$	1.3×10^7	7.11
$[Ag(NH_3)_2]^+$	1.6×10^7	7.20	$[Cd(NH_3)_5]^{2+}$	1.4×10^5	5.15
$[Ag(S_2O_3)_2]^3$	2.88×10^{13}	13.46	$[CdI_4]^{2-}$	1.26×10^6	6.10
$[Ag(CN)_2]^-$	1.26×10^{21}	21.10	$[Co(SCN)_4]^{2+}$	1.0×10^3	3.00
$[Ag(SCN)_2]^-$	3.72×10^7	7.57	$[Co(NH_3)_6]^{2+}$	1.29×10^5	5.11
$[AgI_2]^-$	5.5×10^{11}	11.7	$[Co(NH_3)_6]^{3+}$	1.58×10^{35}	35.20
$[AlF_6]^{3-}$	6.9×10^{19}	19.84	$[CuCl_2]^-$	3.6×10^5	5.56
$[Al(C_2O_4)_3]^{3-}$	2.0×10^{16}	16.30	$[CuCl_4]^{2-}$	4.17×10^5	5.62
$[Au(CN)_2]^-$	2.0×10^{38}	38.30	$[CuI_2]^-$	5.7×10^8	8.76
$[CdCl_4]^{2-}$	3.47×10^2	2.54	$[Cu(CN)_2]^-$	1.0×10^{24}	24.00

表 9－2　几种金属氨配离子的逐级稳定常数

配离子	K_1	K_2	K_3	K_4	K_5	K_6
$Ag(NH_3)_2^+$	2.2×10^3	5.1×10^3				
$Zn(NH_3)_4^{2+}$	2.3×10^2	2.8×10^2	3.2×10^2	1.4×10^2		
$Cu(NH_3)_4^{2+}$	2.0×10^4	4.7×10^3	1.1×10^3	2.0×10^3	0.35	
$Ni(NH_3)_6^{2+}$	6.3×10^2	1.7×10^2	5.4×10^1	1.5×10^1	5.6	1.1

说明：

a. 由表 9－2 可见，一般配离子的逐级稳定常数相差不是很大，因此要进行配离子水溶液中相关物质浓度的计算比较复杂。在实际工作中，一般总是加入过量的配位剂，这样就可以考虑为水溶液中主要存在着的是最高配位数的配离子，进行配位平衡的计算时，则只考虑其稳定常数 $K_{稳}$ 即可。

b. 对同类型的配离子，可以直接利用 $K_{稳}$ 比较其稳定性，$K_{稳}$ 越大，配离子稳定性越大。对不同类型的配离子，则需要进行相关计算才能比较其稳定性。

c. 配离子稳定性也可用不稳定常数（离解常数 $K_{不稳}$ 或 K_d）表示，表达式为：

$$K_{不稳}=\frac{c_{Ag^+} \cdot c_{NH_3}^2}{c_{[Ag(NH_3)_2]^+}}=\frac{1}{K_{稳}}$$

（2）配离子浓度的计算。

例 9－1　计算溶液中 1.0×10^{-3} mol/L $Cu(NH_3)_4^{2+}$ 和 1.0mol/L NH_3 处于平衡状态时

游离 Cu^{2+} 的浓度。($K_稳 = 1.38 \times 10^{12}$）

解：设 $c_{Cu^{2+}} = x\,mol/L$

$$Cu^{2+} + 4NH_3 \Longrightarrow Cu(NH_3)_4^{2+}$$

平衡浓度/（mol/L）　　　　　x　　　1.0　　　1.0×10^{-3}

$$K_稳 = \frac{c_{(Cu(NH_3)_4^{2+})}}{c_{Cu^{2+}} \cdot c_{NH_3}^4} = \frac{1.0 \times 10^{-3}}{x \times (1.0)^4} = 1.38 \times 10^{13}$$

$$x = 7.25 \times 10^{-16}\,mol/L$$

答：平衡时溶液中铜离子的浓度为 $7.25 \times 10^{-16}\,mol/L$。

2. 配位平衡移动

配位平衡是化学平衡的一种类型。当外界条件改变时，化学平衡会发生移动，直至达到一个新的平衡。配位平衡也会受到溶液的酸碱性、沉淀反应、氧化还原反应等条件的影响。

（1）配位平衡与酸碱平衡。许多配体是弱酸根，如 F^-、CN^-、SCN^-、CO_3^{2-} 等和 NH_3 以及有机酸根离子。当外加酸时，因生成弱酸而致使配位平衡发生移动，例如：

$$Fe^{3+} + 6F^- \Longrightarrow FeF_6^{3-}$$
$$+$$
$$6H^+$$
$$\Updownarrow$$
$$6HF$$

当 FeF_6^{3-} 的溶液中加入 H^+ 之后，平衡向解离的方向移动，致使 FeF_6^{3-} 的稳定性下降，此种现象称为配体的酸效应。

（2）配位平衡与沉淀溶解平衡。向含有配离子的溶液中加入沉淀剂，则中心离子会与沉淀剂结合而生成沉淀，配位平衡向配离子解离方向移动；如向含有沉淀的溶液中加入配位剂，发生配位反应而使沉淀溶解，配位平衡与沉淀溶解平衡之间存在竞争，实质是配位剂与沉淀剂共同竞争中心离子的过程。

例如向 $AgNO_3$ 溶液中加入 $NaCl$ 溶液，则会产生 $AgCl$ 白色沉淀，向溶液中加入浓氨水（6mol/L），$AgCl$ 沉淀溶解生成含 $Ag(NH_3)_2^+$ 无色溶液；再加入 KBr 溶液后，有浅黄色沉淀 $AgBr$ 生成，接着向其加入 $Na_2S_2O_3$ 溶液，溶液又变为无色溶液 $Ag_2(S_2O_3)_2^{3+}$。实验过程为：

$$AgNO_3 \xrightarrow{KCl} AgCl \downarrow \xrightarrow{NH_7 \cdot H_2O} [Ag(NH_3)_2]^+ \xrightarrow{KBr} AgBr \downarrow \xrightarrow{Na_2S_2O_4}$$
$$[Ag(S_2O_3)_2]^{3-}$$

决定反应方向的是 K_f 和 K_{sp} 的大小，以及配位剂、沉淀剂的浓度大小。K_f 越大，则该沉淀越易溶解，所以该平衡是 K_f 与 K_{sp} 的竞争。

例 9-2　在 1.0L 例 9-1 所述溶液中加入 $1.0 \times 10^{-3}\,mol$ NaOH 有无 $Cu(OH)_2$ 沉淀生成？若加入 $1.0 \times 10^{-3}\,mol$ Na_2S，有无 CuS 沉淀生成？

解：①当加入 $1.0 \times 10^{-3}\,mol$ NaOH 后，$c_{OH^-} = 1.0 \times 10^{-3}\,mol/L$

$$K_{sp}[Cu(OH)_2] = 2.2 \times 10^{-20}$$

则 $Cu(OH)_2$ 的离子积为 Q_B

$$Q_B = c_{Cu^{2+}} \cdot c_{OH^-}^2 = 7.25 \times 10^{-16} \times (1.0 \times 10^{-3})^2$$
$$= 7.25 \times 10^{-22} < K_{sp}$$

所以加入 $1×10^{-3}$ mol NaOH 后，无 $Cu(OH)_2$ 沉淀生成。

②加入 Na_2S 后，$c_{S^{2-}} = 1.0×10^{-3}$ mol/L（未考虑 S^{2-} 的水解）

$$K_{sp}\ (CuS)\ = 1.27×10^{-36}$$

则 CuS 的离子积 Q_B

$$Q_B = c_{Cu^{2+}} \cdot c_{S^{2-}} = 7.25×10^{-16} × 1.0×10^{-3}$$
$$= 7.25×10^{-19} > K_{sp}$$

所以加入 $1.0×10^{-3}$ mol Na_2S 后，有 CuS 沉淀生成。

3. 配位平衡与氧化还原平衡

二者相互影响相互制约。例如在溶液中 Fe^{3+} 能氧化 I^- 而发生下列反应：

$$2Fe^{3+} + 2I^- \rightleftharpoons 2Fe^{2+} + I_2$$

若在此溶液中加入 NaF，则由于 F^- 能与 Fe^{3+} 发生配位反应而使 $c_{Fe^{3+}}$ 降低，Fe^{3+} 的氧化能力下降，使氧化还原反应逆向进行。

$$2Fe^{3+} + 2I^- \rightleftharpoons 2Fe^{2+} + I_2$$
$$+$$
$$12F^-$$
$$\Updownarrow$$
$$2FeF_6^{3-}$$

总反应为：$2Fe^{3+} + I_2 + 12F^- \rightleftharpoons 2FeF_6^{3-} + 2I^-$

又如：$Fe(SCN)_6^{3-}$ 配离子溶液中加入 $SnCl_2$ 后，溶液血红色消失

反应为：$2Fe^{3+} + 12SCN^- \rightleftharpoons 2Fe(SCN)^{3-}$
$$+$$
$$Sn^{2+}$$
$$\Updownarrow$$
$$2Fe^{2+}$$
$$+$$
$$Sn^{4+}$$

总反应式为：$2Fe(SCN)_6^{3-} + Sn^{2+} \rightleftharpoons 2Fe^{2+} + 12SCN^- + Sn^{4+}$

4. 配离子之间的转化和平衡

检测 Fe^{3+} 时，经常采用向含有该离子的溶液中加入 KSCN 溶液，生成血红色配合物 $Fe(SCN)_6^{3-}$，如向此溶液中加入 NaF，会出现血红色逐渐退去，生成更稳定的无色配合物 FeF_6^{3-}。反应如下：

$$Fe^{3+} + 6SCN^- \rightleftharpoons Fe(SCN)_6^{3-}\ （血红色）$$
$$+$$
$$6F^-$$
$$\Updownarrow$$
$$FeF_6^{3-}\ （无色）$$

总反应为：$Fe(SCN)_6^{3-} + 6F^- \rightleftharpoons FeF_6^{3-} + 6SCN^-$

例 9-3　0.1mol/L $Ag(NH_3)_2^+$ 溶液中加入固体 KCN，使得 $c_{CN^-} = 0.4$mol/L（初浓

度)，平衡之后 $Ag(NH_3)_2^+$ 和 $Ag(CN)_2^-$ 的浓度各是多少？

解：反应式为：

$$Ag(NH_3)_2^+ + 2CN^- \rightleftharpoons Ag(CN)_2^- + 2NH_3$$

$$K = \frac{c_{Ag(CN)_2^-} \cdot c_{NH_3}^2}{c_{Ag(NH_3)_2^+} \times c_{CN^-}^2}$$

因为上述总反应由(1)　$Ag(NH_3)_2^+ \rightleftharpoons Ag^+ + 2NH_3$

　　　　　　　　　　(2)　$Ag^+ + 2CN^- \rightleftharpoons Ag(CN)_2^-$

相加得到：

故　$K = \dfrac{c[Ag(CN)_2]^- \cdot c_{NH_3}^2}{c_{Ag(NH_3)^{2+}} \times c_{CN^-}^2} = \dfrac{K_{f \cdot Ag(CN)_2^-}}{K_{f \cdot Ag(NH_3)^{2+}}} = \dfrac{1.0 \times 10^{21}}{1.7 \times 10^7}$

K 如此之大，可知配位反应进行得很完全。

设平衡时 $c_{Ag(NH_3)^{2+}} = x \, mol/L$

$$Ag(NH_3)_2^+ + 2CN^- \rightleftharpoons Ag(CN)_2^- + 2NH_3$$

$c_{平}/(mol/L)$　　　　x　$0.4-0.2+2x$　$0.1-x$　$0.2-2x$

　　　　　　　　　≈ 0.2　　　　≈ 0.1　≈ 0.2

$$K = \frac{0.1 \times 0.2^2}{x \times 0.2^2} = 5.9 \times 10^{13}$$

即 $c_{Ag(NH_3)^{2+}} = 1.7 \times 10^{-15} mol/L$　$c_{Ag(CN)_2^-} = 0.1 mol/L$

说明加入 CN^- 后 $Ag(NH_3)_2^+$ 几乎全部转化成了 $Ag(CN)_2^-$

练习题

将 $c(AgNO_3) = 0.04 mol/L$ 的硝酸银溶液与 $c(NH_3) = 2.0 mol/L$ 的氨水等体积混合，计算平衡后溶液中银离子的浓度($K_稳 = 1.1 \times 10^7$)。

第三节　配位滴定法

一、概述

1. 配位滴定反应的条件

配位滴定法是以配位反应为基础进行的滴定分析法，一般是利用配位剂作标准溶液直接或间接测定被测物。配位滴定反应所涉及的平衡比较复杂，除了标准溶液与被测物之间的反应外，还可能存在其他各种类型的反应，因而要进行配位滴定的反应，必须满足以下条件：①满足滴定分析的基本条件；②配位反应要有明确的计量关系，生成的配合物最好只有一种，且无各级配合物存在。

单基配体与大多数金属离子形成的配合物稳定性低，且存在着逐级配位的现象。形成的有些反应还找不到合适的指示剂，故现在大多数配位滴定不采用单基配体（无机配位剂），而利用螯合剂（多基配体）作为滴定剂，它与金属离子生成的螯合物稳定性高，螯合比恒定，能满足配位滴定的要求。因此配位滴定法主要是指形成螯合物的配位滴定法。

目前常用的一类螯合剂是氨羧配位剂，它是以氨基二乙酸—$N(CH_2COOH)_2$ 为基体的有机螯合剂，以 N、O 为配位原子，能与大多数金属离子形成稳定的可溶性螯合物。

常用的氨羧配位剂有下列几种：亚氨基二乙酸（IMDA）、氨三乙酸（ATA 或 NTA）、环己二胺四乙酸（CyDT 或 DCTA）、乙二胺四乙酸（EDTA）、乙二胺四丙酸（EDTP）、乙二醇二乙醚二胺四乙酸（EGTA）等等。EDTA 应用最为广泛。利用 EDTA 标准溶液滴定金属离子的方法也称为 EDTA 滴定法。

2. 乙二胺四乙酸及其配合物的性质

（1）乙二胺四乙酸的结构和性质。乙二胺四乙酸简称"EDTA"，以 H_4Y 表示。EDTA 中有两个氨基、四个羧基，其结构式如下：

$$HOOCCH_2 \diagdown \quad\quad\quad\quad\quad\quad\quad\quad\quad\quad \diagup CH_2COOH$$
$$\quad\quad\quad N-CH_2-CH_2-N$$
$$HOOCCH_2 \diagup \quad\quad\quad\quad\quad\quad\quad\quad\quad\quad \diagdown CH_2COOH$$

由于它在水中的溶解度较小，（295K 时，溶解度仅为 0.02g/100mLH_2O）。在分析工作中通常用它的二钠盐（$Na_2H_2Y \cdot 2H_2O$ 也简称 EDTA 或 EDTA 二钠盐，相对分子质量为372.26）。EDTA 二钠盐在水中的溶解度较大（295K 时，溶解度为 11.1g/100mLH_2O，浓度约为 0.3mol/L，pH 值约为 4.4）。

乙二胺四乙酸在水溶液中，具有双偶极离子结构：

$$HOOCH_2C \diagdown \quad H \quad\quad\quad\quad\quad\quad\quad H \quad \diagup CH_2COO^-$$
$$\quad\quad\quad N-CH_2-CH_2-N$$
$$^-OOCH_2C \diagup \quad + \quad\quad\quad\quad\quad\quad + \quad \diagdown CH_2COOH$$

因此，当溶液酸度很高时，所有羧基及氨基均得到 H^+，EDTA 以 H_6Y^{2+} 形式存在；当酸度很低时，EDTA 可能以 Y^{4-} 形式存在，中间存在形式随酸度不同而不同（表 9-3）。

$$H_6Y^{2+} \Longrightarrow H_5Y^+ \Longrightarrow H_4Y \Longrightarrow H_3Y^- \Longrightarrow H_2Y^{2-} \Longrightarrow HY^{3-} \Longrightarrow Y^{4-}$$

表 9-3　EDTA 在不同酸度下的主要存在形式

pH	<1	1~1.6	1.6~2.0	2.0~2.67	2.67~6.16	6.16~10.26	>10.26
EDTA 主要存在形式	H_6Y^{2+}	H_5Y^+	H_4Y	H_3Y^-	H_2Y^{2-}	HY^{3-}	Y^{4-}

在上述 7 种型体中，与金属离子直接发生配位反应的是 Y^{4-}（为了方便，以下均用符号 Y 来表示 Y^{4-}），pH 越高，EDTA 的配位能力越强。

（2）EDTA 与金属离子的配位特点。EDTA 分子中有 2 个氨基氮和 4 个羧基氧，即有 6 个可与金属离子形成配位键的原子，因此几乎能与所有金属离子形成环状配合物，因而配位滴定应用很广泛，但如何提高滴定的选择性便成为配位滴定中的一个重要问题。EDTA 与金属离子形成的配合物具有以下特点：

①MY 螯合比简单恒定。螯合比是指中心离子与螯合剂的数目之比，例如$[Cu(en)_2]^{2+}$ 螯合比为 1：2，$[Co(en)_3]^{2+}$ 螯合比为 1：3。EDTA 中有 2 个氮、4 个氧充当配位原子，大多数金属离子的配位数为 4 和 6，故二者结合是以 1：1 的形式结合的，即螯合比为 1：1。

如：$M^{2+} + H_2Y^{2-} = MY^{2-} + 2H^+$

$\quad\quad M^{3+} + H_2Y^{2-} = MY^- + 2H^+$

$\quad\quad M^{4+} + H_2Y^{2-} = MY + 2H^+$

与金属离子的价态无关，即 $n_{EDTA}=n_M$，这是配位滴定计算的依据。略去电荷，反应式可简写成通式：M＋Y＝MY

②MY 稳定性高。形成的螯合物稳定性很高，具有广泛的配位性。

例如：EDTA 与 Ca^{2+} 形成的 CaY^{2-} 稳定常数为 $K_{CaY^{2-}}=10^{10.69}$，$lgK_{CaY}=10.69$。

常见金属离子 EDTA 配合物的 lgK_{MY} 见表 9－4。

表 9－4　常见金属离子 EDTA 配合物的 lgK_{MY}　（$I=0.1$，293～298K）

离子	lgK_{MY}	离子	lgK_{MY}	离子	lgK_{MY}
Na^+	1.66	Fe^{2+}	14.33	Ni^{2+}	18.56
Li^+	2.79	Ce^{3+}	15.98	Cu^{2+}	18.70
Ag^+	7.32	Al^3	16.30	Hg^{2+}	21.70
Ba^{2+}	7.86	Co^{2+}	16.31	Sn^{2+}	22.11
Mg^{2+}	8.64	Pt^{3+}	16.40	Cr^{3+}	23.40
Be^{2+}	9.30	Cd^{2+}	16.46	Fe^{3+}	25.10
Ca^{2+}	10.69	Zn^{2+}	16.50	Bi^{2+}	27.94
Mn^{2+}	13.87	Pb^{2+}	18.5	Co^{3+}	36.00

③MY 溶解性好。形成的螯合物易溶于水，且配位反应大多较快。

④MY 的颜色。EDTA 与大多数无色金属离子形成无色配合物，这有利于指示剂确定终点。但与有色金属离子形成颜色更深的配合物。例如：

CuY^{2-}　　NiY^{2-}　　CoY^{2-}　　MnY^{2-}　　CrY^-　　FeY^-

深蓝　　　蓝色　　　紫红　　　紫红　　　深紫　　黄

因此滴定这些离子时，要控制其浓度勿过大，否则，使用指示剂确定终点将发生困难。

上述特点说明 EDTA 与金属离子的配合反应符合滴定分析的要求，因此，EDTA 是一种较好的配位滴定剂。但也有不足之处，比如方法的选择性较差，有时生成的配合物颜色太深时，使目测终点困难。

3. 影响金属 EDTA 配合物稳定性的因素

（1）酸效应系数与配位效应系数。配位反应中，涉及的化学平衡很复杂，往往是除了要研究的反应之外，还存在着许多其他的反应，在配位滴定中，把滴定剂 Y 和金属离子之间的反应称为主反应，而把其他与之有关的反应称为副反应，如酸效应、配位效应等。平衡关系表示如下：

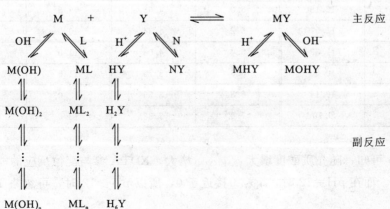

L—其他配位剂；N—其他金属离子。

①酸效应系数。EDTA 是一种多元酸，因而由于 H^+ 的存在，会引起 $M+Y \Longrightarrow MY$ 平衡逆向移动，使 M 与 Y 的主反应的配位能力下降，这种现象称为酸效应。

$$M+Y \Longrightarrow MY$$
$$+$$
$$H^+$$
$$\downarrow$$
$$HY$$

酸效应影响大小可用酸效应系数衡量，它是指未参与配位反应的 EDTA 各种存在型体的总浓度 $c_{Y'}$ 与能直接参与主反应的的平衡浓度 c_Y 之比，用符号 $\alpha_{Y(H)}$ 表示：

$$\alpha Y (H) = \frac{c_{Y'}}{c_Y}$$

$$c_{Y'} = c_{Y^{4-}} + c_{HY^{3-}} + c_{H_2Y^{2-}} + c_{H_3Y^-} + c_{H_4Y} + c_{H_5Y^+} + c_{H_6Y^{2+}}$$

一般 $c_Y < c_{Y'}$，不同 pH 值时的 $\lg\alpha_{Y(H)}$ 见表 9-5。

表 9-5　不同 pH 值时的 $\lg\alpha_{Y(H)}$

pH	$\lg\alpha_{Y(H)}$	pH	$\lg\alpha_{Y(H)}$	pH	$\lg\alpha_{Y(H)}$
0.0	23.64	3.6	9.27	7.2	3.10
0.2	22.47	3.8	8.85	7.4	2.88
0.4	21.32	4.0	8.44	7.6	2.68
0.6	20.18	4.2	8.04	7.8	2.47
0.8	19.08	4.4	7.64	8.0	2.27
1.0	18.01	4.6	7.24	8.2	2.07
1.2	16.98	4.8	6.84	8.4	1.87
1.4	16.02	5.0	6.45	8.6	1.67
1.6	15.11	5.2	6.07	8.8	1.48
1.8	14.27	5.4	0.69	9.0	1.28
2.0	13.51	5.6	5.33	9.2	1.10
2.2	12.82	5.8	4.98	9.6	0.75
2.4	12.19	6.0	4.65	10.0	0.45
2.6	11.62	6.2	4.34	10.5	0.20
2.8	11.09	6.4	4.06	11.0	0.07
3.0	10.60	6.6	3.79	11.5	0.02
3.2	10.14	6.8	3.55	12.0	0.01
3.4	9.70	7.0	3.32	13.0	0.00

由表 9-5 可知，随介质酸度增大，$\lg\alpha_{Y(H)}$ 增大，EDTA 参与配位反应的能力显著降低，即酸效应显著。而在 pH=12 时，$\lg\alpha_{Y(H)}$ 接近于 0，所以 pH≥12 时，可忽略 EDTA 酸效应的影响。

②配位效应。当溶液中存在其他配位剂（L），并能与金属离子（M）发生配位反应，导致 M+Y=MY 平衡逆向移动，MY 稳定性下降的现象称为配位效应。

$$M+Y \rightleftharpoons MY$$
$$+$$
$$L$$
$$\downarrow$$
$$ML$$

配位效应影响大小，可用配位效应系数衡量，它是指未与 EDTA 配位的金属离子的各种存在型体的总浓度（$c_{M'}$）与游离金属离子的浓度 c_M 之比。用符号 $\alpha_{M(L)}$ 表示，即：

$$\alpha_{M(L)} = \frac{c_{M'}}{c_M}$$

配位效应系数 $\alpha_{M(L)}$ 的大小仅与共存配位剂 L 的种类和浓度有关，共存配位剂的浓度越大，与被测金属离子形成的配合物越稳定，则配位效应越显著，对主反应影响越大。

（2）条件稳定常数。在配位滴定中，在没有副反应发生时，M 与 Y 反应进行程度可用稳定常数 K_{MY} 表示，K_{MY} 值越大，配合物越稳定。但实际上由于副反应的存在，K_{MY} 值已不能反映主反应进行的程度，因此，引入条件稳定常数表示有副反应发生时主反应进行的程度。条件稳定常数用符号 K'_{MY} 表示。

$$K_{MY} = \frac{c_{MY}}{c_M c_Y} \cdots\cdots 稳定常数$$

$$K'_{MY} = \frac{c_{MY}}{c_{M'} c_{Y'}} \cdots\cdots 条件稳定常数$$

$$K'_{MY} = \frac{c_{MY}}{\alpha_{M(L)} c_M \cdot \alpha_{Y(H)} c_Y} = K_{MY} \cdot \frac{1}{\alpha_{M(L)} \alpha_{Y(H)}}$$

$$\lg K'_{MY} = \lg K_{MY} - \lg \alpha_{M(L)} - \lg \alpha_{Y(H)}$$

在一定条件下，$\alpha_{M(L)}$、$\alpha_{Y(H)}$ 均为定值，因此 K'_{MY} 是个常数，它是用副反应系数校正后的实际稳定常数。则这种在外界条件下，实际存在的稳定常数称为条件稳定常数。

当 $\alpha_{M(L)} = 0$ 时，$\lg K'_{MY} = \lg K_{MY} - \lg \alpha_Y$

在滴定分析中，经常存在一些影响因素（如 H^+）而影响配位平衡，故常用 K'_{MY} 代替 K_{MY} 进行实际工作的分析。

练习题

计算 pH=5 和 pH=10 时溶液中 AlY^- 的 $\lg K'_{AlY}$ 值，计算结果说明什么问题？

二、配位滴定的原理

1. 配位滴定曲线

在配位滴定时。随着 EDTA 的不断加入，被滴定的金属离子 M 的浓度逐渐减小。在达到化学计量点附近±0.1‰范围内，溶液的 pM 值发生突变（若有副反应存在，则 pM′发生突变），称为滴定突跃，利用适当的方法，可以指示滴定终点。以 EDTA 的加入量（或加入百分数）为横坐标，金属离子浓度的负对数 pM 为纵坐标作图，这种反映滴定过程中金属离子浓度变化规律的曲线称为配位滴定曲线。

现以 pH＝12.00 时，用 0.010 00mol/L EDTA 标准溶液滴定 20.00mL0.010 00mol/L Ca^{2+} 溶液为例。假设滴定体系中不存在其他辅助配位剂，只考虑 EDTA 的酸效应。计算 pCa 的变化情况。

按照滴定不同阶段计算方法，所得结果列于表 9-6。以 pCa 对加入 EDTA 溶液的百分数作图，即得到用 EDTA 溶液滴定 Ca^{2+} 的滴定曲线，如图 9-1 所示。

表 9-6　pH＝12.00 时，用 0.010 00mol/L EDTA 标准溶液滴定
20.00mL0.010 00mol/L Ca^{2+} 溶液过程中 pCa 值的变化

加入 EDTA 溶液		被配位的 Ca^{2+} 1%	过量的 EDTA 1%	pCa
mL	比例 1%			
0.00	0.0	0.0		2.0
18.00	90.0	90.0		3.3
19.80	99.0	99.0		4.3
19.98	99.9	99.9		5.3
20.00	100.0	100.0	0.0	6.6
20.02	100.1		0.1	8.0
20.20	101.0		1.0	9.0

用同样的方法计算 pH＝10、9、7、6 时滴定过程中的 pCa，以 pCa 为纵坐标，加入 EDTA 标准溶液的量为横坐标作图，结果见图 9-1。

当用 0.01mol/LEDTA 溶液滴定 0.01mol/L 金属离子 M^{n+} 时，若配合物 MY 的 $\lg K'_{MY}$ 分别为 2、4、6、8、10、12、14，绘制出相应的滴定曲线，如图 9-2 所示。

若 $\lg K'_{MY}＝10$，用相同浓度的 EDTA 溶液分别滴定不同浓度的金属离子，如 $c(M)$ 分别为 $10^{-1}\sim 10^{-4}$mol/L，滴定过程滴定曲线如图 9-3。

从图 9-1、图 9-2 和图 9-3 可看出，在配位滴定中，化学计量点前后存在着滴定突跃，而且突跃的大小与配合物的条件稳定常数及被滴定金属离子的浓度直接相关。

2. 金属离子准确滴定的条件

采用指示剂指示终点在人眼判断颜色的情况下，终点的判断与化学计量点之间会有 ±0.2pM 单位的差距，而配位滴定一般要求相对误差不大于 0.1%。根据上面影响滴定突跃大小的因素可知，金属离子的初始浓度和条件稳定常数越大，滴定的突跃范围越大。当滴定的金属离子的初始浓度是 0.010mol/L（配位滴定常用的浓度），要满足滴定分析的误差要求，由图 9-2 可知，配合物的条件稳定常数 $\lg K'_{MY}$ 应不小 10^{-8}，即：

$$\lg K'_{MY}\geqslant 8$$

若将金属离子的初始浓度 c_M 与条件稳定常数对滴定突跃的影响同时考虑，上式可表示为：

$$\lg c_M K'_{MY}\geqslant 6$$

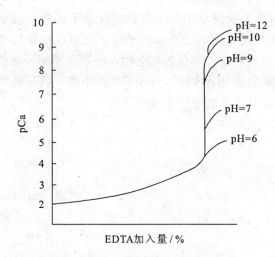

图 9-1 不同 pH 值时用 0.01mol/L
EDTA 溶液滴定 0.01mol/L Ca^{2+} 的
滴定曲线

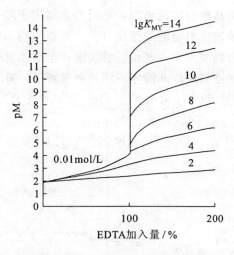

图 9-2 不同 $\lg K_{MY}$ 时用 0.01mol/L
EDTA 溶液滴定 0.01mol/L 金属离子
M^{n+} 的滴定曲线

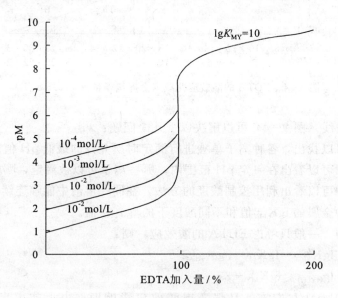

图 9-3 金属离子浓度的影响

此式即为配位滴定中准确测定单一金属离子的条件。

3. 配位滴定中最高酸度（最低 pH 值）与酸效应曲线

单一金属离子被准确滴定的界限是 $\lg K'_{MY} \geqslant 8$，而 $\lg K'_{MY}$ 是与滴定条件直接相关的。假设在配位滴定中除 EDTA 的酸效应之外没有其他副反应，则 $\lg K'_{MY} \geqslant 8$ 主要受溶液酸度的影响。在金属离子初始浓度一定时，随着酸度的增强，$\lg \alpha_{Y(H)}$ 增大，$\lg K'_{MY}$ 减小，最后可能导致 $\lg K'_{MY} < 8$，这时便不能准确滴定。因此，溶液的酸度应有一上限，超过它便不能保证 $\lg K'_{MY}$ 具有一定的数值，会引起较大的误差（$>0.1\%$），这一最高允许的酸度称为最高酸度，与之相应的溶液 pH 值称为最低 pH 值。

从前面讨论可知，不同的金属离子与 EDTA 所形成的配合物稳定性是不同的，配合物的稳定性与溶液的酸度有关，所以当用 EDTA 滴定不同的金属离子时，对形成稳定性高的配合物酸度高一些也能够滴定；但是相对于形成稳定性稍低的配合物，酸度高于某一数值就不能准确滴定此滴定不同的金属离子，有不同的最低 pH 值，低于最低 pH 值，就不能准确滴定。以 pH 对 $\lg K_{MY}$（$\lg \alpha_{Y(H)}$）作图，即得 EDTA 的酸效应曲线（图 9-4）。

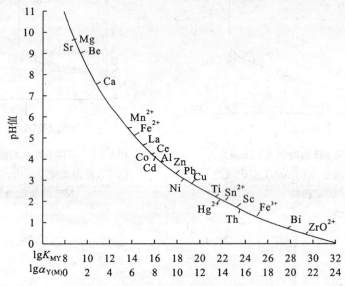

图 9-4　EDTA 的酸效应曲线（金属离子浓度 0.01mol/L）

应用酸效应曲线（图 9-4）可以解决以下几个问题：

（1）从曲线可以找出，各种离子单独进行滴定时所允许的最低 pH 值。

（2）从曲线中可以看出在一定 pH 范围内，哪些离子可以被滴定，哪些离子有干扰。

（3）从曲线中可以看出利用控制酸度的方法，在同一溶液中能够连续测定几种离子。

（4）查得各种金属的 $\lg K_{MY}$ 值和不同酸度下的 $\lg \alpha_{Y(H)}$ 值。

在配位滴定中，一般只考虑 EDTA 的酸效应，则：

$$\lg K'_{MY} = \lg K_{MY} - \lg \alpha_{Y(H)} \geqslant 8$$
$$\lg \alpha_{Y(H)} \leqslant \lg K_{MY} - 8$$

在浓度为 0.01mol/L 左右，且仅考虑酸效应影响时，由上式求出配位滴定的最大 $\lg \alpha_{Y(H)}$，然后从酸效应曲线便可求得最低 pH 值。

练习题

在 pH=5.0 时，能否用 0.020mol/L EDTA 标准溶液直接准确滴定 0.020mol/L Mg^{2+}？在 pH=10.0 的氨性缓冲溶液中如何？

三、金属指示剂

配位滴定指示终点的方法很多，其中最重要的是使用金属指示剂确定终点。在配位滴定中，利用一种能与金属离子生成有色配合物的显色剂来指示滴定终点，这种显色剂称为金属指示剂。

1. 金属指示剂作用原理

金属指示剂是一种有机染料，一定条件下能与被滴定的金属离子形成与其本身颜色不同的有色配合物。

$$M+In \rightleftharpoons MIn$$
$$\text{甲色} \quad \text{乙色}$$

随着 EDTA 的加入，游离金属离子逐渐被配位，形成 MY。当达到反应的化学计量点时，EDTA 从 MIn 中夺取金属离子 M，使指示剂 In 游离出来，这样溶液的颜色就从 MIn 的颜色（乙色）变为 In 的颜色（甲色），指示终点达到：

$$MIn \rightleftharpoons MY+In$$
$$\text{乙色} \quad \text{甲色}$$

例如，铬黑 T 在 pH 8～11 时显蓝色，它与 Ca^{2+} 形成酒红色配合物，若以 EDTA 为滴定剂，加入铬黑 T 形成酒红色配合物，大部分 Ca^{2+} 处于游离状态。随着 EDTA 的加入，它与 Ca^{2+} 发生配位反应。在化学计量点附近，Ca^{2+} 浓度很低，继续滴加 EDTA 时，由于 K_{CaY} > K_{CaIn}，EDTA 会从 CaIn 中夺取 Ca^{2+}，释放 In，溶液呈现铬黑 T 的蓝色，指示终点的到达。

$$\text{终点时：} MIn+Y^{4-} \rightleftharpoons MY^{2-}+In$$
$$\text{红色} \quad\quad\quad\quad \text{蓝色}$$

2. 常用金属指示剂

常用金属指示剂见表 9-7。

表 9-7 常用的金属指示剂

指示剂	使用的适宜 pH 范围	颜色变化		直接滴定的离子	指示剂配制	注意事项
		In	MIn			
铬黑 T（简称 BT 或 EBT）	8～10	蓝	红	pH = 10，Mg^{2+}，Zn^{2+}，Cd^{2+}，Pb^{2+}，Mn^{2+}，稀土元素离子	1：100NaCl（固体）	Fe^{3+}，Al^{3+}，Cu^{2+}，Ni^{2+} 等离子封闭 EBT
二甲酚橙（简称 XO）	<6	亮黄	红	pH<1，ZrO^{2+} pH=1～3.5，Bi^{3+}，Tb^{4+} pH=5～6，Tl^{3+}，Zn^{2+}，Pb^{2+}，Cd^{2+}，Hg^{2+}，稀土元素离子	0.5%水溶液	Fe^{3+}，Al^{3+}，Ti（Ⅳ），Ni^{2+} 等离子封闭 XO
磺基水杨酸（简称 ssal）	1.5～2.5	无色	紫红	pH=1.5～2.5 Fe^{3+}	5%水溶液	ssal 本身无色，FeY-呈黄色
钙指示剂（简称 NN）	12～13	蓝	红	pH=12～13 Ca^{2+}	1：100NaCl（固体）	Fe^{3+}，Al^{3+}，Cu^{2+}，Ni^{2+}，Ti（Ⅳ），Co^{2+}，Mn^{2+} 等离子封闭 NN
PAN	2～12	黄	紫红	pH=2～3 Th^{4+}，Bi^{3+} pH=4～5，Cu^{2+}，Ni^{2+}，Pb^{2+}，Cd^{2+}，Zn^{2+}，Mn^{2+}，Fe^{2+}	0.1%乙醇溶液	Min 在水中溶解度小，为防止 PAN 僵化，滴定时须加热

络合滴定中应用较多的指示剂是铬黑 T 和二甲酚橙，实际工作中大多采用实验方法来确定金属指示剂。先试验颜色变化的敏锐性，然后检查滴定结果的准确度。金属指示剂的条件与选择都比较苛刻，因为在实际工作中，在考虑金属指示剂使用的适宜 pH 范围时，还要防止金属指示剂发生封闭与僵化现象。

3. 金属指示剂封闭现象与僵化现象

（1）金属指示剂封闭现象。有些金属指示剂的配合物 K'_{MIn} 大于 K'_{MY}，在化学计量点附近，即使加入了过量的 EDTA，也不能出现颜色改变的现象称为指示剂的封闭。

例如 水的总硬度测定时，控制 pH＝10，使用铬黑 T 作为指示剂，如溶液中存在 Al^{3+}、Fe^{3+} 等离子，会封闭铬黑 T，无法确定终点。解决方法是加入掩蔽剂，使干扰离子生成更稳定的配合物，如加入三乙醇胺可以消除 Al^{3+}、Fe^{3+} 的干扰，如干扰离子量太大，则需要分离除去干扰离子。

（2）金属指示剂僵化现象。金属指示剂配合物在水中的溶解度太小，使得滴定剂 Y 与金属指示剂配合物 MIn 置换反应缓慢，导致终点拖长，这种现象称为指示剂僵化。解决方法是加热或加入有机溶剂，增大其溶解度。例如 PAN 作指示剂，加入乙醇或加热滴定液，可以在接近计量点时，放慢滴定速度。剧烈振荡，降低僵化程度，得到准确结果。

金属指示剂多为含有双键的有色化合物，易被氧化剂分解，在水溶液中不稳定，日久会变质。例如配制铬黑 T 时，常加入适量的还原剂或配成三乙醇胺溶液；钙指示剂常与固体 KCl 或 NaCl 混匀使用。

四、提高配位滴定选择性的方法

实际样品中往往有多种金属离子共存，而 EDTA 又能与很多金属离子形成稳定的配合物，所以在滴定某一金属离子时常常受到共存离子的干扰。为减少或消除共存离子干扰，在实际滴定中常用以下几种方法。

1. 控制溶液酸度

假设溶液中含有两种金属离子 M、N，它们均可与 EDTA 形成配合物，且 $\lg K'_{MY} > \lg K'_{NY}$。当用 EDTA 滴定时，若 $c(M)＝c(N)$，M 首先被滴定。若 $\lg K'_{MY}$ 与 $\lg K'_{NY}$ 相差足够大，则 M 被定量滴定后，EDTA 才与 N 作用，这样，N 的存在并不干扰 M 的准确滴定。两种金属离子的 EDTA 配合物的条件稳定常数相差越大，准确滴定 M 离子的可能性就越大。对于有干扰离子存在的配位滴定，一般容许有不超过 0.5% 的相对误差，而如前述，肉眼判断终点颜色变化时，滴定突跃至少应有 0.2 个 pM 单位，根据理论推导，在 M、N 两种离子共存时若满足：

$$\frac{c_M K'_{MY}}{c_N K'_{NY}} \geqslant 10^5$$

$$即 \quad \lg c_M K'_{MY} - \lg c_N K'_{NY} \geqslant 5$$

我们可以通过控制酸度进行分别滴定。上式称为两种金属离子分别滴定的判别式。

练习题

溶液中 Fe^{3+}、Al^{3+} 浓度均为 0.1mol/L，能否控制溶液酸度用 EDTA 滴定 Fe^{3+}？

　　如果溶液中存在两种以上金属离子，要判断能否用溶液酸度的方法进行分别滴定，应该首先考虑配合物稳定常数最大和与之最接近的那两种离子，然后依次两两考虑。当被测金属离子与干扰离子的配合物的稳定性相差不大，即不能满足上式时，可以通过其他方法提高滴定的选择性。

　　2. 掩蔽与解蔽

　　常用的掩蔽法有配位掩蔽法、沉淀掩蔽法和氧化还原掩蔽法等，其中以配位掩蔽法最常用。

　　（1）配位掩蔽法。利用配位剂（掩蔽剂）与干扰离子形成稳定的配合物，从而消除干扰的掩蔽方法。例如，$pH=10$ 时，用 EDTA 滴定 Mg^{2+}，Zn^{2+} 的存在会干扰滴定。若加入 KCN，与 Zn^{2+} 形成稳定配离子，Zn^{2+} 即被掩蔽而消除干扰。又如用 EDTA 滴定水中的 Ca^{2+}、Mg^{2+} 以测定水的硬度时，Fe^{3+}、Al^{3+} 的干扰可用三乙醇胺掩蔽。表 9-8 列出了一些常用的掩蔽剂和被掩蔽的金属离子。

表 9-8　常用的掩蔽剂和被掩蔽的金属离子

掩蔽剂	pH 值	被掩蔽离子
KCN	>8.0	Ag^+、Cu^{2-}、Zn^{2+}、Co^{2+}、Hg^{2+} 等
NH_4F	4~6	Al^{3+}、Sn^{4+}、W^{6+} 等
乙醇胺	10	Al^{3+}、Fe^{3+}、Sn^{4+} 等
酒石酸	5.5	Fe^{3+}、Al^{3+}、Sn^{4+}、Ca^{2+}

　　（2）沉淀掩蔽法。利用某一沉淀剂与干扰离子生成难溶性沉淀，降低干扰离子浓度，在不分离沉淀的条件下直接滴定被测离子。例如，在 $pH=10$ 时用 EDTA 滴定 Ca^{2+}，这时 Mg^{2+} 也被滴定，若加入 NaOH。使溶液 $pH>12$，则 Mg^{2+} 形成 $Mg(OH)_2$ 沉淀而不干扰 Ca^{2+} 的滴定。

　　（3）氧化还原掩蔽法。某种价态的共存离子对滴定有干扰时，利用氧化还原反应改变干扰离子的价态，则可消除对被测离子的干扰。例如，用 EDTA 滴定 Hg^{2+}、Bi^{3+}、Sn^{4+}、Th^{4+} 等离子时，若有 Fe^{3+} 存在，会干扰滴定（$lgK'_{MY}=25.1$），可用盐酸经胺或抗坏血酸将 Fe^{3+} 还原为 Fe^{2+}，由于 Fe^{2+} 的 EDTA 配合物稳定性较差（$lgK'_{MY}=14.33$），因而可消除 Fe^{3+} 的干扰。

　　（4）解蔽方法。将干扰离子掩蔽以滴定被测离子后，再加入一种试剂，使已被掩蔽剂配位的干扰离子重新释放出来，这种作用称为解蔽，所用试剂称为解蔽剂。利用某些选择性的解蔽剂，可提高配位滴定的选择性。例如，测定铜合金中的 Zn^{2+}、Pb^{2+} 时，可在氨性溶液中用 KCN 掩蔽 Cu^{2+}、Zn^{2+}，在 $pH=10$ 时，以铬黑 T 作指示剂，用 EDTA 滴定 Pb^{2+}。在滴定 Pb^{2+} 后的溶液中加入甲醛或三氯乙醛，则 $Zn(CN)_4^{2-}$ 被破坏而释放出来 Zn^{2+}，然后用量 EDTA 滴定释放出来的 Zn^{2+}。

　　除此之外，还可以采用预先分离和其他配位剂的方法提高配位滴定的选择性。

五、配位滴定的方式及应用

　　周期表中大多数元素都能用配位滴定法测定。配位滴定可以采用直接滴定、间接滴定、返滴定、置换滴定四种方式。采用适当的滴定方式，不仅可以扩大配位滴定的应用范围，也可以提高配位滴定的选择性。

1. 直接滴定

直接滴定法是配位滴定最基本的方法，是在适当条件下，直接用 EDTA 滴定被测离子（表9-9）。采用直接滴定法必须满足下列条件：

(1) 被测离子 $\lg (c_M K'_{MY}) \geqslant 6$（至少在 5 以上）。

(2) 络合速度快。

(3) 应有变色敏锐的指示剂，且没有封闭现象。

(4) 在选用的滴定条件下，被测离子不发生水解和沉淀反应。

例如水的总硬度的测定，利用氨缓冲溶液滴定调节 pH=10，加入铬黑 T 作指示剂，用 EDTA 标准溶液滴定至溶液呈现浅蓝色即为终点，利用 EDTA 的浓度 c 与体积 V 求出水的总硬度。

表9-9　直接滴定法示例

金属离子	pH	指示剂	其他主要滴定条件	终点颜色变化
Ba^{2+}	1	二甲酚橙	HNO_3 介质	紫红——黄
Ca^{2+}	12～13	钙指示剂	六次甲基四胺	酒红——蓝
Cd^{2+}，Fe^{2+}，Pb^{2+}，Zn^{2+}	5～6	二甲酚橙	六次甲基四胺加热至80℃	红紫——黄
Co^{2+}	5～6	二甲酚橙	氨性缓冲溶液	红紫——黄
Cd^{2+}，Mg^{2+}，Zn^{2+}	9～10	铬黑 T	加热或加乙醇	红——蓝
Cu^{2+}	2.5～10	PAN	加热	红——黄绿
Fe^{3+}	1.5～2.5	磺基水扬酸	氨性缓冲溶液，加抗坏血酸	红紫——黄
Mn^{2+}	9～10	铬黑 T	或 $NH_2OH \cdot HCl$ 或酒石酸	红——蓝
Ni^{2+}	9～10	紫脲酸铵	加热至50～60℃	黄绿——紫红
Pb^{2+}	9～10	铬黑 T	氨性缓冲溶液，加酒石酸，并加热至40～70℃	红
Th^{4+}	1.7～3.5	二甲酚橙	HNO_3 介质	红——黄

2. 返滴定法

返滴定法是试液中加入已知量的 EDTA 标准溶液，用另一种金属盐类的标准溶液滴定过量的 EDTA，根据两种标准溶液的浓度和用量，即可求得被测物质的含量。

如果被测金属离子与 EDTA 反应速度慢；在滴定条件下被测离子发生副反应；由于封闭等原因，缺乏合适的指示剂，在这些情况下采用返滴定法（表9-10）。

例如 Al^{3+} 与 EDTA 的配位反应缓慢，且对二甲酚橙等指示剂有封闭作用，不能用直接滴定法测定 Al^{3+}，测 Al^{3+} 时，先调 pH≈3.5 加入过量 EDTA 标准溶液，且加热，使 Al^{3+} 与 EDTA 充分反应，反应完全后，调 pH=5～6，加入二甲酚橙作指示剂，用 Zn^{2+} 标准溶液返滴定过量的 EDTA，求出 Al^{3+} 含量。

3. 置换滴定法

利用置换反应，置换出等物质的量的另一金属离子，或置换出 EDTA，然后滴定，这就是置换滴定法。配位滴定中的置换滴定法主要有：

表 9 - 10　常用的返滴定剂和滴定条件

待测金属离子	pH	返滴定剂	指示剂	终点颜色变化
Al^{3+}、Ni^{2+}	$5\sim6$	Zn^{2+}	二甲酚橙	黄——紫红
Al^{3+}	$5\sim6$	Cu^{2+}	PAN	黄——蓝紫（或紫红）
Fe^{2+}	9	Zn^{2+}	铬黑 T	蓝——红
Hg^{2+}	10	Mg^{2+}、Zn^{2+}	铬黑 T	蓝——红
Sn^{2+}	2	Th^{4+}	二甲酚橙	蓝——红

（1）置换出金属离子：$M+NL=ML+N$（滴定 N）

被测离子 M 与 EDTA 反应不完全，形成的配合物不稳定，可由 M 置换出另一配合物 NL 中的 N，再用 EDTA 滴定 N，求得 M 的含量。

$$M+NL=ML+N$$

$$N+Y=NY$$

例如：测 Ag^+ 离子

$$2Ag^+ +Ni(CN)_4^{2-} \rightleftharpoons 2Ag(CN)_2^- +Ni^{2+}$$

再用氨性缓冲溶液调 pH=10，紫脲酸铵作指示剂，用 EDTA 滴定 Ni，求出 Ag^+ 含量。

例如：铬黑 T 与 Ca^{2+} 显色不灵敏，但对 Mg^{2+} 显色较灵敏，在 pH=10 滴定 Ca^{2+} 时加入少量 MgY，此时发生以下置换反应：$Ca^{2+} +MgY=CaY$（较 MgY 稳定）$+Mg^{2+}$

$$Mg^{2+} +EBT=Mg-EBT$$

滴定时，$Y+Ca^{2+}=CaY$

终点时，$EDTA+ Mg-EBT$（深红色）$=MgY+EBT$（显蓝色）

（2）置换出 EDTA：$MY+L=ML+Y$

将被测离子 M 与干扰离子全部用 EDTA 配位，加入选择性高的配位剂以夺取 M，释放出 EDTA，$MY+L=ML+Y$ 再用另一种金属离子标准溶液滴定 EDTA，求出 M 的含量。

例如：测定白合金中的 Sn^{2+} 时，加入过量的 EDTA，将可能存在的 Pb^{2+}、Zn^{2+}、Cd^{2+} 等与 Sn^{4+} 一起配位，再用 Zn^{2+} 标准溶液滴定剩余的 EDTA，然后加入选择性强的 NaF，加热，把 SnY 中的 Y 释放出来，溶液冷却后再以 Zn^{2+} 标准溶液滴定置换出的 EDTA，可得到 Sn^{3+} 的含量。

4. 间接滴定法

有些金属离子如（Li^+、Na^+、K^+）和非金属离子（如 SO_4^{2-}、PO_4^{3-}、CN^-、Cl^- 等）不能和 EDTA 发生配位反应或与 EDTA 生成的配合物不稳定，可以采用间接滴定法测定。

例如：PO_4^{3-} 的测定，可在一定条件下将 PO_4^{3-} 沉淀为 $MgNH_4PO_4 \cdot 6H_2O$，过滤并洗涤沉淀，将其溶解，调节 pH=10，以铬黑 T 为指示剂，用 EDTA 滴定生成的 Mg^{2+}，由 Mg^{2+} 间接求算 PO_4^{3-} 的量。

例如：K^+ 不与 EDTA 络合，可将其沉淀为 $K_2NaCo(NO_2)_6 \cdot 6H_2O$，沉淀过滤溶解后，用 EDTA 滴定其中的 Co^{3+}，以间接测定 K^+ 含量。

六、EDTA 标准溶液的配制和标定

EDTA 标准溶液常用 EDTA 二钠盐（$Na_2H_2Y_2H_2O$）配制，可采用准确称取 120℃下

烘干到恒重的 EDTA 二钠盐直接法配制，但一般蒸馏水含有少量金属离子，故 EDTA 标准溶液最好用标定法配制。

标定 EDTA 的基准物质很多，如金属 Zn、Cu、Bi 及 CaCO$_3$ · MgO、MgSO$_4$ · 7H$_2$O 等。若标定条件与待测定的条件一致，可以提高测定的准确度。

表 9 - 11　标定 EDTA 常用的基准试剂

基准试剂	处理方法	滴定条件		终点颜色变化
		pH	指示剂	
Cu	1 : 1 HNO$_3$ 溶解，加 H$_2$SO$_4$ 蒸发，除去 NO$_2$	4.3 (HAc - NaAc)	PAN	红——黄绿
Pb	1 : 1 HNO$_3$ 溶解，加热，除去 NO$_2$	(NH$_3$ - NH$_4$Cl) 5～6	铬黑 T	红——蓝
Zn	1 : 1 HNO$_3$ 溶解	(六甲基四胺)	二甲酚橙	红——黄
CaCO$_3$		>12 (KOH)	钙指示剂	酒红——蓝
MgO		10 (NH$_3$ - NH$_4$Cl)	铬黑 T	红——蓝

注意：EDTA 溶液应储存在聚乙烯塑料瓶中或硬度玻璃瓶中。若存于软质玻璃瓶中，EDTA 会溶解玻璃中的 Ca^{2+}，使溶液的浓度降低。

练习题

请写出 EDTA 滴定法检测水中总硬度的原理及原理方程式。

第四节　实例：明矾中铝含量的测定（配位滴定法）

一、项目目的

1. 掌握配位滴定法中返滴定的原理和计算
2. 掌握 EDTA 加热返滴定法测定铝的原理和步骤

二、实验原理

明矾 KAl(SO$_4$)$_2$ · 12H$_2$O 中 Al 的测定，可采用 EDTA 配位滴定法。由于 Al^{3+} 易形成一系列多核羟基络合物，这些多核羟基络合物与 EDTA 络合缓慢，且 Al^{3+} 对二甲酚橙指示剂有封闭作用，故通常采用返滴定法测定铝。加入定量且过量的 EDTA 标准溶液，先调节溶液 pH 为 3～4，煮沸几分钟，使 Al^{3+} 与 EDTA 络合反应完全，冷却后，再调节溶液 pH ＝5～6，以二甲酚橙为指示剂，用 Zn^{2+} 标准溶液滴定至溶液由黄色变为紫红色，即为终点。

很多金属离子都干扰 Al^{3+} 的测定，可根据实际情况采取适当措施消除干扰。需要注意的是，返滴定法测定铝缺乏选择性，所有能与 EDTA 形成稳定络合物的离子都干扰测定。对于像合金、硅酸盐、水泥和炉渣等复杂试样中铝，往往采用置换滴定法以提高选择性，即在用 Zn^{2+} 标准溶液返滴定过量的 EDTA 后，加入过量的 NH_4F，加热至沸，使 Al^{3+} 与 F^- 之间发生置换反应，释放出与 Al^{3+} 物质的量相等的 H_2Y^{2-}（EDTA）：

$$AlY^- + 6F^- + 2H^+ \Longrightarrow AlF_6^{3-} + H_2Y^{2-}$$

再用 Zn^{2+} 标准溶液滴定释放出来的 EDTA 而求得铝的含量。

三、仪器与试剂

仪器：酸式滴定管、锥形瓶、容量瓶、移液管、电热板等。

试剂：盐酸（1∶1）、20％六次甲基四胺溶液、0.2％二甲酚橙溶液、基准锌粒（＞99.9％）。

四、项目内容

1. 溶液的配制

(1) 配制 0.02mol/L EDTA 标准溶液（见项目水硬度的测定；2 组合配 500mL）。

(2) 配制 0.02mol/L Zn 标准溶液：

准确称取基准 Zn 试剂 0.3～0.4g 于小烧杯中（直接法称量），盖上表面皿，沿杯嘴滴加 1∶1HCl，完全溶解后用少量水淋洗表面皿和烧杯内壁，然后将溶解液定量转移至 250mL 容量瓶，稀至刻度摇匀。计算所配制的 Zn 标准溶液的准确浓度。

2. EDTA 标准溶液的标定

准确移取 25.00mL Zn 标准溶液于锥形瓶中，加 2 滴二甲酚橙指示剂，滴加 20％六次甲基四胺溶液至溶液呈现稳定的紫红色，再多加 5mL 六次甲基四胺。用 EDTA 溶液滴定，当溶液由紫红色恰好转变为黄色时即为终点。计算 EDTA 标准溶液的准确浓度，平行测定三次以上，偏差须在 0.3％以内方为合格。

3. 明矾试样的测定

(1) 准确称取明矾试样（$KAl(SO_4)_2 \cdot 12H_2O$，Mr＝474.4）0.15～0.2g 置于锥形瓶中，加水 25mL 溶解（明矾溶于水后，因缓慢溶解而显浑浊，在加入过量 EDTA 并加热后，即可溶解，不影响滴定）。

(2) 用移液管准确加入 0.02mol/L EDTA 标准溶液 25.00mL 于上述样品溶液中，在电热板上加热至沸。准确煮沸 3min，然后放置冷却至室温。

(3) 在锥形瓶中加入六次甲基四胺 5mL，二甲酚橙指示剂 3～4 滴，用 Zn 标准溶液返滴定至溶液由黄色变为橙色（pH＜6 时，游离的二甲酚橙呈黄色，滴定至 Zn^{2+} 稍微过量时，Zn^{2+} 与部分二甲酚橙生成紫红色配合物，黄色与紫红色混合呈橙色，故终点颜色为橙色）即为终点。

(4) 根据所消耗的 Zn 标准溶液体积，计算所测明矾中铝的含量。平行测定 3～4 次，控制偏差在 0.3％以内。

五、数据记录与处理

（学生自己完成）

思考题

1. 用 EDTA 测定铝盐的含量，为什么不能用直接滴定法？

2. Al³⁺ 对二甲酚橙有封闭作用，为什么在本实验中还能采用二甲酚橙作指示剂？

第五节　阅读材料：配位化合物在医学药学中的应用

配位化合物是一类广泛存在、组成较为复杂、在理论和应用上都十分重要的化合物。目前对配位化合物的研究已远远超出了无机化学的范畴。它涉及有机化学、分析化学、生物化学、催化动力学、电化学、量子化学等一系列学科。随着科学的发展，在生物学和无机化学的边缘上已形成了一门新型的学科——生物无机化学。新学科的发展表明，配位化合物在生命过程中起着重要的作用。

一、配位化合物在生物体中的重要意义

生物体内结合酶都是金属螯合物。生命的基本特征之一是新陈代谢。生物体在新陈代谢过程中，几乎所有的化学反应都是在酶的作用下进行的，故酶是一种生物催化剂。目前发现的 2 000 多种酶中，很多是 1 个或几个微量的金属离子与生物高分子结合成的牢固的配合物。若失去金属离子，酶的活性就丧失或下降，若获得金属离子，酶的活性就恢复。

1. 锌

生物体内的锌参与许多酶的组成，使酶表现出活性，近年报道含锌酶已增加到 200 多种。生物体内重要代谢物的合成和降解都需要锌酶的参与，可以说锌涉及生命全过程。如 DNA 聚合酶、RNA 合成酶、碱性磷酸酶、碳酸酐酶、超氧化物歧化酶等，这些酶能促进生长发育，促进细胞正常分化和发育，促进食欲。当人体中的锌缺乏时，各种含锌酶的活性降低，胱氨酸、亮胱氨酸、赖氨酸的代谢紊乱；谷胱甘肽、DNA、RNA 的合成含量减少，结缔组织蛋白的合成受到干扰，肠粘液蛋白内氨基酸己糖的含量下降，可导致生长迟缓、食欲不振、贫血、肝脾肿大、免疫功能下降等不良后果。

2. 铜

铜在机体中的含量仅次于铁和锌，是许多金属酶的辅助因子，如细胞色素氧化酶、超氧化物歧化酶、酪氨酸酶、尿酸酶、铁氧化酶、赖氨酰氧化酶、单胺氧化酶、双胺氧化酶等。铜是酪氨酸酶的催化中心，每个酶分子中配有 2 个铜离子，当铜缺乏时酪氨酸酶形成困难，无法催化酪氨酸酶转化为多巴氨氧化酶从而形成黑色素。缺铜患者黑色素形成不足，造成毛发脱色症；缺铜也是引起白癜风的主要原因。

3. 硒

硒是构成谷胱甘肽过氧化物酶的组成成分，参与辅酶 Q 和辅酶 A 的合成，谷胱甘肽过氧化物酶能催化还原谷胱甘肽，使其变为氧化型谷胱甘肽，同时使有毒的过氧化物还原成无害、无毒的羟基化合物，使 H_2O_2 分解，保护细胞膜的结构及功能不受氧化物的损害。硒的配合物能保护心血管和心脏处于功能正常状态。硒缺乏可引起白肌病、克山病和大骨节病。

4. 生物体内蛋白质

生物体内许多蛋白质是金属螯合物。例如：铁在生物体内含量最高，是血红蛋白和肌红蛋白组成成分（在体内参与氧的贮存运输，维持正常的生长、发育和免疫功能）。铁在血红蛋白、肌红蛋白和细胞色素分子中都以 Fe 与原卟啉环形成配合物的形式存在。血红蛋白中的亚铁血红素的结构特征是血红蛋白与氧合血红蛋白之间存在着可逆平衡：$Hb+O_2 \rightleftharpoons HHb+H_2O$，血红蛋白起到氧的载体作用。另一类铁与含硫配位体键合的蛋白质称为铁硫蛋白，也称非血红蛋白。所有铁硫蛋白中的铁都是可变价态。所以铁的主要功能是电子传递体，它们参与生物体的各种氧化还原作用。锰以 Mn^{3+} 的形式存在于输锰蛋白质中，大部分以结合态的金属蛋白质存在于肌肉、骨骼、肝脏和血液中，主要参与造血过程，影响血的运输和代谢。

二、配位化合物在药学方面的应用

1. 金属配合物作为药物提高药效

例如：人们发现芦丁对癌细胞无杀伤作用，$CuSO_4$ 液对癌细胞仅有轻微杀伤作用，但芦丁铜（Ⅱ）配合物对癌细胞杀伤作用却很强。对黄芩苷金属配合物的研究表明，黄芩苷锌的抗炎、抗变态反应作用均强于黄芩苷。

有些具有治疗作用的金属离子因其毒性大、刺激性强、难吸收性等缺点而不能直接在临床上应用。但若把它们变成配位化合物就能降低毒性和刺激性，利于吸收，例如柠檬酸铁配合物可以治疗缺铁性贫血；酒石酸锑钾不仅可以治疗糖尿病；而且和维生素 B_{12} 等含钴螯合物一样可用于治疗血吸虫病；博莱霉素自身并无明显的亲肿瘤性，与钴离子配合后则活性增强；阿霉素的铜、铁配合物较之阿霉素更易被小肠吸收，并透入细胞。二氯二羟基二（异丙胺）合铂（Ⅳ）、环丁烷 1，1-二羧二氨合铂（Ⅱ）、二卤茂金属等，副作用小，疗效更显著。

2. 配位体作为螯合药物——解毒剂

在生物体内的有毒金属离子和有机毒物不同，因为它们不能被器官转化或分解为无毒的物质。有些作为配位体的螯合剂能有选择地与有毒的金属或类金属（如砷汞）形成水溶性螯合物，经肾排出而解毒。因此，此类螯合剂称为解毒剂。例如：D—青霉胺、半胱霉酸、金精三羧酸在机体内可分别结合 Ca^{2+}、Ba^{2+}，形成水溶性配合物排出体外；2，3-二巯基丙醇可从机体内排除汞、金、镉、铅、锑、砷等离子；EDTA 是分析化学中应用很广的配合滴定剂，在机体内可排出钙、铅、铜、铝、金离子，其中最为有效的是治疗血钙过多和职业性铅中毒。例如 Ca-EDTA 治疗铅中毒，是利用其稳定性小于 Pb-EDTA，Ca-EDTA 中的 Ca 可被 Pb 取代而成为无毒的、可溶性的 Pb-EDTA 配合物。

3. 配合物作抗凝血剂和抑菌剂

在血液中加入少量 EDTA 或柠檬酸钠，可螯合血液中的 Ca^{2+}，防止血液凝固，有利于血液的保存。另外，因为螯合物能与细菌生长所必需的金属离子结合成稳定的配合物，使细菌不能赖以生存，故常用 EDTA 作抑菌剂配合金属离子，防止生物碱、维生素、肾上腺素等药物被细菌破坏而变质。

4. 配合物在临床检验中的应用

临床检验中，利用配合物反应生成具有某种特殊颜色的配离子，根据不同颜色的深浅可进行定性和定量分析。例如：测定尿中铅的含量，常用双硫腙与 Pb^{2+} 生成红色螯合物，然后进行比色分析；而 Fe^{3+} 可用硫氰酸盐和其生成血红色配合物来检验。再如，检验人体是否是有机汞农药中毒，取检液经酸化后，加入二苯胺基脲醇清液，若出现紫色或蓝紫配合物，即证明有汞离子存在。

习题

9.1　EDTA 和金属离子形成的配合物有哪些特点？

9.2　什么是配合物的绝对稳定常数？什么是条件稳定常数？为什么要引进条件稳定常数？

9.3　什么是指示剂的封闭现象？怎样消除？

9.4　什么是指示剂的僵化现象？怎样消除？

9.5　提高配位滴定选择性有几种方法？

9.6　命名下列配合物。

(1) $(NH_4)_2[FeCl_5(H_2O)]$　　　　(2) $Na_3[Ag(S_2O_3)_2]$

(3) $K_2Na[Co(ONO)_6]$　　　　　(4) $[CrCl_2(H_2O)_4]Cl$

(5) $[Co(en)_3]Cl_3$　　　　　　　(6) $[Co(NO_2)_3(NH_3)_3]$

9.7　写出下列配合物化学式。

(1) 一氯化二氯一水三氨合钴（Ⅲ）。

(2) 四硫氰二氨合铬（Ⅲ）酸铵。

(3) 硫酸一氯一氨二（乙二胺）合铬（Ⅲ）。

(4) 四氯合铂（Ⅱ）酸四氨合铜（Ⅱ）。

9.8　有两个化合物 A 和 B 具有同一实验式：$Co(NH_3)_3(H_2O)_2ClBr_2$，在一干燥器干燥后，1molA 很快失去 $1molH_2O$，但在同样的条件下 B 不失去 H_2O；当 $AgNO_3$ 加入 A 中时，1molA 沉淀出 1molAgBr，而 1molB 沉淀出 2molAgBr。写出 A 和 B 的化学式和名称。

9.9　若 M、N、Q、R、S 五种金属离子的浓度均为 0.01mol/L，判断哪些可以用配位剂 L 准确滴定，滴定所允许的最低 pH 值是多少？

配合物	ML	NL	QL	RL	SL
lg$K_稳$	18.0	13.0	9.0	7.0	3.0
pH	3.0	5.0	7.0	9.0	10.0

9.10　今有一水样，取 100mL 调节 pH＝10，以铬黑 T 为指标剂，用 0.010 00mol/L EDTA 标准溶液滴定，消耗 31.30mL；另取 100mL 水样，加 NaOH 使呈碱性，Mg^{2+} 成 $Mg(OH)_2$ 沉淀，用 EDTA 溶液 19.20mL 滴定至钙指示剂变色为终点。计算水的总硬度（以 CaOmg/L 表示）及水中钙和镁的含量（以 CaOmg/L 和 MgOmg/L 表示）。

9.11　准确称取含磷试样 2.500g 处理成 100.0mL 的待测液，加镁混合试剂，使磷转变成为 $MgNH_4PO_4$ 沉淀。经过滤、洗涤后再溶解。然后以 0.012 60mol/L EDTA 标准溶液滴定，用去 26.80mL。求试样中 P_2O_5 的质量分数。

9.12　分析铜-锌-镁合金。称取试样 0.500 0g，溶解后，用容量瓶配成 250.00mL 试液。吸取试液 25.00mL，用 0.010 00mol/L EDTA 标准溶液滴定，用去 37.30mL。另外吸取试液 25.00mL，调节 pH＝10，用 KCN 掩蔽 Cu^{2+} 和 Zn^{2+}，用 0.010 00mol/L EDTA 标准溶液滴定 Mg^{2+}，用去 4.10mL。然后用甲醛解蔽 Zn^{2+}，再用 0.010 00mol/L EDTA 标准溶液滴定，用去 13.40mL。计算试样中 Cu、Zn、Mg 的百分含量。

第十章　无机物的定量分析

在实际分析过程中遇到的分析样品，如合金、矿石、食物、药物等，都含有多种组分，即使纯的化学试剂也含有一定量的杂质。待分析试样大多为多组分的混合样品，因此，在做定量分析之前，需要对样品进行一定的预处理或定性分析之后再针对其中的待分析成分确定出适当的检测方法。本章选取了无机物中一些常见的阳离子和阴离子，以滴定分析法和重量分析法原理为基础，重点介绍它们的一些常见的化学分析方法。

第一节　多成分样品一般的定量分析步骤

试样的分析过程，一般包括下列步骤：试样的采取与制备、定性检验、称量、试样的分解、干扰组分的掩蔽与分离、定量测定和分析结果的计算与评价等。

一、试样的采取与制备

在分析实践中，常需测定大量物料中某些组分的平均含量。但在实际分析时，只能称取几克、十分之几克或更少的试样进行分析。取这样少的试样所得的分析结果，要求能反映整批物料的真实情况，则分析试样的组成必须能代表全部物料的平均组成，即试样应具有高度的代表性，否则分析结果再准确也是毫无意义的。

1. 气体试样的采取

对于气体试样的采取，亦需按具体情况，采用相应的方法。例如大气样品的采取，通常选择距地面 50～180cm 的高度采样，使之与人的呼吸空气相同。对于烟道气、废气中某些有毒污染物的分析可将气体样品采入空瓶或大型注射器中，大气污染物的测定是使空气通过适当的吸收剂，由吸收剂吸收浓缩之后再进行分析。在采取液体或气体试样时，必须先把容器及通路洗涤，然后用要采取的液体或气体冲洗数次或使之干燥，再取样以免混入杂质。

2. 液体试样的采取

装在大容器里的物料，只要在贮槽的不同深度取样后混合均匀即可作为分析试样。对于分装在小容器里的液体物料，应从每个容器里取样，然后混匀作为分析试样。如采取水样时，应根据具体情况，采用不同的方法。当采取水管中或有泵水井中的水样时，取样前需将水龙头或泵打开，先放水 10～15min，然后再用干净瓶子收集水样至满瓶即可。采取池、江、河中的水样时，可将干净的空瓶塞上塞子，塞上系一根绳，瓶底系一铁铊或石头，沉入离水面一定深度处，然后拉绳拔塞，让水流满瓶后取出，如此方法在不同深度取几份水样混合后，作为分析试样。

3. 固体试样的采取和制备

固体试样种类繁多，经常遇到的有矿石、合金和盐类等。它们的采样方法如下：

（1）矿石试样。为了使所采取的试样具有代表性，在取样时要根据堆放情况，从不同的部位和深度选取多个取样点。采取的份数越多越有代表性，但是取量过大处理反而麻烦。一般而言，应取试样的量与矿石的均匀程度、颗粒大小等因素有关。通常试样的采取可按下面的经验公式（亦称采样公式）计算：

$$m = Kd^a$$

式中：m——采取试样的最低重量，kg；

d——试样中最大颗粒的直径，mm；

K 和 a——经验常数，可由实验求得。通常 K 值在 $0.02 \sim 1$ 之间，a 值在 $1.8 \sim 2.5$ 之间。因地质部门规定 a 值为 2，则上式为 $m = Kd^2$。

制备试样分为破碎、过筛、混匀和缩分四个步骤。

大块矿样先用压碎机（如颚氏碎样机、球磨机等）破碎成小的颗粒，再进行缩分。常用的缩分方法为"四分法"。将试样粉碎之后混合均匀，堆成锥形，然后略为压平，通过中心分为四等分把任何相对的两份弃去，其余相对的两份收集在一起混匀，这样试样便缩减了一半，称为缩分一次。每次缩分后的最低重量也应符合采样公式的要求。如果缩分后试样的重量大于按计算公式算得的重量较多，则可连续进行缩分直至所剩试样稍大于或等于最低重量为止。如此反复进行粉碎、缩分，最后制成 $100 \sim 300g$ 左右的分析试样，装入瓶中，贴上标签供分析之用。

（2）金属或金属制品。金属经过高温熔炼，组成比较均匀，因此，对于片状或丝状试样，剪取一部分即可进行分析。但对于钢锭和铸铁，由于表面和内部的凝固时间不同，铁和杂质的凝固温度也不一样，因此，表面和内部的组成是不很均匀的。故取此类样品时应先将表面清理，然后用钢钻在不同部位、不同深度钻取碎屑混合均匀，作为分析试样。对于那些极硬的样品如白口铁、硅钢等，无法钻取，可用铜锤砸碎之，然后放入钢钵内捣碎，再取其一部分作为分析试样。

（3）粉状或松散物料试样。常见的粉状或松散物料如盐类、化肥、农药和精矿等，其组成比较均匀，因此取样点可少一些，每点所取之量也不必太多，各点所取试样混匀即可作为分析样品。

4. 湿存水的处理

样品表面及孔隙中吸附的空气中的水分称湿存水。其含量多少随着样品的粉碎程度和放置时间的长短而改变，试样中各组分的相对含量也必然随着湿存水的多少而改变。例如含 SiO_2 60％的潮湿样品 100g，由于湿度的降低重量减至 95g，则 SiO_2 的含量增至 $60/95 \times 100\% = 63.2\%$。所以在进行分析之前，必须先将分析试样放在烘箱里，在 $100 \sim 105℃$ 烘干（温度和时间可根据试样的性质而定，对于受热易分解的物质可采用风干的办法）。用烘干样品进行分析，则测得的结果是恒定的。对于水分的测定，可另取烘干前的试样进行测定。

二、试样的分解

在一般分析工作中，通常先要将试样分解，制成溶液。试样的分解工作是分析工作的重要步骤之一。在分解试样时必须注意：①试样分解必须完全，处理后的溶液中不得残留原试样的粉末；②试样分解过程中待测组分不应挥发；③不应引入被测组分和干扰物质。

由于试样的性质不同，分解的方法也有所不同。无机试样的分解方法主要有溶解和熔融两种。

1. 溶解法

采用适当的溶剂将试样溶解制成溶液，这种方法比较简单、快速。常用的溶剂有水、酸和碱等。溶于水的试样一般称为可溶性盐类，如硝酸盐、醋酸盐、铵盐、绝大部分的碱金属化合物和大部分的氯化物、硫酸盐等。对于不溶于水的试样，则采用酸或碱作溶剂的酸溶法或碱溶法进行溶解，以制备分析试液。

（1）水溶法：可溶性的无机盐直接用水制成试液。

（2）酸溶法：利用酸的酸性、氧化还原性和形成络合物的作用，使试样溶解。钢铁、合金、部分氧化物、硫化物、碳酸盐矿物和磷酸盐矿物等常采用此法溶解。常用的酸溶剂有盐酸、硝酸、硫酸、磷酸、高氯酸、氢氟酸和混合酸等。

（3）碱溶法：碱溶法的溶剂主要为 NaOH 和 KOH，常用来溶解两性金属铝、锌及其合金，以及它们的氧化物、氢氧化物等。如在测定铝合金中的硅时，用碱溶解使 Si 以 SiO_3^{2-} 形式转到溶液中。如果用酸溶解则 Si 可能以 SiH_4 的形式挥发损失，从而影响测定结果。

2. 熔融法

（1）酸熔法。碱性试样宜采用酸性熔剂。常用的酸性熔剂有 $K_2S_2O_7$（熔点 419℃）和 $KHSO_4$（熔点 219℃），后者经灼烧后亦生成 $K_2S_2O_7$，所以两者的作用是一样的。这类熔剂在 300℃ 以上可与碱或中性氧化物作用生成可溶性的硫酸盐。如分解金红石的反应是：

$$TiO_2 + 2K_2S_2O_7 = Ti(SO_4)_2 + 2K_2SO_4$$

这种方法常用于分解 Al_2O_3、Cr_2O_3、Fe_3O_4、ZrO_2、钛铁矿、铬矿、中性耐火材料（如铝砂、高铝砖）及磁性耐火材料（如镁砂、镁砖）等。

（2）碱熔法。酸性试样宜采用碱熔法，如酸性矿渣、酸性炉渣和酸不溶试样均可采用碱熔法，使它们转化为易溶于酸的氧化物或碳酸盐。常用的碱性熔剂有 Na_2CO_3（熔点 853℃）、K_2CO_3（熔点 891℃）、NaOH（熔点 318℃）、Na_2O_2（熔点 460℃）和它们的混合熔剂等。这些熔剂除具碱性外，在高温下均可起氧化作用（本身的氧化性或空气氧化），可以把一些元素氧化成高价（Cr^{3+}、Mn^{2+} 可以分别氧化成 Cr^{6+}、Mn^{7+}），从而增强试样的分解作用。有时为了增强氧化作用，还加入 KNO_3 或 $KClO_3$，使氧化作用更为完全。

① Na_2CO_3 或 K_2CO_3。常用来分解硅酸盐和硫酸盐等。分解反应如下：

$$Al_2O_3 \cdot 2SiO_2 + 3Na_2CO_3 \longrightarrow 2NaAlO_2 + 2Na_2SiO_3 + 3CO_2 \uparrow$$
$$BaSO_4 + Na_2CO_3 \longrightarrow BaCO_3 + Na_2SO_4$$

② Na_2O_2。常用来分解含 Se、Sb、Cr、Mo、V 和 Sn 的矿石及其合金。由于 Na_2O_2 是强氧化剂，能把其中大部分元素氧化成高价状态。例如铬铁矿的分解反应为：

$$2FeO \cdot Cr_2O_3 + 7Na_2O_2 \longrightarrow 2NaFeO_2 + 4Na_2CrO_4 + 2Na_2O$$

熔块用水处理，溶出 Na_2CrO_4，同时 $NaFeO_2$ 水解而生成 $Fe(OH)_3$ 沉淀：

$$NaFeO_2 + 2H_2O \longrightarrow NaOH + Fe(OH)_3 \downarrow$$

然后利用 Na_2CrO_4 溶液和 $Fe(OH)_3$ 沉淀分别测定铬和铁的含量。

③ NaOH（KOH）。常用来分解硅酸盐、磷酸盐矿物、钼矿和耐火材料等。

三、干扰物质的分离和测定方法的选择

1. 干扰物质的分离

在分析过程中，若试样组分较简单而且彼此不干扰测定，经分解制成溶液之后，即可直

接测定各组分的含量。但在实际工作中遇到的试样，往往组成比较复杂，在测定时彼此发生干扰，影响分析结果，甚至无法进行测定。因此，在测定之前，必须设法消除干扰或者将干扰物质分离出去，然后进行被测组分的测定。各种常用的干扰物质的分离方法有沉淀分离法、萃取分离法、离子交换分离法、液相色谱分离法等。

2. 测定方法的选择

同种元素可能有几种分析方法，可根据下列情况选择合适的某种方法。

(1) 测定的具体要求。当遇到分析任务时，首先要明确分析目的和要求，确定测定组分、准确度以及要求完成的时间，如原子量的测定、标样分析和成品分析，准确度是主要的；高纯物质的有机微量组分的分析，灵敏度是主要的；而生产过程中的控制分析，速度便成了主要的问题。所以应根据分析的目的要求选择适宜的分析方法。例如测定标准钢样中硫的含量时，一般采用准确度较高的重量法；而炼钢炉前控制硫含量的分析，则采用 1～2min 即可完成的燃烧容量法。

(2) 被测组分的性质。一般来说，分析方法都基于被测组分的某种性质，如 Mn^{2+} 在 pH>6 时可与 EDTA 定量络合，可用络合滴定法测定；MnO_4^- 具有氧化性，可用氧化还原法测定；MnO_4^- 呈现紫红色，也可用比色法测定。

(3) 被测组分的含量。测定常量组分时，多采用滴定分析法和重量分析法。在重量分析法和滴定分析法均可采用的情况下，一般优先选用滴定分析法。测定微量组分多采用灵敏度比较高的仪器分析法。例如，测定磷矿粉中磷的含量时，则采用重量分析法或滴定分析法；测定钢铁中磷的含量时则采用比色法。

(4) 共存组分的影响。在选择分析方法时，必须考虑其他组分对测定的影响，尽量选择特效性较好的分析方法。如果没有适宜的方法，则应改变测定条件，加入掩蔽剂以消除干扰，或通过分离除去干扰组分之后，再进行测定。此外还应根据本单位的设备条件、试剂纯度等，以考虑选择切实可行的分析方法。

综上所述，各种分析方法均有其特点和不足之处，适宜于任何试样任何组分的方法是不存在的。因此，我们必须根据试样的组成、其组分的性质和含量、测定的要求、存在的干扰组分和本单位实际情况出发，选用合适的测定方法。

第二节　常见阳离子的定量分析

一、Mn^{2+} 的测定

锰的化合物易溶于硫酸、稀硝酸，形成二价离子。在锰的化合物中，二价锰离子最稳定。这种离子在酸性条件下可被氧化成七价锰，即高锰酸。可用还原剂溶液滴定的方法来测定锰的含量。本节介绍过硫酸铵与银盐氧化-亚砷酸钠与亚硝酸钠滴定法。

1. 方法要点

试样以硫、磷、硝混酸溶解，并以硝酸银为催化剂，用过硫酸铵将锰氧化为高锰酸。然后用亚砷酸钠-亚硝酸钠还原。

2. 主要反应

$$2Mn(NO_3)_2 + 5Ag_2O_2 + 6HNO_3 \longrightarrow 2HMnO_4 + 10AgNO_3 + 2H_2O$$

$$5Na_3AsO_3 + 2HMnO_4 + 4HNO_3 = 2Mn(NO_3)_2 + 5Na_3AsO_4 + 3H_2O$$

$$5NaNO_2 + 2HMnO_4 + 4HNO_3 = 2Mn(NO_3)_2 + 5NaNO_3 + 3H_2O$$

3. 分析步骤

称取 0.500 0g 试样于 250mL 锥形瓶中，加入 30mL 混酸甲（硫酸＋磷酸＋硝酸＋水＝100mL＋125mL＋250mL＋525mL），加热溶解，煮沸 2～3min，以驱尽氮的氧化物。于溶液中加入 80mL 水，5mLAgNO$_3$ 溶液（1.7%），10mL 过硫酸铵溶液（25%），加热，煮沸 30～40s。取下，静置 1～2min。流水冷却至室温。溶液中加入 5mLNaCl 溶液（1%），立即用亚砷酸钠-亚硝酸钠溶液$\{c[1/2(Na_3AsO_3 - NaNO_2)] = 0.05\text{mol/L}\}$滴定至红色消失。

附：亚砷酸钠-亚硝酸钠标准溶液的配制方法：称取 1.25gAs$_2$O$_3$ 固体于 250mL 烧杯中，加入 50mLNaOH 溶液（1mol/L），微热使其溶解，然后用 H$_2$SO$_4$ 溶液$[c(1/2H_2SO_4) = 1\text{mol/L}]$中和至中性，加入 2gNaHCO$_3$、0.95g NaNO$_2$，待完全溶解后移入 1L 容量瓶中，用水稀释至刻度，摇匀。

二、Cr³⁺ 的测定

铬是人体必须的微量元素，在肌体的糖代谢和脂代谢中发挥特殊作用。三价的铬是对人体有益的元素，而六价铬是有毒的。人体对无机铬的吸收利用率极低，不到 1%；对有机铬的利用率可达 10～25%。铬在天然食品中的含量较低，均以三价的形式存在。下面介绍两种测量 Cr³⁺ 含量的方法。

1. 过硫酸铵氧化滴定法测 Cr³⁺

（1）方法要点：

在酸性介质中，以 AgNO$_3$ 为催化剂，以过硫酸铵氧化 Cr³⁺ 为 Cr⁶⁺，然后用 $(NH_4)_2Fe(SO_4)_2$ 标准滴定溶液将 Cr⁶⁺ 还原为 Cr³⁺，过量的 $(NH_4)_2Fe(SO_4)_2$ 用 KMnO$_4$ 标准滴定液返滴定。

（2）主要反应：

$$Cr_2(SO_4)_3 + 3(NH_4)_2S_2O_8 + 8H_2O \xrightarrow{AgNO_3} 2H_2CrO_4 + 3(NH_4)_2SO_4 + 6H_2SO_4$$

$$2H_2CrO_4 + 6(NH_4)_2Fe(SO_4)_2 + 6H_2SO_4 = Cr_2(SO_4)_3 + 3Fe_2(SO_4)_3 + 6(NH_4)_2SO_4 + 8H_2O$$

$$10(NH_4)_2Fe(SO_4)_2 + 2KMnO_4 + 8H_2SO_4 = 5Fe_2(SO_4)_3 + 10(NH_4)_2SO_4 + 2MnSO_4 + K_2SO_4 + 8H_2O$$

（3）分析步骤：

称取试样于 500mL 烧杯中，加 60mL 混酸（加 160mL 硫酸于 760mL 水中，冷却后，再加 80mL 磷酸，混匀），低温溶解后，滴加 2mL 硝酸（密度为 42g/mL），煮沸，驱尽氮的氧化物。加水稀释至 250mL 后加 5mL 硝酸银溶液（25g/L），10mL 过硫酸铵溶液（120g/L），加热煮沸 10min 后，加 7mL 氯化钠溶液（50g/L），煮沸至氯化银沉淀凝结下沉，此时溶液呈黄橙色。取下，流水冷却，用滴定管滴加硫酸亚铁铵标准滴定溶液（$c[(NH_4)_2Fe(SO_4)_2] = 0.1\text{mol/L}$，0.03mol/L）至试液黄色消失呈绿色，再过量 5mL，立即以高锰酸钾标准滴定溶液$[c(1/5KMnO_4) = 0.1\text{mol/L}$，0.03mol/L]滴定至微红色，颜色保持 1～2min 不消失为终点。

取同样试剂按试料步骤作空白试验。

2. 高氯酸氧化-亚铁滴定法测 Cr^{3+}

（1）方法要点：

以硝酸、氢氟酸溶解试样后，用高氯酸冒烟驱除硅和氟的干扰，并将三价铬氧化为六价，加硫磷混合酸调节试液酸度，以 N-苯代邻氨基苯甲酸为指示剂，用硫酸亚铁铵标准溶液滴定铬量，测定范围为 0.090%～1.50%。可按下式求出硫酸亚铁铵标准溶液对铬的滴定度。

$$T = \frac{Cr_{标} \times m}{V \times 100}$$

式中：$Cr_{标}$——硅铁合金标样中铬的百分含量；

m——硅铁合金标样称样量，g；

V——滴定硅铁合金标样所消耗硫酸亚铁铵标准溶液的体积，mL；

（2）分析步骤：

称取 1g 试样于聚四氟乙烯烧杯中，加 25mL 硝酸（1∶1），仔细滴加氢氟酸（密度为 1.15g/mL）至试样溶解并过量 5mL，加 5mL 高氯酸（密度为 67g/mL），在低温电炉上加热使试样溶解完全，并加热至刚冒浓白烟以除去过量的氢氟酸，取下稍冷却，移入 200mL 锥形瓶中，用水洗净烧杯，在低温电炉上再加热至冒白烟使铬氧化，并保持此温度 30s，取下稍冷却（70℃左右），加 30mL 水，以流水冷却至室温，加 20mL 硫磷混合酸（于 700mL 水中，在搅拌下加入 150mL 优级纯硫酸，150mL 优级纯磷酸混匀），加 N-苯代邻氨基苯甲酸指示剂 2 滴，用硫酸亚铁铵标准溶液（0.025mol/L，称取 10g 优级纯硫酸亚铁铵，溶解于 1 000mL 优级纯硫酸（5∶95）中，混匀）滴定至溶液由樱桃红色转变亮绿色为终点。

由上式转换可计算铬的百分含量。

三、Cu^{2+} 的测定

二价铜离子的测定常采用碘量法，例如硫酸铜中铜含量的测定即可用此法分析。

1. 方法要点

二价铜盐与碘化物发生下列反应：

$$2Cu^{2+} + 4 I^- = 2CuI\downarrow + I_2$$
$$I_2 + I^- = I_3^-$$

析出的 I_2 再用 $Na_2S_2O_3$ 标准溶液滴定，由此可以计算出铜的含量。Cu^{2+} 与 I^- 的反应是可逆的，为了促使反应能趋于完全，必须加入过量的 KI。但是由于 CuI 沉淀强烈地吸附 I_3^- 离子，会使测定结果偏低。如果加入 KSCN，使 CuI（$K_{sp} = 5.06 \times 10^{-12}$）转化为溶解度更小的 CuSCN（$K_{sp} = 4.8 \times 10^{-15}$）。

$$CuI + SCN^- = CuSCN\downarrow + I^-$$

这样不但可以释放出被吸附的 I_3^- 离子，而且反应时再生出来的 I^- 离子可与未反应的 Cu^{2+} 离子发生作用。在这种情况下，可以使用较少的 KI 而能使反应进行得更完全。但是 KSCN 只能在接近终点时加入，否则因为 I_2 的量较多，会明显地为 KSCN 所还原而使结果偏低。

$$SCN^- + 4I_2 + 4H_2O = SO_4^{2-} + 7I^- + ICN + 8H^+$$

为了防止铜盐水解，反应必须在酸性溶液中进行。酸度过低，Cu^{2+} 离子氧化 I^- 离子的反应进行不完全，结果偏低，而且反应速度慢，终点拖长；酸度过高，则 I^- 离子被空气氧化为 I_2 的反应为 Cu^{2+} 离子催化，使结果偏高。大量 Cl^- 离子能与 Cu^{2+} 离子结合，I^- 离子不易从 Cu^{2+} 的氯络合物中将 Cu^{2+} 定量地还原，因此最好用硫酸而不用盐酸（少量盐酸不干扰）。

矿石或合金中的铜也可以用碘量法测定，但必须设法防止其他能氧化 I^- 离子的物质（如 NO_3^-、Fe^{3+} 离子等）的干扰。防止的方法是加入掩蔽剂以掩蔽干扰离子（例如使 Fe^{3+} 离子生成 FeF_6^{3-} 络离子而掩蔽），或在测定前将它们分离除去。若有 As（V）、Sb（V）存在，应将 pH 调至 4，以免它们氧化 I^- 离子。

2. 分析步骤（本步骤只能用于不含干扰性物质的试样）

精确称取硫酸铜试样（每份质量相当于 20～30mL0.05mol/L $Na_2S_2O_3$ 溶液）于 250mL 碘量瓶中，加 1mol/L H_2SO_4 溶液 3mL 和水 30mL 使之溶解。加入 10% KI 溶液 7～8mL，立即用 $Na_2S_2O_3$（0.05mo/L）标准溶液滴定到呈浅黄色。然后加入 1% 淀粉溶液 1mL，继续滴定到呈浅蓝色。再加入 5mL10% KSCN 溶液，摇匀后溶液蓝色转深，再继续滴定到蓝色恰好消失，此时溶液为米色 CuSCN 悬浮液。由实验结果计算硫酸铜的含铜量。

四、Al^{3+} 的测定

铝是人们在日常生活中接触十分频繁的一种化学元素。以前人们认为，铝与铝盐是不被人体所吸收的，无急慢性毒性。因此，铝与铝盐被广泛应用于食品添加剂、混凝剂、药物、各种容器和炊具等。随着科技的发展，其潜在毒性引起了人们的重视。下面介绍铝含量的测定方法之一——返滴定法。

1. 方法要点

由于 Al^{3+} 易水解而形成一系列多核氢氧基络合物，且与 EDTA 反应慢，络合比不恒定，故常用返滴定法测定铝含量。加入定量过量的 EDTA 标准溶液，加热煮沸几分钟，使络合完全，然后在 pH 为 5～6 的条件下，以二甲酚橙（XO）为指示剂，用 Zn^{2+} 标准溶液滴定过量的 EDTA。再加入过量的 NH_4F，加热至沸，使 AlY^- 与 F^- 之间发生置换反应，释放出与 Al^{3+} 等物质的量的 EDTA，最后用 Zn^{2+} 盐标准溶液滴定释放出来的 EDTA 而得到铝的含量。有关反应如下：

pH=3.5 时，Al^{3+}（试液）＋Y^{4-}（过量）＝AlY^-

pH=5～6 时，加二甲酚橙做指示剂，用 Zn^{2+} 盐标准溶液滴定剩余的 Y^{4-}

$\qquad Zn^{2+}＋Y^{4-}（剩）＝ZnY^{2-}$

终点：$\qquad Zn^{2+}（过量）＋XO＝Zn－XO \qquad$ 黄色→紫红色

置换反应：$\quad AlY^-＋6F^-＝AlF_6^{3-}＋Y^{4-}$（置换）

滴定反应：$\quad Y^{4-}$（置换）$＋Zn^{2+}＝ZnY^{2-}$

终点：$\qquad Zn^{2+}（过量）＋XO＝Zn－XO \qquad$ 黄色→紫红色

2. 分析步骤

准确称取 0.10～0.11g 试样于 250mL 烧杯中，加 10mLNaOH（200g/L），在沸水浴中使其完全溶解，稍冷后，加 HCl（1:1）盐酸溶液至有絮状沉淀产生，再多加 10mLHCl 溶液，定容于 250mL 容量瓶中。

准确移取试液 25.00mL 于 250mL 锥形瓶中，加 0.02mol/L 的 EDTA 溶液 30mL，2 滴二甲酚橙（2g/L），此时溶液为黄色，加氨水（1∶1）至溶液呈紫红色，再加 HCl（1∶3）溶液，使呈黄色。煮沸 3min，冷却。加 20mL 六次甲基四胺（200g/L），此时应为黄色，如果呈红色，还需滴加 HCl（1∶3），使其变黄。把 0.02mol/L 的 Zn^{2+} 标准溶液滴入锥形瓶中，用来与多余的 EDTA 络合，当溶液恰好由黄色变为紫红色时停止滴定。于上述溶液中加入 10mLNH$_4$F（200g/L），加热至微沸，流水冷却，再补加 2 滴二甲酚橙（2g/L），此时溶液为黄色。再用 0.02mol/L 的 Zn^{2+} 标液滴定，当溶液由黄色恰好变为紫红色时即为终点。根据此次标液所消耗的体积，计算铝的质量。

3. 注意事项

（1）在用 EDTA 与铝反应时，EDTA 应过量，否则，反应不完全。

（2）加入二甲酚橙指示剂后，如果溶液为紫红色，则可能是样品含量较高，EDTA 加入量不足，应补加。

（3）第一次用 Zn^{2+} 标液滴定时，应准确滴至紫红色，但不计体积。

（4）第二次用 Zn^{2+} 标液滴定时，应准确滴至紫红色，并以此体积计算 Al 的含量。

五、Mg^{2+} 的测定

所有生物都需要镁离子，它是机体内第七大元素，体内大约含有 0.05% 的镁离子，其在体内具有极其重要的功能，如维持骨骼和牙齿的健康，神经和肌肉的活动，酶的激活，能量、蛋白质和脂肪的代谢等。镁离子与其他矿物质元素之间还有着极其重要的相互关系。

镁离子的测定常用络合滴定法，如饮用天然矿泉水中镁的测定即采用乙二胺四乙酸二钠（EDTA - 2Na）滴定法。

1. 方法要点

取用 EDTA 滴定法滴定钙后的溶液，破坏钙试剂指示剂后，当 pH＝9～10 时，在有铬黑 T 指示剂存在下，以乙二胺四乙酸二钠（简称 EDTA - 2Na）溶液滴定镁离子，当到达等当点时，溶液呈现天蓝色。本法主要干扰元素有铁、锰、铝、铜、镍、钴等金属离子，能使指示剂褪色，或终点不明显。Na$_2$S 及 KCN 可隐蔽重金属的干扰，用盐酸羟胺可将高铁离子及高价锰离子还原为低价离子而消除其干扰。

2. 分析步骤

取测定钙后的溶液，以盐酸溶液（1∶1）酸化至刚果红试纸变为蓝紫色，放置 5～10min，此时溶液应无色，若颜色不褪时，可加热使之褪色。滴加氨缓冲溶液（pH＝10）到刚果红试纸变红，再过量 1～2mL，加 5 滴铬黑 T 指示剂（5g/L），用 0.01mol/L 的 EDTA - 2Na 标准溶液滴定，直到溶液颜色呈不变的天蓝色。记下用量。

六、Ca^{2+} 的测定

钙元素（Ca）是人体重要的组成元素之一，一般以二价钙离子形式存在，绝大部分都存在于骨骼和牙齿中，少量存在于血液和组织里。测定钙、镁离子的可靠方法为重量法，但这种方法手续繁琐，分析速度慢。目前常用测定钙离子的方法有 EDTA 络合滴定法和高锰酸钾氧化还原滴定法等，根据 GB 9695 - 19，肉与肉制品中钙含量测定常采用高锰酸钾法。

1. 方法要点

试样经灰化后制成稀盐酸溶液，在弱酸性溶液中，钙离子与草酸根离子生成草酸钙沉淀。过滤后，将沉淀溶于硫酸溶液中，然后用高锰酸钾标准溶液滴定草酸根离子，求出钙的含量。

反应式为：

$$CaCl_2 + (NH_4)_2C_2O_4 = CaC_2O_4 \downarrow + 2NH_4Cl$$

$$CaC_2O_4 + H_2SO_4 = CaSO_4 + H_2C_2O_4$$

$$5H_2C_2O_4 + 2KMnO_4 + 3H_2SO_4 = 2MnSO_4 + K_2SO_4 + 10CO_2 + 8H_2O$$

2. 分析步骤

(1) 取样：取有代表性的试样 200g，用绞肉机至少绞两次，混匀。绞好的试样装入带盖的试样盒中备用。绞好的试样要尽快分析，若不立即分析，要密封冷藏贮存，防止变质和成分发生变化。贮存的试样在启用时必须重新均质。

(2) 试样前处理：称取试样 20g（精确至 0.001g）放入坩埚中，置于 $130 \pm 10 ℃$ 的电烘箱中烘 2～4h，使试样脱水。将坩埚在可调电炉上缓慢加热使试样炭化，开始时用小火细心加热，以防止试样溅出，待大烟冒过后提高温度，使试样完全炭化，直至不冒烟为止。炭化好的试样放入高温炉中，于 $550 \pm 20 ℃$ 下灰化 4h。灰化好的试样应是灰白色，若灰分中有黑色颗粒时，应取出坩埚放至室温后加水或稀盐酸湿润，在电烘箱中烘干后再次于 $550 \pm 20 ℃$ 高温炉中灰化，直至灰分呈灰白色。

(3) 测定：将灰分用 1∶1 盐酸 2.5mL 溶解，转移到 100mL 烧杯中，稀释至 50mL，此时试样溶液的盐酸浓度为 1%。在试样溶液中加甲基红指示剂 3 滴、草酸铵溶液 10mL，再加尿素 4.0g，使之溶解。盖上表面皿，在电热板上缓慢加热，持续微沸状态。当甲基红的红色逐渐变为橙色时，草酸钙的结晶即沉淀出来，当溶液变成黄橙色时停止加热，放冷，室温下放置 4h 以上或过夜。用慢速滤纸过滤，将沉淀转移到滤纸上，用稀氨水洗液洗表面皿和烧杯 4 次。而后继续用稀氨水洗液洗涤沉淀物 4～5 次。将滤纸连同沉淀置于原烧杯中，用玻璃棒将滤纸摊开并贴附于烧杯壁上，用 1∶24 热硫酸溶液 50mL 将沉淀冲下溶解。待沉淀完全溶解后，在水浴中加热至 60～80℃，用高锰酸钾标准溶液乘热滴定至溶液呈微红色，将滤纸全部浸入溶液中，搅拌，继续滴定至溶液呈微红色 30s 不褪色为终点，滴定至终点时溶液温度不应低于 60℃。同一试样进行两次测定，并做空白试验。

七、Fe^{3+} 的测定

铁矿石中含铁量的测定，目前国内外主要采用氯化汞的重铬酸钾法。由于该法适用性强、准确度高，所以多年来一直作为标准的经典方法广泛应用于合金、矿石、金属盐类及硅酸盐等中全铁的测定。但该法要使用剧毒的 $HgCl2$ 试剂，因此，无汞盐测定铁已成为滴定法研究的主要趋势。此处介绍盐酸羟胺—重铬酸钾无汞滴定法。

1. 方法要点

矿样用硫磷混酸溶解，加盐酸后，用盐酸羟胺（$NH_2OH \cdot HCl$）将 Fe^{3+}（实际上为 $FeCO$ 配离子）定量还原，过量的 $NH_2OH \cdot HCl$ 可于 H_2SO_4 中煮沸去除。然后在 $H_2SO_4 - H_3PO_4$ 混酸介质中，以二苯胺磺酸钠为指示剂，用 $K_2Cr_2O_7$ 标准溶液滴定至溶液呈紫色，即为终点。

2. 分析步骤

准确称取 0.20～0.30g（精确至 0.000 1g）铁矿石试样于 250mL 锥形瓶中，少量水润湿后，加入 10.0mL 硫磷混酸液分解试样，高温加热至冒白烟，取下稍冷。少量水冲洗瓶壁，加入 20.0mL HCl，加热至近沸，取下。小心滴加 $SnCl_2$，至溶液橙黄色大部分褪去，加入 3.0mL $NH_2OH \cdot HCl$ 溶液，摇动或适当加热至黄色全部褪去。加 5.0mL H_2SO_4 加热至冒烟，当烟雾离开液面 4～5cm 时，取下锥形瓶用流水冷却至室温。用水稀释至 100mL 后，加入 10mL 硫磷混酸液，5 滴二苯胺磺酸钠指示剂，立即用 $K_2Cr_2O_7$ 标准溶液滴定至溶液呈紫色即为终点。

八、Zn^{2+} 的测定

锌是微量元素的一种，人体正常含锌量为 2～3g。绝大部分组织中都有极微量的锌分布，其中肝脏、肌肉和骨骼中含量较高。锌含量的测定方法之一可用锌与硫氰酸盐在稀盐酸介质中形成络阴离子后再用甲基异丁酮萃取分离，在六次甲基四胺缓冲液中加入掩蔽剂，用 EDTA 滴定。另一化学分析方法常采用硫化物沉淀分离 EDTA 滴定法。

1. 方法要点

以酸为分解试剂，酒石酸掩蔽铝，在碱性介质中，硫化钠沉淀锌，以酸溶解沉淀，在微酸性溶液中，硫脲掩蔽铜、氟化铵掩蔽残余铝。pH＝5～6 溶液中，以二甲酚橙为指示剂，用 EDTA 标准滴定溶液滴定。

2. 分析步骤

称取 0.500 0g 试料于 400mL 烧杯中，加 20mL 混酸加热溶解。冷却后加 20mL 酒石酸溶液，50mL 水。滴加数滴甲基红指示剂，用氨水溶液（1∶3）调至溶液呈黄色，加 10mL 甲酸溶液（20mL 甲酸加 3mL 氨水后用水稀释至 100mL），20mL 硫化钠溶液及少许纸浆，微沸 5min。冷却，再加 10mL 硫化钠溶液，摇匀，慢速滤纸过滤。用甲酸溶液（取 25mL 甲酸溶液加 4mL 硫化钠溶液，以水稀释至 1L）洗涤烧杯及沉淀 3～4 次。将沉淀及滤纸并入原烧杯中，沿烧杯四周加入 20mL 混酸，加热至沉淀溶解。冷却，加 10mL 氟化钠饱和溶液，滴加 4 滴对硝基酚指示剂，用氨水溶液（1∶1）调至溶液刚呈黄色，再用盐酸溶液（1∶1）调至无色并过量 1 滴，以水稀释至约 80mL。加 10mL 氟化铵溶液，10mL 硫脲饱和溶液，5mL 盐酸羟胺溶液，30mL 六次甲基四胺溶液，数滴二甲酚橙指示剂，用 EDTA 标准滴定溶液滴至溶液由红色突变为黄色为终点。

九、Pb^{2+} 的测定

铜及铜合金中铅含量的测定常采用氧化还原滴定法。

1. 方法要点

试料以硝酸溶解，在乙酸存在下，重铬酸钾沉淀铅，分离后将沉淀溶于氯化钠盐酸溶液中，加碘化钾析出碘，以淀粉作指示剂，硫代硫酸钠标准滴定溶液滴定。

2. 主要反应

$$2Pb(Ac)_2 + Cr_2O_7^{2-} + H_2O === 2HAc + 2PbCrO_4 \downarrow + 2Ac^-$$
$$2PbCrO_4 + 10I^- + 16H^+ === 2Pb + 2Cr^{3+} + 8H_2O + 5I_2$$
$$I_2 + 2S_2O_3^{2-} === S_4O_6^{2-} + 2I^-$$

3. 分析步骤

称取 1.000g 试样于 500mL 锥形瓶中，用 60mL 水溶解，加 15mL 柠檬酸溶液（25%），用浓氨水中和至溶液出现蓝色后加 10mL 冰乙酸，用水稀释至约 100mL。加热至 90℃，加 15mL 饱和重铬酸钾溶液煮沸 5～10min，于低温处保温 1h。用慢速滤纸过滤，用乙酸铵溶液（5%）洗至无铬酸根为止（用碘化钾淀粉溶液检查）。将沉淀及滤纸一并移至原锥形瓶中，加 35mL 氯化钠盐酸混合溶液（1L 氯化钠饱和溶液中加 200mL 浓盐酸），剧烈振荡至滤纸呈纸浆状，用水冲洗漏斗和瓶壁并用水稀释至约 80mL。加 20mL 碘化钾溶液（10%），于暗处放置 2 min 后用硫代硫酸钠标准溶液（0.05 mol/L）滴定至棕黄色变为浅黄色时，加 5mL 淀粉溶液（0.5%），继续滴定至蓝色消失为终点。

十、Ag$^+$ 的测定

银是人体组织内的微量元素之一，微量的银对人体是无害的。WHO 规定银对人体的安全值为 0.05ppm 以下，饮用水中银离子的限量为 0.05mg/L。银离子含量的测定常采用经典的佛尔哈德法里的直接滴定法。

1. 方法要点

试料以硝酸溶解，在酸性介质中，以 $NH_4Fe(SO_4)_2$ 为指示剂，用 NH_4SCN 标准滴定溶液滴定，先生成 AgSCN 白色沉淀，当红色的 $Fe(SCN)^{2+}$ 出现时，表示 Ag$^+$ 已被定量沉淀，终点已到达。

2. 分析步骤

称取 0.500 0g 试样于 250mL 锥形瓶中，加 15mL 硝酸溶液（1:1），低温溶解，冷却。加 50mL 水，5mL $NH_4Fe(SO_4)_2$ 溶液（100g/L，称取 10g 试剂于 90mL 水中，加 10mL 硝酸混匀），用 NH_4SCN 标准滴定溶液（0.1mol/L）滴至溶液呈现血红色为终点。

第三节　常见阴离子的定量分析

一、SO$_4^{2-}$ 的测量

水中硫酸根离子的含量测定最常用的方法是硫酸钡重量法，本节以煤矿水中硫酸根离子的分析测定为例进行说明。

1. 方法要点

在过滤、除去 SiO_2 和其他难溶物质后，将水样酸化，用 $BaCl_2$ 沉淀 SO_4^{2-}，形成 $BaSO_4$ 沉淀。经过滤、洗涤、灼烧、称量后换算为 SO_4^{2-} 的含量。

2. 分析步骤

（1）用致密定量滤纸过滤、除去浑浊水样中的非可溶性 SiO_2 和其他难溶物质。

（2）如水样中可溶性 SiO_2 大于 25mg/L，应采用盐酸蒸干脱水法除去：取 200mL 或 100mL 水样于 250mL 烧杯中，使其中 SiO_2 不少于 5mg，用盐酸调 pH 至甲基橙指示剂显橙红色，再加 5mL 浓盐酸，在通风柜内于水浴上蒸干。分 3 次加入 6mL 浓盐酸，第 3 次蒸干后，在干燥箱于 110 ℃干燥 1h。然后加入 2mL 盐酸溶液，再加 50mL 热水至干渣中，加热使盐类溶解，用中速定量滤纸过滤于 400mL 烧杯中，用小体积的热水冲洗滤纸和 SiO_2 沉

淀约 12 次。用水调整滤液体积到约 200mL，以步骤（3）操作。

（3）用移液管吸取 100mL 澄清水样，移入 400mL 烧杯中，用水稀释至 200mL（如 SO_4^{2-} 不大于 200mg/L，可取 200mL 水样），加 2 滴甲基橙指示剂溶液，滴加盐酸溶液至呈橙红色，再多加 2mL。

（4）将溶液加热至沸，在不断搅拌下，滴加 $BaCl_2$ 溶液 5mL，盖上表面皿，于电热板上，在 80～90℃保温静置至少 2h，用致密定量滤纸过滤，用热水小心冲洗滤纸和沉淀至无氯离子为止（用 $AgNO_3$ 溶液检查）。将滤纸与沉淀移入已在 800～850℃灼烧并恒重的瓷坩埚中，在低温下小心灰化，然后在 800～850℃灼烧 40min，取出坩埚，稍冷，放入干燥器中，冷却至室温，称量。

二、CO_3^{2-} 的测量

碳酸根离子的测定通常有两种方法，一是沉淀法；二是通过测定 CO_2 的量来间接测定 CO_3^{2-} 的量。

1. 方法要点

（1）方法一（沉淀法）：先往样品中加入适量水，待样品溶解后，向溶液中加入可溶性钙盐和可溶性钡盐溶液将 CO_3^{2-} 完全沉淀，使 CO_3^{2-} 完全沉淀后过滤、洗涤、干燥、称量，重复操作，直至前后两次称量的差值不超过 0.1g。

（2）方法二：取一定量的样品，让样品与盐酸或硫酸充分反应，测定反应生成的 CO_2 的量，达到测定 CO_3^{2-} 的目的。测定 CO_2 可以考虑测定其体积，也可以考虑用碱性吸收剂吸收反应生成的 CO_2 测定其质量。体积测定不太方便的情况下，一般用碱性吸收剂吸收 CO_2 来测定其质量。此处以工业纯碱中 Na_2CO_3 的含量测定为例介绍方法二。

2. 主要反应

$$Na_2CO_3 + 2HCl \longrightarrow 2NaCl + H_2CO_3$$
$$H_2CO_3 \longrightarrow CO_2 \uparrow + H_2O$$

化学计量点时溶液 pH 为 3.8 至 3.9，可选用甲基橙为指示剂。

3. 分析步骤

平行移取工业纯碱试液 10.00mL 3 份分别放入 250mL 锥形瓶中，加水 20mL，加入 1～2 滴甲基橙指示剂，用 HCl 标准溶液滴定溶液由黄色恰变为橙色即为终点。计算试样中 Na_2O 或 Na_2CO_3 含量（g/mL），即为总碱度。

三、卤素离子（Cl^-、Br^-、I^-）和 SCN^- 含量的测定

卤素离子和 SCN^- 含量的测定常用沉淀分析法中的银量法，即利用 Ag^+ 与卤素离子的反应来测定 Cl^-、Br^-、I^-、SCN^-。银量法共分三种，分别以创立者的姓名来命名（表 10 -1）。

1. 应用实例

（1）药典中关于 NaCl（或 KCl）含量的测定：

取试样约 0.12g（或 0.15g），精密称定，加水 50mL 溶解后，加 2% 糊精溶液 5mL 与荧光黄指示液 5～8 滴，用硝酸银滴定液（0.1mol/L）滴定。每 1mL 硝酸银滴定液（0.1mol/L）相当于 5.844mg 的 NaCl（7.455mg 的 KCl）。

表 10 - 1　银量法测定卤素及少数常见阴离子的原理

	莫尔法	佛尔哈德法	法扬司法
指示剂	K_2CrO_4	Fe^{3+}	吸附指示剂
滴定剂	$AgNO_3$	SCN^-	$AgNO_3$ 或 Cl^-
滴定反应	$Ag^+ + Cl^- \longrightarrow AgCl$	$Ag^+ + SCN^- \longrightarrow AgSCN$	$Ag^+ + Cl^- \longrightarrow AgCl$
指示反应	$2Ag^+ + CrO_4^{2-} \longrightarrow Ag_2CrO_4$（砖红色）	$Fe^{3+} + SCN^- \longrightarrow [FeSCN]^{2+}$	$AgCl \cdot Ag^+ + FI^-$（黄绿色）$\longrightarrow AgCl \cdot Ag \cdot FI$（淡红色）
酸度	$pH = 6.5 \sim 10.5$	$0.1 \sim 1mol/L HNO_3$ 介质	与指示剂的 K 大小有关，使其以 FIn^- 型体存在
测定对象	Cl^-、Br^- 和 CN^-	返滴定测定 Cl^-、Br^-、I^-、SCN^-、PO_4^{3-} 和 AsO_4^{3-} 直接滴定测定 Ag^+	Cl^-、Br^-、I^-、SCN^-、SO_4^{2-} 和 Ag^+

（2）药典中关于 KI 含量的测定：

取试样约 0.3g，精密称定，加水 10mL 溶解后，加盐酸 35mL，用碘酸钾滴定液（0.05mol/L）滴定至黄色，加 $CHCl_3$ 5mL，继续滴定，同时强烈振摇，直至 $CHCl_3$ 层的颜色消失。每 1mL 碘酸钾滴定液（0.05mol/L）相当于 16.60mg 的 KI。

四、$S_2O_3^{2-}$ 的测定

药典中关于 $Na_2S_2O_3$ 含量的测定方法如下：

取供试品 0.5g，精密称定，加水 30mL 溶解后，加淀粉指示液，用碘滴定液滴定至溶液显持续的蓝色。每 1mL 碘滴定液（0.05mol/L）相当于 15.81mg 的 $Na_2S_2O_3$。计算，即得。

$$2S_2O_3^{2-} + I_2 \longrightarrow S_4O_6^{2-} + 2I^-$$

五、NO_2^- 离子的测定

本方法采用氧化还原滴定法测定亚硝酸钠原料药中亚硝酸钠的含量。

1. 方法要点

亚硝酸钠（$NaNO_2$）能在酸性介质中被高锰酸钾氧化为硝酸钠（$NaNO_3$）。因此用亚硝酸钠溶液去滴定已经酸化后的高锰酸钾溶液（高锰酸钾 $KMnO_4$ 被亚硝酸钠还原，还原后的产物为硫酸锰 $MnSO_4$），紫红色逐渐褪色，当紫红色全部消失时即为到达终点。

$$2KMnO_4 + 5NaNO_2 + 3H_2SO_4 \longrightarrow 5NaNO_3 + 2MnSO_4 + K_2SO_4 + 3H_2O$$

供试品加水溶解并稀释，精密量取适量随摇动缓缓加至酸性的高锰酸钾溶液中，用硫代硫酸钠滴定液滴定，至近终点时，加淀粉指示液，继续滴定至蓝色消失，并将滴定结果用空白试验校正。根据滴定液使用量，计算亚硝酸钠的含量。

2. 分析步骤

精密称取供试品约 1g，置 100mL 量瓶中，加水适量使溶解并稀释至刻度，摇匀，精密

量取 10mL，随摇动缓缓加至酸性的高锰酸钾溶液（精密量取 0.02mol/L 的高锰酸钾滴定液 50mL，置具塞锥形瓶中，加水 100mL 和硫酸 5mL 混合制成）中，加入时，吸管的尖端须插入液面下，加完后密塞，放置 10min，用硫代硫酸钠滴定液（0.1mol/L）滴定，至近终点时，加淀粉指示液 2mL，继续滴定至蓝色消失，并将滴定结果用空白试验校正。每 1mL 高锰酸钾滴定液（0.02mol/L）相当于 3.45mg 的 $NaNO_2$。

六、NO_3^- 的测定

1. 方法要点

在硫酸存在条件下，加甲醇与亚硝酸盐作用，生成亚硝酸甲酯，加热除去。然后加亚铁还原硝酸盐，过量的亚铁用高锰酸钾滴定。

2. 主要反应

$$2NaNO_2 + H_2SO_4 = Na_2SO_4 + 2HNO_2$$

$$2HNO_2 + CH_3OH = CH_3ONO\uparrow + H_2O$$

$$6FeSO_4 + NaNO_3 + 4H_2SO_4 = 3Fe_2(SO_4)_3 + Na_2SO_4 + 2NO + 4H_2O$$

3. 分析步骤

称取 3.000 0g 干燥试料，置于 500mL 锥形瓶中，加 10mL 甲醇，在不断搅拌下，逐滴加入 15mL 的硫酸溶液（1∶5），此时若亚硝酸甲酯析出剧烈，则须缓慢加入。用水洗涤锥形瓶内壁，加热煮沸 2min，冷却后，加 3 滴酚酞溶液（10g/L，无水乙醇配制），用氢氧化钠（200g/L）中和至呈现红色（接近终点时用更稀的碱液），在低温电炉上煮沸蒸发至 10～15mL，冷却至室温。以少量水洗涤锥形瓶内壁。用吸管加入 25mL 硫酸亚铁溶液（0.2mol/L），在不断摇动下，沿瓶壁慢慢加 20mL 分析纯硫酸，并在电炉上加热微沸 5min，至试液由褐色转为亮黄色，取下用流水冷却至室温，加 250mL 水，以高锰酸钾标准滴定溶液滴定至微红色出现 30s 不消失为终点。

吸取 25mL 硫酸亚铁溶液，按上述操作进行空白试验。

七、Ac^-（CH_3COO^-）的测定

此处以醋酸钠的分析测定为例来说明 Ac^- 的含量测定，所采用的方法为硫酸置换法。

1. 方法要点

于试料中加定量硫酸，使乙酸钠变为硫酸钠和乙酸，加热挥发乙酸，并将过量的硫酸以氢氧化钠标准滴定溶液滴定。

2. 主要反应

$$2CH_3COONa + H_2SO_4 \xrightarrow{\text{加热}} Na_2SO_4 + 2CH_3COOH\uparrow$$

$$H_2SO_4 + 2NaOH = Na_2SO_4 + 2H_2O$$

3. 分析步骤

称取 0.500 0g 试料置于 500mL 瓷蒸发皿中，加 20mL 水溶解，并准确加 50mL 硫酸标准滴定溶液（0.05mol/L），然后在沸水浴中加热蒸发至干。加少许水润湿，再蒸一次，直至无乙酸味为止。取下冷却后，加水至体积达 200mL，加 2 滴甲基橙溶液（1g/L），以氢氧化钠标准滴定溶液（0.1mol/L）滴至橙红色变为橙黄色为终点。

八、SO_3^{2-} 的测定

此处以亚硫酸钠的分析为例来说明 SO_3^{2-} 含量的测定，所采用的方法为碘量法。

1. 方法要点

亚硫酸钠以碘氧化，过量的碘用硫代硫酸钠滴定。

2. 主要反应

$$Na_2SO_3 + I_2 + H_2O \Longrightarrow Na_2SO_4 + 2HI$$

3. 分析步骤

以小称量管称取 0.250 0g 试料，置于事先准确加有 50mL 碘标准滴定溶液（0.1mol/L）的 250mL 锥形瓶中，再加 50mL 不含二氧化碳的水和 1mL 盐酸（密度为 19g/L），然后以硫代硫酸钠标准滴定溶液（0.1mol/L）滴至淡黄色，加 2mL 淀粉溶液，继续滴至蓝色褪去为终点。

由上述各种阳离子和阴离子的检测方法可知，无机物中各成分的检验方法是多种多样的，在实际分析测定过程中，应根据实际情况在已有的实验条件基础上选用方法误差较小、可信程度较高的分析方法为宜。特别是随着分析检测技术的快速发展，很多经典的化学分析方法已逐渐被淘汰，取而代之的是精确度更高的仪器分析方法和手段。不论采用何种分析方法，其目的均是使定量分析的结果更真实、更有效，从而更好地为科学、生产和生活服务。

第四节　实训项目

一、复方铝酸铋片中铋、铝及氧化镁的含量测定

复方铝酸铋片商品名胃必治，由铝酸铋、重质碳酸镁、碳酸氢钠、甘草浸膏粉等组成。口服后可在胃及十二指肠黏膜上形成保护性薄膜，防止胃酸的逆向扩散及胃酶对胃肠溃疡面的侵蚀，并且有收敛作用和明显抗酸作用。其分子式为 $Bi_2(Al_2O_4)_3 \cdot 10H_2O$。本品每片含铝酸铋以铋（Bi）计算，应为 79～97mg；以铝（Al）计算，应为 30.6～37.4mg。含重质碳酸镁以氧化镁（MgO）计算，应为标示量的 37.3%～45.7%。

1. 标准

《中国药典》2005 年版二部

2. 分析步骤

（1）铋含量的测定：取本品 10 片，研细，精密称取适量（约相当于铝酸铋 0.3g），置 50mL 坩埚中，缓缓炽灼至完全炭化，放冷至室温，加硝酸 3mL，低温加热至硝酸气除尽后，炽灼使完全灰化；放冷至室温后加硝酸溶液（3→10）20mL，将残渣转移至 500mL 锥形瓶中，瓶口至小漏斗微火回流至残渣溶解（溶液微显混浊），放冷后加水 200mL，调节 pH 值至 1.0，加二甲酚橙指示液 5 滴，用乙二胺四乙酸二钠滴定液（0.05mol/L）滴定溶液由橘红色转变为柠檬黄色。每 1mL 乙二胺四乙酸二钠滴定液（0.05mol/L）相当于 10.45mg 的铋（Bi）。

（2）铝含量的测定：取测定铋后的溶液，滴加氨试液至恰析出沉淀，再滴加稀硝酸使沉淀恰好溶解（pH 约为 6），加醋酸-醋酸铵缓冲液（pH＝6.0）15mL，精密加乙二胺四乙酸

二钠滴定液（0.05mol/L）50mL，煮沸10min，放冷，加二甲酚橙指示液5滴，用锌滴定液（0.05mol/L）滴定，至溶液由柠檬黄色转变为橘红色，并将滴定的结果用空白实验校正。每1mL乙二胺四乙酸二钠滴定液（0.05mol/L）相当于1.349mg的铝（Al）。

（3）氧化镁含量的测定：精密称取上述细粉适量（约相当于重质碳酸镁0.4g），置50mL坩埚中，缓缓炽灼至完全炭化，放冷至室温，加硝酸3mL，低温加热至硝酸气除尽后，使完全灰化，放冷至室温，用稀盐酸15mL将残渣转移至50mL烧杯中，煮沸使残渣溶解，然后加水20mL，加甲基红指示液1滴，滴加氨试液使溶液红色消失，再煮沸5min，趁热过滤；滤渣用微温的2%氯化铵溶液30mL洗涤，合并滤液与洗液于100mL容量瓶中，放冷，加水至刻度，摇匀，精密量取20mL于锥形瓶中，加水20mL，加氨水-氯化铵缓冲液（pH＝10.0）及三乙醇胺溶液（1→2）各5mL，再加铬黑T指示剂少量，用乙二胺四乙酸二钠滴定液（0.05mol/L）滴定，至溶液显纯蓝色。每1mL乙二胺四乙酸二钠滴定液（0.05mol/L）相当于2.015mg的氧化镁（MgO）。

3. 分析中所用的试剂配制方法

（1）稀硝酸：取硝酸mL，加水稀释至1 000mL，即得。本液含HNO₃应为9.5～10.5%。

（2）稀盐酸：取盐酸234mL，加水稀释至1 000mL，即得。本液含HCl应为9.5～10.5%。

（3）氨试液：取浓氨液400mL，加水使成1 000mL即得。

（4）氨水-氯化铵缓冲液（pH＝10.0）：取氯化铵5.4g，加水20mL溶解后，加浓氨水溶液35mL，再加水稀释至100mL，即得。

（5）二甲酚橙指示液：取二甲酚橙0.2g，加水100mL使溶解，即得。

（6）乙二胺四乙酸二钠滴定液（0.05mol/L）：取乙二胺四乙酸二钠19g，加适量的水使溶解成1 000mL，摇匀。置玻璃塞瓶中，避免与橡皮塞、橡皮管等接触。

（7）醋酸-醋酸铵缓冲液（pH＝6.0）：取醋酸铵100g，加水300mL使溶解，加冰醋酸7mL，摇匀，即得。

（8）锌滴定液（0.05mol/L）：取硫酸锌15g（相当于锌约3.3g），加稀盐酸10mL与水适量使溶解成1 000mL，摇匀。

（9）甲基红指示液：取甲基红0.1g，加0.05mol/L氢氧化钠溶液7.4mL使溶解，再加水稀释至200mL，即得。变色范围pH4.2～6.3（红→黄）。

（10）2%氯化铵溶液：取氯化铵2g，加水使成100mL。

（11）铬黑T指示剂：取铬黑T0.1g，加氯化钠10g，研磨均匀，即得。

二、食品中亚硫酸盐的检验

亚硫酸盐是一种十分广泛的食品添加剂，用于食品中会解离为亚硫酸。亚硫酸具有还原性，可以起到漂白、脱色、抗氧化和防腐的作用。但由于亚硫酸盐有一定的毒性，人体如果摄入过多，红细胞、血红蛋白将会减少，胃肠、肝脏也会受到损害。因此，世界各国对其使用量及在食品中的残留量有严格的限制。

1. 食品中亚硫酸盐的测定方法

食品中亚硫酸盐含量的标准检测方法依其原理可分为比色法、碘量法、蒸馏-碱滴定法等，测定时可根据样品的特点、方法的适用范围选择合适的标准检测方法。

(1) 碘量法。样品中亚硫酸盐有游离态和结合态两种。游离态可直接酸化后使二氧化硫游离，用碘标准溶液滴定。对于亚硫酸盐总量的测定，可先向样品中加入碱溶液后生成盐，再加入酸使二氧化硫游离，以碘标准溶液滴定。该方法原理简单，检测快速，但是存在较大缺陷，主要是由于样品中存在挥发性芳香物，因而碘标准溶液滴定到终点时蓝色极不稳定，很易褪色，不能保持"半分钟内颜色不消失"，终点判定较难。另外对某些样品存在假阴性问题，因此该方法只适用部分脱水蔬菜中亚硫酸盐的测定。

(2) 蒸馏-碱滴定法。在强酸性条件下，将食品中的亚硫酸盐以二氧化硫的形式蒸馏出来，然后氧化成硫酸，再用碱滴定或重量法进行定量分析。该方法利用中和滴定的原理，终点易判断，方法操作简单，适用于各类食品。但需按规定尺寸定制的全玻璃蒸馏装置容易损坏。

(3) 蒸馏-碘量法。蒸馏-碘量法是对样品酸化并加以蒸馏，通过乙酸铅溶液接收二氧化硫，用浓盐酸酸化吸收液，再以碘标准溶液滴定。

①适用范围：本方法适用于各类食品中游离型和结合型亚硫酸盐残留量的测定。

②基本原理：在密闭容器中对样品进行酸化并加热蒸馏，以释放出其中的二氧化硫，释放产物用乙酸铅溶液吸收。吸收后用浓盐酸酸化，再以碘标准溶液滴定，根据所消耗的碘标准溶液量计算出样品中的二氧化硫含量。

③试剂：盐酸 (1:1)：浓盐酸用水稀释 1 倍。乙酸铅溶液 (20g/L)：称取 2g 乙酸铅，溶于少量水中并稀释至 100mL。碘标准溶液 (0.01mol/L)：将碘标准溶液 (0.1mol/L) 用水稀释 10 倍。淀粉指示液 (10g/L)：称取 1g 可溶性淀粉，用少许水调成糊状，缓缓倾入 100mL 沸水中，随加随搅拌，煮沸 2min，放冷，备用，此溶液应临用时新制。

④仪器：全玻璃蒸馏器；碘量瓶；酸式滴定管。

⑤分析步骤：

A. 样品处理

固体样品用刀切或剪刀剪成碎末后混匀，称取约 5.00g 均匀样品（样品量可视含量高低而定）。液体样品可直接吸取 5.0～10.0mL 样品，置于 500mL 圆底蒸馏烧瓶中。

B. 测定

a. 蒸馏：将称好的样品置入圆底蒸馏烧瓶中，加入 250mL 水，装上冷凝装置，冷凝管下端应插入碘量瓶中的 25mL 乙酸铅 (20g/L) 吸收液中，然后在蒸馏瓶中加入 10mL 盐酸 (1:1)，立即盖塞，加热蒸馏。当蒸馏液约 200mL 时，使冷凝管下端离开液面，再蒸馏 1min。用少量蒸馏水冲洗插入乙酸铅溶液的装置部分。在检测样品的同时要做空白试验。

b. 滴定：向取下的碘量瓶中依次加入 10mL 浓盐酸、1mL 淀粉指示液 (10g/L)。摇匀之后用碘标准滴定溶液 (0.01mol/L) 滴定至变蓝且在 30s 内不褪色为止。

⑥计算：

$$X = \frac{(A-B) \times 0.01 \times 0.032 \times 1\,000}{m}$$

式中：X——样品中的二氧化硫总含量，g/kg；

A——滴定样品所用碘标准滴定溶液 (0.01mol/L) 的体积，mL；

B——滴定试剂空白所用碘标准滴定溶液 (0.01mol/L) 的体积，mL；

m——样品质量，g；

0.032——与 1mL 碘标准溶液相当的二氧化硫的质量，g。

结果的表述：算术平均值的三位小数。两次独立测定相对允许误差绝对值不得超过算术平均值的 10%。

⑦注意事项：

a. 应蒸馏一个立即滴定一个。

b. 二氧化硫标准定量使用溶液的浓度随放置时间逐渐降低，必须使用新标定的二氧化硫标准储备溶液稀释。

c. 测定过程中注意扣除食品中二氧化硫的本底值，不同食品的二氧化硫的本底值不同。

d. 蒸馏过程中注意装置的气密性。

e. 淀粉溶液一定要即配即用。

第五节 阅读材料：水样分析

水是人类社会十分宝贵的自然资源，分布于由海洋、江、河、湖、地下水、大气水分及冰川共同构成的地球水圈中，是人类生存的基本条件之一。水在自然和人工的循环过程中，在与环境的接触过程中不仅自身的状态可能发生变化，而且作为溶剂可能溶解或携带各种无机的、有机的甚至是生命的物质，使其表观特性和应用受到影响。因此，分析水中存在的各种组分，作为研究、考察、评价和开发水资源的信息就显得十分必要。

水质分析对于保护人类身体健康、维护生态平衡意义重大。本节仅介绍水样中一些常见金属元素的测定与分析。

水体中的金属离子有些是人体健康必需的常量元素和微量元素，有些是有害于人体健康的，如汞、镉、铬、铅、铜、锌、镍、钡、钒、砷等。受"三废"污染的地面水和工业废水中有害金属离子和金属化合物的含量往往明显增加。

一、水样的预处理

目前国内外把能通过孔径 $0.45\mu m$ 滤膜的金属称为可过滤的金属，它不仅包括金属水合离子、无机和有机配合物，还包括能通过 $0.45\mu m$ 滤膜的胶体粒子；把不能通过滤膜的部分称为不可过滤（悬浮态）的金属。要分析测定可过滤金属和不可过滤金属，应在采取水样后，尽快用 $0.45\mu m$ 微孔滤膜抽滤，滤液收集到曾用硝酸酸化过的聚乙烯瓶中，用酸酸化至 pH≤2。

酸化水样所用的酸，可根据待测物的性质和所加酸的基体对以后测定方法的影响来决定。不同的待测组分酸化保存条件也不同。

为了使试样中对测定有干扰的有机物和悬浮物能分解掉，需对水样进行消解。

二、水中常见的金属元素性质及分析方法

1. 汞

汞及其化合物都有毒，无机盐中以氯化汞毒性最强，有机汞中以甲基汞、乙基汞毒性最强。汞是唯一在常温下呈液态的金属，遇较强的蒸气压而容易挥发，汞蒸气可由呼吸道进入

人体，液体汞也可被皮肤吸收，汞盐可以粉尘状态经呼吸道或消化道进入人体，食用被汞污染的食物，可造成慢性汞中毒。水中微量的汞可经食物链作用而成百万倍富集，工业废水中的无机汞可与其他无机离子反应，形成沉积物沉于江河湖泊的底部，与有机分子形成可溶性有机配合物，结果使汞能够在这些水体中迅速扩散，通过水中厌氧微生物作用，使汞转化为甲基汞，从而增加汞的脂溶性，且非常容易在鱼、虾、贝类等体内蓄积，人们食用被汞污染的鱼、虾、贝类后引起"水俣病"。患者消化道症状不明显，主要为神经系统症状，重者可有刺痛异样感，动作失调、语言障碍、耳聋、视力模糊，以至于精神紊乱、痴呆。死亡率可达 40%，且可造成婴儿先天性汞中毒。

天然水含汞极少，水中汞本底浓度一般不超过 1×10^{-10} mg/L。由于沉积作用，底泥中的汞含量会大一些，本底值的高低与环境地理、地质条件有关。地面水汞污染的主要来源是贵重金属冶炼、食盐电解制钠、仪表制造、农药、军工、造纸、氯碱、电池生产、医院等行业排放的废水。

由于汞的毒性强，来源广泛，汞作为重要的测定项目为各国重视，研究普遍，分析方法较多。化学分析法有硫氰酸盐法、双硫腙法，EDTA 配位滴定法及沉淀重量分析法等。仪器分析法有阳极溶出伏安法、气相色谱法、中子活化法、X 射线荧光光谱法、冷原子吸收法、冷原子荧光法等。

2. 铅

铅的污染主要来源于铅矿的开采，含铅金属冶炼，橡胶生产，含铅油漆颜料的生产和使用，蓄电池厂的熔铅和制粉，印刷业的铅板、铅字的浇铸，电缆及铅管的制造，陶瓷的配釉，铅质玻璃的配料以及焊锡等工业排放的废水。汽车尾气排出的铅随降水进入地面水中，也造成铅的污染。

铅通过消化道进入人体后，即积蓄于骨髓、肝、肾、脾大脑等处，形成所谓"贮存库"，以后慢慢从中释放，通过血液扩散到全身并进入骨骼，引起严重的累积性中毒。地面水中，天然铅的平均值大约是 0.5μg/L，地下水中铅的浓度为 1～60μg/L，当铅浓度达到 0.1μg/L 时，可抑制水体的自净作用。铅进入水体中与其他重金属一样，一部分被水生物富集于体内，另一部分则随悬浮物絮凝沉淀于底质中，甚至在微生物的参与下转化为四甲基铅。铅不能被生物代谢所分解，在环境中属于持久性的污染物。测定铅的方法有双硫腙比色法、原子吸收光谱分析法、阳极溶出伏安法。

3. 铬

铬化合物的常见价态有三价和六价。在水体中，六价铬一般以 CrO_4^{2-}、$HCr_2O_7^-$、$Cr_2O_7^{2-}$ 三种形式存在，受水体 pH 值、温度、氧化还原物质、有机质等因素的影响，三价铬和六价铬可以相互转化。

铬是生物体必需的微量元素之一。铬的毒性与其存在的价态有关，金属铬没有毒性，六价铬具有强毒性，为致癌物质，并易被人体吸收而在体内蓄积。通常认为六价铬的毒性比三价铬大 100 倍。但是，对鱼类来说，三价铬化合物的毒性比六价铬的大。

铬的工业污染源主要来自铬矿石加工，金属表面处理，皮革鞣制，印染、照相材料等行业的废水。铬是水质污染控制的一项重要指标。水中铬的测定方法主要有二苯碳酰二肼分光光度法、原子吸收光谱分析法、硫酸亚铁铵滴定法等。

4．铜

铜是人体所必需的微量元素，缺铜会发生贫血、腹泻等症状，但过量摄入铜也会产生危害。铜对水生生物的危害较大，其毒性与其形态有关，游离铜离子的毒性比配合态铜的毒性大得多。世界范围内，淡水平均含铜 $3\mu g/L$，海水平均含铜 $0.25\mu g/L$。铜的主要污染源是电镀、冶炼、五金加工、矿山开采，石油化工和化学工业等部门排放的废水。水中铜的测定方法主要有原子吸收光谱法，二乙基二硫代氨基甲酸钠萃取分光光度法和新亚铜灵萃取分光光度法，还可以用阳极溶出伏安法、示波极谱法和分光光度法。

5．钙、镁硬度的测定

钙、镁是地球上存在非常广泛的元素，是人体必需的微量元素之一，对人体没有毒性。由于水流经石灰石、石膏、光卤石等岩层而含钙镁，浅水和地下水中常含大量重碳酸钙和少量镁盐。钙、镁是水硬度的成分，低浓度的碳酸钙、碳酸镁沉积在金属管道内壁形成防护层，可防止腐蚀，但钙镁盐受热分解，在锅炉、管道和炊具内生成有害的水垢，所以工业用水需测定水的硬度，也就是钙、镁的含量。测定水中钙、镁硬度的方法主要有 EDTA 配位滴定法。

6．镉

镉是毒性较大的金属之一。镉在天然水中的含量通常小于 $0.01mg/L$，低于饮用水的水质标准，天然海水中含量更低，因为镉主要在悬浮颗粒和底部沉积物中，水中镉的浓度很低，欲了解镉的污染情况，需对底泥进行测定。

镉污染不易分解和自然消化，在自然界中是累积的，废水中的可溶性镉被土壤吸附，形成土壤污染。土壤中可溶性镉又容易被植物吸收，使食物中镉含量增加。人们食用这些食品后镉也随之进入人体，分布到全身各器官，主要贮存于肝、肾、胰和甲状腺中。镉可随尿排出，但需较长时间。

镉污染会产生协同作用，加剧其他污染物的毒性。实际上，单一的或纯净的含镉废水是少见的，所以呈现更大的毒性。我国规定，镉及其化合物，工厂最高允许排放浓度为 $0.1mg/L$，并不得用稀释的方法代替必要的处理。镉污染主要来源于以下几个方面：

（1）金属矿的开采和冶炼。

（2）化学工业中涂料、塑料、试剂等企业。

（3）生产轴承、弹簧、电光器械和金属制品等机械工业与电器、电镀、印染、农药、陶瓷、蓄电池、光电池、原子能工业等部门。

测定镉的方法主要有原子吸收光谱分析法、双硫踪比色法、阳极溶出伏安法等。

习题

10.1 某矿石的最大颗粒直径为 10mm，若 k 值为 $0.1kg \cdot mm^{-2}$，问至少应采取多少试样才具有代表性？若将该试样破碎，缩分后全部通过 10 号筛，应缩分几次？若要求最后获得的分析试样不超过 100g，应使试样通过几号筛？

10.2 某试样中含 MgO 约 30%，用重量法测定时，Fe^{3+} 产生共沉淀，设试液中的 Fe^{3+} 有 1% 进入沉淀。若要求测定结果的相对误差小于 0.1%，求试样中 Fe_2O_3 允许的最高质量分数为多少？

10.3 含 S 有机试样 0.471g，在氧气中燃烧，使 S 氧化为 SO_2，用预中和过的 H_2O_2 将

SO₂ 吸收，全部转化为 H_2SO_4，以 0.108mol/L KOH 标准溶液滴定至化学计量点，消耗 28.2mL。求试样中 S 的质量分数。

10.4 将 50.00mL 0.100 0mol/L $Ca(NO_3)_2$ 溶液加入到 1.000g 含 NaF 的试样溶液中，过滤、洗涤。滤液及洗液中剩余的 Ca^{2+} 用 0.050 0mol/L EDTA 滴定，消耗 24.20mL。计算试样中 NaF 的质量分数。

10.5 不纯 Sb_2S_3 0.251 3g，将其在氧气流中灼烧，产生的 SO₂ 通入 $FeCl_3$ 溶液中，使 Fe^{3+} 还原至 Fe^{2+}，然后用 0.020 00mol/L KMnO₄ 标准溶液滴定 Fe^{2+}，消耗 KMnO₄ 溶液 31.80mL。计算试样中 Sb_2S_3 的质量分数，若以 Sb 计，质量分数又为多少？

10.6 测定氮肥中 NH₃ 的含量。称取试样 1.616 0g，溶解后在 250mL 容量瓶中定容，移取 25.00mL，加入过量 NaOH 溶液，将产生的 NH₃ 导入 40.00mL $c(1/2H_2SO_4)=$ 0.102 0mol/L 的 H_2SO_4 标准溶液中吸收，剩余的 H_2SO_4 需 17.00mL，$c(NaOH)=$ 0.096 00mol/L NaOH 溶液中和。计算氮肥中 NH₃ 的质量分数。

附表 1　酸、碱在水溶液中的解离常数（25℃）

化学式（Chemical formula）	K_a	pK_a
$HAlO_2$	6.3×10^{-13}	12.20
H_3AsO_3	6.0×10^{-10}	9.22
H_3AsO_4	6.3×10^{-3} (K_1)	2.20
	1.05×10^{-7} (K_2)	6.98
	3.2×10^{-12} (K_3)	11.50
H_3BO_3	5.8×10^{-10} (K_1)	9.24
	1.8×10^{-13} (K_2)	12.74
	1.6×10^{-14} (K_3)	13.80
$HBrO$	2.4×10^{-9}	8.62
HCN	6.2×10^{-10}	9.21
H_2CO_3	4.2×10^{-7} (K_1)	6.38
	5.6×10^{-11} (K_2)	10.25
$HClO$	3.2×10^{-8}	7.50
HF	6.61×10^{-4}	3.18
HIO_4	2.8×10^{-2}	1.56
HNO_2	5.1×10^{-4}	3.29
H_3PO_2	5.9×10^{-2}	1.23
H_3PO_3	5.0×10^{-2} (K_1)	1.30
	2.5×10^{-7} (K_2)	6.60
H_3PO_4	7.52×10^{-3} (K_1)	2.12
	6.31×10^{-8} (K_2)	7.20
	4.4×10^{-13} (K_3)	12.36
H_2S	1.3×10^{-7} (K_1)	6.88
	7.1×10^{-15} (K_2)	14.15
H_2SO_3	1.23×10^{-2} (K_1)	1.91
	6.6×10^{-8} (K_2)	7.18
H_2SO_4	1.0×10^{3} (K_1)	−3.0
	1.02×10^{-2} (K_2)	1.99
$H_2S_2O_3$	2.52×10^{-1} (K_1)	0.60
	1.9×10^{-2} (K_2)	1.72
	1.2×10^{-2} (K_2)	1.92
H_2SiO_3	1.7×10^{-10} (K_1)	9.77
	1.6×10^{-12} (K_2)	11.80
	1.8×10^{-8} (K_2)	7.74
$HCOOH$	1.77×10^{-4} (K_1)	3.76
CH_3COOH	1.76×10^{-5} (K_1)	4.74
$H_3C_6H_5O_7$（柠檬酸）	7.1×10^{-4} (K_1)	3.15
	1.7×10^{-5} (K_2)	4.77
	4.2×10^{-7} (K_3)	6.38
$Zn(OH)_2$	9.55×10^{-4}	3.02
$Pb(OH)_2$	9.55×10^{-4} (K_1)	3.02
	3.0×10^{-8} (K_2)	7.52
$Al(OH)_3$	5.0×10^{-9} (K_1)	8.30
	2.0×10^{-10} (K_2)	9.70
$AgOH$	1.10×10^{-4}	3.96
$Ca(OH)_2$	6.0×10^{-2}	1.22
$NH_3 \cdot H_2O$	1.76×10^{-5}	4.74

附表 2　难溶电解质的溶度积（18～25℃）

化合物	溶度积 K_{SP}	化合物	溶度积 K_{SP}
AgCl	1.56×10^{-10}	$BaCrO_4$	1.6×10^{-10}
Hg_2Cl_2	2×10^{-8}	$PbCrO_4$	1.77×10^{-14}
$PbCl_2$	1.6×10^{-5}	Ag_2CO_3	8.1×10^{-12}
AgBr	7.7×10^{-13}	$BaCO_3$	8.1×10^{-9}
AgI	1.39×10^{-8}	$CaCO_3$	8.7×10^{-9}
Hg_2I_2	1.2×10^{-28}	$MgCO_3$	2.6×10^{-5}
PbI_2	1.39×10^{-8}	$PbCO_3$	3.3×10^{-14}
AgCN	1.2×10^{-16}	$MgNH_4PO_4$	2.5×10^{-13}
AgSCN	1.16×10^{-12}	CaC_2O_4	2.57×10^{-9}
Ag_2SO_4	1.6×10^{-5}	BaC_2O_4	1.2×10^{-7}
$BaSO_4$	1.08×10^{-10}	MgC_2O_4	2.57×10^{-9}
$CaSO_4$	2.45×10^{-5}	AgOH	1.52×10^{-8}
$PbSO_4$	1.06×10^{-8}	$Ca(OH)_2$	5.5×10^{-6}
$SrSO_4$	2.8×10^{-7}	$Cu(OH)_2$	5.6×10^{-20}
Ag_2S	1.6×10^{-49}	$Cr(OH)_3$	6.0×10^{-31}
CuS	8.5×10^{-45}	$Fe(OH)_2$	1.64×10^{-14}
FeS	3.7×10^{-19}	$Fe(OH)_3$	1.1×10^{-36}
HgS	4.0×10^{-53}	$Mg(OH)_2$	1.2×10^{-11}
MnS	4.0×10^{-15}	$Mn(OH)_2$	4.0×10^{-14}
PbS	3.4×10^{-28}	$Pb(OH)_2$	1.6×10^{-17}
ZnS	1.2×10^{-23}	$Zn(OH)_2$	1.2×10^{-17}
Ag_2CrO_4	9.0×10^{-12}	$Al(OH)_3$	1.3×10^{-33}

附表3　标准电极电位表（298.15K）

编号	电极反应	$\varphi^{\ominus}/V$
1	$Li^+ + e^- = Li$	-3.024
2	$K^+ + e^- = K$	-2.924
3	$Ba^{2+} + 2e^- = Ba$	-2.90
4	$Ca^{2+} + 2e^- = Ca$	-2.87
5	$Na^+ + e^- = Na$	-2.714
6	$Mg^{2+} + 2e^- = Mg$	-2.34
7	$Al^{3+} + 3e^- = Al$	-1.67
8	$ZnO_2^{2-} + 2H_2O + 2e^- = Zn + 4OH^-$	-1.216
9	$Sn(OH)_6^{2-} + 2e^- = HSnO_2^- + 3OH^- + H_2O$	-0.96
10	$SO_4^{2-} + H_2O + 2e^- = SO_3^{2-} + 2OH^-$	-0.90
11	$2H_2O + 2e^- = H_2 + 2OH^-$	-0.828
12	$HSnO_2^- + H_2O + 2e^- = Sn + 3OH^-$	-0.79
13	$Zn^{2+} + 2e^- = Zn$	-0.762
14	$Cr^{3+} + 3e^- = Cr$	-0.71
15	$AsO_4^{3-} + 2H_2O + 2e^- = AsO_2^- + 4OH^-$	-0.71
16	$SO_3^{2-} + 3H_2O + 6e^- = S^{2-} + 6OH^-$	-0.61
17	$2CO_2 + 2H^+ + 2e^- = H_2C_2O_4$	-0.49
18	$Fe^{2+} + 2e^- = Fe$	-0.441
19	$Cr^{3+} + e^- = Cr^{2+}$	-0.41
20	$Cd^{2+} + 2e^- = Cd$	-0.402
21	$Cu_2O + H_2O + 2e^- = 2Cu + 2OH^-$	-0.361
22	$AgI + e^- = Ag + I^-$	-0.151
23	$Sn^{2+} + 2e^- = Sn$	-0.140
24	$Pb^{2+} + 2e^- = Pb$	-0.126
25	$CrO_4^{2-} + 4H_2O + 3e^- = Cr(OH)_3 + 5OH^-$	-0.12
26	$Fe^{3+} + 3e^- = Fe$	-0.036
27	$2H^+ + 2e^- = H_2$	0.0000
28	$NO_3^- + H_2O + 2e^- = NO_2^- + 2OH^-$	0.01

续附表 3

编号	电极反应	$\varphi^{\ominus}/V$
29	$AgBr+e^- \longrightarrow Ag+Br^-$	0.073
30	$S+2H^++2e^- \longrightarrow H_2S$	0.141
31	$Sn^{4+}+2e^- \longrightarrow Sn^{2+}$	0.15
32	$Cu^{2+}+e^- \longrightarrow Cu^+$	0.167
33	$S_4O_6^{2-}+2e^- \longrightarrow 2S_2O_3^{2-}$	0.17
34	$SO_4^{2-}+4H^++2e^- \longrightarrow H_2SO_3+H_2O$	0.20
35	$AgCl+e^- \longrightarrow Ag+Cl^-$	0.222
36	$IO_3^-+3H_2O+6e^- \longrightarrow I^-+6OH^-$	0.26
37	$Hg_2Cl_2+2e^- \longrightarrow 2Hg+2Cl^-$	0.267
38	$Cu^{2+}+2e^- \longrightarrow Cu$	0.345
39	$[Fe(CN)_6]^{3-}+e^- \longrightarrow [Fe(CN)_6]^{4-}$	0.36
40	$2H_2SO_3+2H^++4e^- \longrightarrow 3H_2O+S_2O_3^{2-}$	0.40
41	$O_2+2H_2O+4e^- \longrightarrow 4OH^-$	0.401
42	$2BrO^-+2H_2O+2e^- \longrightarrow Br_2+4OH^-$	0.45
43	$4H_2SO_4+4H^++6e^- \longrightarrow 6H_2O+S_4O_6^{2-}$	0.48
44	$Cu^++e^- \longrightarrow Cu$	0.522
45	$I_2+2e^- \longrightarrow 2I^-$	0.534
46	$I_3^-+2e^- \longrightarrow 3I^-$	0.535
47	$MnO_4^-+e^- \longrightarrow MnO_4^{2-}$	0.54
48	$H_3AsO_4+2H^++2e^- \longrightarrow H_3AsO_3+H_2O$	0.559
49	$IO_3^-+2H_2O+4e^- \longrightarrow IO^-+4OH^-$	0.56
50	$MnO_4^-+2H_2O+3e^- \longrightarrow MnO_2+4OH^-$	0.57
51	$BrO^-+3H_2O+6e^- \longrightarrow Br^-+6OH^-$	0.61
52	$ClO_3^-+3H_2O+6e^- \longrightarrow Cl^-+6OH^-$	0.62
53	$O_2+2H^++2e^- \longrightarrow H_2O_2$	0.682
54	$Fe^{3+}+e^- \longrightarrow Fe^{2+}$	0.771
55	$Hg_2^{2+}+2e^- \longrightarrow 2Hg$	0.789
56	$Ag^++e^- \longrightarrow Ag$	0.799 1

续附表3

编号	电极反应	$\varphi^\ominus/V$
57	$2Hg^{2+}+2e^-\!=\!=\!Hg_2^{2+}$	0.920
58	$NO_3^-+3H^++2e^-\!=\!=\!HNO_2+H_2O$	0.94
59	$HIO+H^++2e^-\!=\!=\!I^-+H_2O$	0.99
60	$HNO_2+H^++2e^-\!=\!=\!NO+H_2O$	1.00
61	$Br_2+2e^-\!=\!=\!2Br^-$	1.065 2
62	$IO_3^-+6H^++6e^-\!=\!=\!I^-+3H_2O$	1.085
63	$IO_3^-+6H^++5e^-\!=\!=\!1/2I_2+3H_2O$	1.195
64	$O_2+4H^++4e^-\!=\!=\!2H_2O$	1.229
65	$MnO_2+4H^++2e^-\!=\!=\!Mn^{2+}+2H_2O$	1.23
66	$HBrO+H^++2e^-\!=\!=\!Br^-+H_2O$	1.33
67	$Cr_2O_7^{2-}+14H^++6e^-\!=\!=\!2Cr^{3+}+7H_2O$	1.33
68	$ClO^-+8H^++2e^-\!=\!=\!1/2Cl_2+4H_2O$	1.34
69	$Cl_2+2e^-\!=\!=\!2Cl^-$	1.359 5
70	$BrO_3^-+6H^++6e^-\!=\!=\!Br^-+3H_2O$	1.44
71	$ClO_3^-+6H^++6e^-\!=\!=\!Cl^-+3H_2O$	1.45
72	$HIO+H^++e^-\!=\!=\!1/2I_2+H_2O$	1.45
73	$PbO_2+4H^++2e^-\!=\!=\!Pb^{2+}+2H_2O$	1.455
74	$ClO_3^-+6H^++5e^-\!=\!=\!1/2Cl_2+3H_2O$	1.47
75	$HClO+H^++2e^-\!=\!=\!Cl^-+H_2O$	1.49
76	$MnO_4^-+8H^++5e^-\!=\!=\!Mn^{2+}+4H_2O$	1.51
77	$BrO_3^-+6H^++5e^-\!=\!=\!1/2Br_2+3H_2O$	1.52
78	$HBrO+H^++e^-\!=\!=\!1/2Br_2+H_2O$	1.59
79	$Ce^{4+}+e^-\!=\!=\!Ce^{3+}$	1.61
80	$2HClO+2H^++2e^-\!=\!=\!Cl_2+2H_2O$	1.63
81	$Pb^{4+}+2e^-\!=\!=\!Pb^{2+}$	1.69
82	$MnO_4^-+4H^++3e^-\!=\!=\!MnO_2+2H_2O$	1.695
83	$H_2O_2+2H^++2e^-\!=\!=\!2H_2O$	1.77
84	$S_2O_8^{2-}+2e^-\!=\!=\!2SO_4^{2-}$	2.01
85	$O_3+2H^++2e^-\!=\!=\!O_2+H_2O$	2.07
86	$F_2+2e^-\!=\!=\!2F^-$	2.65

参考文献

倪哲明，陈爱民主编．无机及分析化学 [M]．北京：化学工业出版社，2009

武汉大学《无机及分析化学》编写组．无机及分析化学 [M]．武汉：武汉大学出版社，2008

汤启昭主编．化学原理与化学分析 [M]．北京：科学出版社，2009

陈必友，李启华主编．工厂分析化验手册 [M]．北京：化学工业出版社，2009

华中师范大学等编．分析化学 [M]．北京：高等教育出版社，1986

廖力夫主编．分析化学 [M]．武汉：华中科技大学出版社，2008

国家药典委员会．中华人民共和国药典 [M]．北京：化学工业出版社，2005

黄惠玲，陶文庆．食品中亚硫酸盐的检验及其控制措施 [J]．检验检疫科学，2006，16 (4)

高峰．配位化合物及其在医学药学方面的应用研究 [J]．徐州医学院学报，2003，23 (4)

董元彦，左贤云等主编．无机及分析化学 [M]．北京：科学出版社，2000

黄南珍主编．无机化学 [M]．北京：人民卫生出版社，2003

谢庆娟主编．分析化学 [M]．北京：人民卫生出版社，2003

谢明芳主编．无机及分析化学 [M]．武汉：武汉大学出版社，2004

万家亮主编．分析化学（上册）[M]．北京：高等教育出版社，2001

华彤文主编．普通化学原理（第二版）[M]．北京：北京大学出版社，1993

吴婉娥主编．分析化学全析精解 [M]．西安：西北工业大学出版社，2005

夏玉宁主编．化学实验室手册 [M]．北京：化学工业出版社，2004